JN041432

は　し　が　き

「志望校に合格するためにはどのような勉強をすればよいのでしょうか」　これは，受験を間近にひかえている
だれもが気にしていることの１つだと思います。しかし，残念ながら「合格の秘訣」などというものはありませ
んから，この質問に対して正確に回答することはできません。ただ，最低限これだけはやっておかなければなら
ないことはあります。それは「学力をつけること」，言い換えれば，「不得意分野・単元をなくすこと」と「志望
校の入試問題の傾向をつかむこと」です。

　後者については，弊社の『中学校別入試対策シリーズ』をひもとき，過去の入試問題を解いたり，参考記事を
読むことで十分対処できるでしょう。

　前者は，絶対的な学力を身につけるということですから，応分の努力を必要とします。これを効果的に進める
ための書として本書を編集しました。

　本書は，長年にわたり『中学校別入試対策シリーズ』を手がけてきた経験をもとに，近畿の国立・私立中学校
で 2023 年・2024 年に行われた入試問題を中心として必修すべき問題を厳選し，単元別に収録したものです。本
書を十分に活用することで，自分の不得意とする分野・単元がどこかを発見し，また，そこに重点を置いて学習
し，苦手意識をなくせるよう頑張ってください。別冊解答には，できる限り多くの問題に解き方をつけてありま
す。問題を解くための手がかりとして，あわせて活用してください。

　本書を手にされたみなさんが，来春の中学受験を突破し，さらなる未来に向かって大きく羽ばたかれることを
祈っております。

も　く　じ

1 数の計算

1 ≪整数の加減≫　次の計算をしなさい。

(1)　$123 - 67$　（　　　　）　　　　　　　　　　　　　　　　　（奈良教大附中）

(2)　$666 - 88 + 222$　（　　　　）　　　　　　　　　　　　　　（松蔭中）

(3)　$675 - 567 + 657 - 756$　（　　　　）　　　　　　　　　　（近大附中）

(4)　$2023 + 2230 + 2302 - 2032 - 2203 - 2320$　（　　　　）　（立命館守山中）

(5)　$168 + 252 + 346 + 483 - 152 - 46 - 18 - 383$　（　　　　）　（関西創価中）

2 ≪整数の乗除≫　次の計算をしなさい。

(1)　428×147　（　　　　）　　　　　　　　　　　　　　　　（開智中）

(2)　$72 \div 6 \times 2$　（　　　　）　　　　　　　　　　　　　　　（梅花中）

(3)　$91 \times 121 \div 13 \div 11$　（　　　　）　　　　　　　　　　（京都先端科学大附中）

(4)　$6 \times 4 \div 2 \div 10 \div 5$　（　　　　）　　　　　　　　　（京都橘中）

(5)　$8 \div 19 \times 78 \times 133 \div 8 \div 3 \div 7$　（　　　　）　　　（龍谷大付平安中）

3 ≪整数の四則混合計算≫　次の計算をしなさい。

(1) $2 \times 16 - 13$　（　　　　）　　　　　　　　　　　　　　　　　　（上宮学園中）

(2) $180 - 6 \times 25$　（　　　　）　　　　　　　　　　　　　　　　　（帝塚山学院中）

(3) $30 - 6 \div 2$　（　　　　）　　　　　　　　　　　　　　　　　　（プール学院中）

(4) $36 - 18 \div 18 + 5$　（　　　　）　　　　　　　　　　　　　　　（関西創価中）

(5) $6 \times 7 - 24 \div 6$　（　　　　）　　　　　　　　　　　　　　（大阪女学院中）

(6) $78 - 4 \times 13 + 91 \div 7$　（　　　　）　　　　　　　　　　　（関西大学中）

(7) $63 - 3 \times 18 + 132 \div 11$　（　　　　）　　　　　　　　　　（清教学園中）

(8) $72 + 8 \times 7 \div 2 - 8$　（　　　　）　　　　　　　　　　　　　（浪速中）

(9) $17 + 18 \div 2 \times 3$　（　　　　）　　　　　　　　　　　　　　（大阪女学院中）

(10) $17 \times 19 - 76 \div 2 \times 3$　（　　　　）　　　　　　　　　　（関西学院中）

4 ≪整数の四則混合計算≫　次の計算をしなさい。

(1)　$3 \times (11 - 7) - 5$　（　　　　　）　　　　　　　　　　　　　　　　　　　　　（京都橘中）

(2)　$32 - 24 \div (10 - 4)$　（　　　　　）　　　　　　　　　　　　　　　（智辯学園奈良カレッジ中）

(3)　$20 + 24 \div (2 \times 11 - 10)$　（　　　　　）　　　　　　　　　　　　　（大谷中－大阪－）

(4)　$24 + (5 \times 19 - 8) \div 3$　（　　　　　）　　　　　　　　　　　　　　　　（立命館守山中）

(5)　$111 + 5 \times (39 - 42 \div 7)$　（　　　　　）　　　　　　　　　　　　（奈良学園登美ヶ丘中）

(6)　$50 - (18 - 54 \div 18) \div 5$　（　　　　　）　　　　　　　　　　　　　　　　　（甲南中）

(7)　$2 \times 6 + (30 + 9 - 3 \times 7) \div 6$　（　　　　　）　　　　　　　　　　（京都先端科学大附中）

(8)　$(20 - 12 \div 2 \times 3) \times 75 - 65 \div 5$　（　　　　　）　　　　　　　（帝塚山学院泉ヶ丘中）

(9)　$(2024 \div 8 - 143 \div 11 + 10) \times 4$　（　　　　　）　　　　　　　　　　　（金蘭千里中）

(10)　$132 - 16 \times 7 + (2 \times 11 \times 2 - 104 \div 4)$　（　　　　　）　　　　　　　　（滝川中）

5　≪整数の四則混合計算≫　次の計算をしなさい。

(1)　$7 \times (8 - 3) \times (4 + 6) \div 2$　（　　　　）　　　　　　　　　　　　　（大阪教大附平野中）

(2)　$12 \div (11 - 6) \times 15 - 2 \times (22 - 19)$　（　　　　　）　　　　　　　　　（甲南中）

(3)　$24 - (11 - 4) - (2 + 3 \times 2)$　（　　　　）　　　　　　　　　　　　（大阪女学院中）

(4)　$15 - (63 - 8 \times 7) \times 8 \div 7 + 63 \times 8 \times (17 - 13)$　（　　　　　）　　（開明中）

(5)　$(5 - 3) \times 2 + (7 - 4) \times 2 + (9 - 5) \times 2 + (11 - 6) \times 2 + (13 - 7) \times 2$　（　　　　）

　　　　　　　　　　　　　　　　　　　　　　　　　　　　　　　　　　（関西大倉中）

(6)　$11 \times 25 - \{8 \times 32 - (77 - 39) \div 2\}$　（　　　　）　　　　　　　　　（京都女中）

(7)　$203 - 3 \times 67 + 3 \times \{7 - (5 - 3) \times 3\}$　（　　　　）　　　　（ノートルダム女学院中）

(8)　$17 \times 7 - 60 \div \{85 - (13 \times 8 - 27)\} \times 10$　（　　　　）　　　　　　（関西大学中）

(9)　$7 \times \{8 - (5 - 1)\} - \{6 - (3 + 9) \div 4\} \times 2$　（　　　　）　　　　　　　（東山中）

(10)　$120 \div 8 + 2 - 2 \times \{51 \div 3 - (9 - 4) \times 3\}$　（　　　　）　　　　　　（親和中）

6 ≪小数の加減≫　次の計算をしなさい。

(1)　18.3 − 5.5　（　　　　）　　　　　　　　　　　　　　　　　　　　　　　　　　　（樟蔭中）

(2)　0.15 + 2.3 − 1　（　　　　）　　　　　　　　　　　　　　　　　　　　　　　（和歌山信愛中）

(3)　3.12 − 1.23 + 1.32 − 2.13 + 2.31 − 3.21　（　　　　）　　　　　　　（初芝富田林中）

7 ≪小数の乗除≫　次の計算をしなさい。

(1)　2.3 × 1.1 × 0.8　（　　　　）　　　　　　　　　　　　　　　　　　　　　　（関大第一中）

(2)　0.21 × 0.8 ÷ 0.3　（　　　　）　　　　　　　　　　　　　　　　　　　（大谷中−大阪−）

(3)　240000 × 0.014 ÷ 28　（　　　　）　　　　　　　　　　　　　　　（京都先端科学大附中）

8 ≪小数の四則混合計算≫　次の計算をしなさい。

(1)　5.8 + 0.28 ÷ 0.08　（　　　　）　　　　　　　　　　　　　　　　　　　　　（報徳学園中）

(2)　59.76 ÷ 7.2 − 0.65　（　　　　）　　　　　　　　　　　　　　　　　　　　（関西学院中）

(3)　1.5 × 8 − 2.3 × 4　（　　　　）　　　　　　　　　　　　　　　　　　　　　（京都文教中）

(4)　72 ÷ 1.2 − 3.6 × 5　（　　　　）　　　　　　　　　　　　　　　　　　　（追手門学院中）

9 ≪小数の四則混合計算≫　次の計算をしなさい。

(1)　$17.5 \div 2.5 + 13.8 \div 4.6$　（　　　　）　　　　　　　　　　　　　　　（松蔭中）

(2)　$1 + 1.25 \times 4 - 13.11 \div 3$　（　　　　）　　　　　　　　　　　　　（大阪桐蔭中）

(3)　$10.5 \times 4 - 3.5 \times 9 + 0.35 \times 18$　（　　　　）　　　　　　　（関西大学中）

(4)　$2.7 \div 0.6 + 30.24 \div 7 - 2.4 \times 0.3$　（　　　　）　　　　　　　（明星中）

(5)　$2.023 \div 1.7 \div 0.7 - 1.6 \times 0.5$　（　　　　）　　　　　　　（四條畷学園中）

(6)　$12.4 - 12 \times 0.25 \times 0.66 \div 0.2$　（　　　　）　　　　　　　（淳心学院中）

(7)　$(6 - 0.9) \times 4.9$　（　　　　）　　　　　　　　　　　　　　　　　（大阪女学院中）

(8)　$2.8 \times (1.08 + 0.57)$　（　　　　）　　　　　　　　　　　　　　　（聖心学園中）

(9)　$35.7 \div (4.2 \times 2.5 - 0.3)$　（　　　　）　　　　　　　　　　　（大阪薫英女中）

(10)　$2.6 - (3.4 \times 3 - 17.2 \div 2)$　（　　　　）　　　　　　　　　　（近大附中）

10 ≪小数の四則混合計算≫　次の計算をしなさい。

(1)　$2.2 \times (2.1 - 1.3) \div 0.4$　（　　　）　　　　　　　　　　　　　　　　（京都教大附桃山中）

(2)　$(12.6 + 13.2 + 12.9 + 12.7 + 13.1 + 12.3) \div 6$　（　　　）　　　　　　　（白陵中）

(3)　$(4.1 + 3.1 \times 1.9) \div 2.7$　（　　　）　　　　　　　　　　　　　　　　（花園中）

(4)　$20.23 \div (1.15 + 0.01 \div 0.25)$　（　　　）　　　　　　　　　　　　　（奈良学園中）

(5)　$0.4 \times (1 - 0.04 + 0.04 \times 0.8) \div 0.04 + 0.08$　（　　　）　　　（京都産業大附中）

(6)　$(0.38 + 0.12 \div 0.6) \div (0.75 - 0.23 \times 2)$　（　　　）　　　　　（清教学園中）

(7)　$\{(52 - 8) \div 4 - 2 \times 3\} \times 1.2$　（　　　）　　　　　　　　　　　（開智中）

(8)　$13 - \{5.5 \div (1.4 - 0.85) - 0.7\}$　（　　　）　　　　　　　　　　　　（関大第一中）

11 ≪商とあまり≫　次の問いに答えなさい。

(1)　$123.45 \div 6.7$ の商を小数第 1 位まで求めなさい。また，そのときの余りも求めなさい。

　　商（　　　）　余り（　　　）　　　　　　　　　　　　　　　　　　　　　（武庫川女子大附中）

(2)　ある数を 42 で割ると商が 7394，余りが 29 となりました。このとき，もとの数を 12 で割った
　　ときの余りは□□□□になります。　　　　　　　　　　　　　　　　　　　　　（京都女中）

12 ≪分数の加減≫　次の計算をしなさい。

(1) $\dfrac{1}{7} + \dfrac{3}{14} + \dfrac{5}{21}$　（　　　）　　　　　　　　　　　　　　　　　　（東海大付大阪仰星高中等部）

(2) $\dfrac{5}{9} + \dfrac{5}{6} - \dfrac{1}{2}$　（　　　）　　　　　　　　　　　　　　　　　　（京都聖母学院中）

(3) $\dfrac{1}{2} - \dfrac{1}{4} + \dfrac{1}{8} - \dfrac{1}{16}$　（　　　）　　　　　　　　　　　　　　　　（近大附中）

(4) $\dfrac{247}{8} + \dfrac{1042}{5} - \dfrac{101}{2}$　（　　　）　　　　　　　　　　　　　　　　（関西大学北陽中）

(5) $2\dfrac{1}{4} - 1\dfrac{1}{2} + \dfrac{3}{4}$　（　　　）　　　　　　　　　　　　　　　　　　（帝塚山学院中）

(6) $1\dfrac{1}{7} - \left(\dfrac{1}{5} + \dfrac{1}{7}\right)$　（　　　）　　　　　　　　　　　　　　　　（比叡山中）

(7) $\dfrac{1}{2} - \left(\dfrac{1}{2} - \dfrac{1}{4}\right) + \left(\dfrac{1}{2} - \dfrac{1}{4} + \dfrac{1}{8}\right) - \left(\dfrac{1}{2} - \dfrac{1}{4} + \dfrac{1}{8} - \dfrac{1}{16}\right)$　（　　　）　（大阪教大附平野中）

13 ≪分数の乗除≫　次の計算をしなさい。

(1) $5 \div \dfrac{1}{3} \times \dfrac{6}{5}$　（　　　）　　　　　　　　　　　　　　　　　　　　（天理中）

(2) $3\dfrac{1}{2} \times 1\dfrac{1}{4} \div \dfrac{7}{12}$　（　　　）　　　　　　　　　　　　　　　　　（松蔭中）

(3) $2\dfrac{1}{12} \times 4\dfrac{1}{5} \div 1\dfrac{5}{9}$　（　　　）　　　　　　　　　　　　　　　　（聖心学園中）

14 ≪分数の四則混合計算≫　次の計算をしなさい。

(1)　$1\dfrac{1}{15} \div \dfrac{4}{5} - \dfrac{5}{6}$　（　　　　）　　　　　　　　　　　　　　　　（大谷中－大阪－）

(2)　$1\dfrac{2}{5} \times 2\dfrac{1}{3} - 2\dfrac{5}{6}$　（　　　　）　　　　　　　　　　　　　　　　（上宮学園中）

(3)　$129 \div 6 - \dfrac{7}{4} \times 10$　（　　　　）　　　　　　　　　　　　　　　（京都先端科学大附中）

(4)　$\dfrac{13}{12} \times \dfrac{3}{5} + \dfrac{12}{5} \div \dfrac{12}{13}$　（　　　　）　　　　　　　　　　　　　　（浪速中）

(5)　$3 - 14 \div 2\dfrac{1}{3} \times \dfrac{3}{8}$　（　　　　）　　　　　　　　　　　　　　（武庫川女子大附中）

(6)　$2\dfrac{5}{8} \div 1\dfrac{1}{2} \div 1\dfrac{5}{9} - \dfrac{1}{2}$　（　　　　）　　　　　　　　　　　　　（関大第一中）

(7)　$\dfrac{9}{14} \div \dfrac{5}{8} \times 1\dfrac{8}{27} + \dfrac{1}{6}$　（　　　　）　　　　　　　　　　　　　　（花園中）

(8)　$\dfrac{3}{4} \times \dfrac{1}{3} + \dfrac{7}{3} \times \dfrac{2}{7} - \dfrac{5}{2} \div 5$　（　　　　）　　　　　　　　　　　（平安女学院中）

(9)　$\dfrac{7 \times 8 \times 9 \times 10 - 6 \times 7 \times 8 \times 9 - 5 \times 6 \times 7 \times 8}{5 \times 6 \times 7 \times 8 \times 9 \times 10}$　（　　　　）　　　　　　　（甲南中）

(10)　$1 + \dfrac{4}{1 + \dfrac{3}{1 + \dfrac{1}{2}}}$　（　　　　）　　　　　　　　　　　　　　　　　　　（開智中）

15 《分数の四則混合計算》　次の計算をしなさい。

(1) $\left(\dfrac{3}{4} + \dfrac{3}{8}\right) \div \dfrac{7}{4}$　（　　　）　　　　　　　　　　　　　　　（上宮学園中）

(2) $1\dfrac{1}{24} \times \left(2\dfrac{1}{10} - 2\dfrac{1}{25}\right)$　（　　　）　　　　　　　　　　　（近大附中）

(3) $\left(\dfrac{5}{2} - \dfrac{3}{5} - \dfrac{5}{3}\right) \div \dfrac{14}{15}$　（　　　）　　　　　　　　　　（大阪女学院中）

(4) $8\dfrac{1}{6} - \left(2\dfrac{1}{3} - 1\dfrac{13}{36} - \dfrac{17}{18}\right) \div \dfrac{1}{6}$　（　　　）　　　（奈良学園登美ヶ丘中）

(5) $3\dfrac{5}{14} - \dfrac{4}{9} \div \left(1\dfrac{1}{6} - \dfrac{7}{8}\right)$　（　　　）　　　　　　　　　（関西大学中）

(6) $\left(\dfrac{1}{6} + 2\dfrac{1}{3}\right) \times 1\dfrac{4}{5} - 2\dfrac{1}{4} \div 1\dfrac{1}{2}$　（　　　）　　　　　（明星中）

(7) $\left(\dfrac{2}{3} + \dfrac{1}{2}\right) \div \left(\dfrac{2}{3} - \dfrac{1}{2}\right)$　（　　　）　　　　　　　　　　（松蔭中）

(8) $\left(3\dfrac{1}{3} - 2\dfrac{1}{2}\right) \div \left(\dfrac{5}{6} + \dfrac{3}{4} \times 1\dfrac{2}{3}\right)$　（　　　）　　　　（立命館中）

(9) $\dfrac{3}{4} \times \left\{\dfrac{8}{3} \div (12 - 10) + \dfrac{4}{3}\right\}$　（　　　）　　　　　　（関西創価中）

(10) $\left\{2\dfrac{8}{11} \times \left(\dfrac{6}{5} - \dfrac{5}{6}\right) + \dfrac{4}{7}\right\} \div \dfrac{1}{2} - 3$　（　　　）　　　（金蘭千里中）

16 ≪小数と分数の加減≫　次の計算をしなさい。

(1) $\dfrac{5}{8} + 2.3 - \dfrac{1}{5}$ （　　　）　　　　　　　　　　　　　　　　　　（関西大学北陽中）

(2) $1.5 + 1\dfrac{1}{3} - \dfrac{4}{5} - \dfrac{5}{6} - \dfrac{6}{7}$ （　　　）　　　　　　　　　　　（智辯学園和歌山中）

17 ≪小数と分数の乗除≫　次の計算をしなさい。

(1) $3.75 \times 1.5 \div 1\dfrac{1}{4}$ （　　　）　　　　　　　　　　　　　　　　（雲雀丘学園中）

(2) $2023 \div 0.7 \times \dfrac{1}{17}$ （　　　）　　　　　　　　　　　　　　　　　　（比叡山中）

18 ≪小数と分数の四則混合計算≫　次の計算をしなさい。

(1) $55.5 \div 5.5 - 2\dfrac{4}{5} \times 1\dfrac{9}{11}$ （　　　）　　　　　　　　　　　　（関西大倉中）

(2) $3\dfrac{1}{4} \div 2 + 0.75 \div \dfrac{2}{3}$ （　　　）　　　　　　　　　　　　　　（プール学院中）

(3) $1.6 \times 3\dfrac{2}{3} - 2\dfrac{1}{6} \div 13$ （　　　）　　　　　　　　　　　　　（京都橘中）

(4) $0.45 \times \dfrac{4}{9} - \dfrac{1}{30} \div 0.2 + 0.8 \div \dfrac{3}{2}$ （　　　）　　　　　（甲南中）

(5) $64 \times 0.25 + 15 \div \dfrac{1}{3} - 135 \times 12 \div 45$ （　　　）　　　　（親和中）

(6) $2\dfrac{1}{3} \div 0.4 \times \dfrac{6}{11} \div 0.7 \div 2\dfrac{3}{11} \times 4.5$ （　　　）　　　（須磨学園中）

19 ≪小数と分数の四則混合計算≫　次の計算をしなさい。

(1)　$1.11 \times \left(1\frac{13}{15} - 1.2\right) \div 0.37$　（　　　　）

（清風南海中）

(2)　$\left(\frac{14}{27} \div 1.4 - \frac{1}{3}\right) \times 5\frac{2}{5}$　（　　　　）

（同志社香里中）

(3)　$\left(\frac{2024}{2025} \times 10.125 - 7\right) \times \frac{4}{13}$　（　　　　）

（西大和学園中）

(4)　$2\frac{4}{5} \times \left(2.55 \div \frac{3}{5} - 2.75 + 1\frac{5}{7}\right)$　（　　　　）

（明星中）

(5)　$(1.5 \div 0.125 - 2.8 \div 1.4) \times \frac{2}{5}$　（　　　　）

（桃山学院中）

(6)　$0.2 - \frac{2}{13} \times \left(\frac{7}{15} - 0.5 \times 0.5\right) \div \frac{5}{6}$　（　　　　）

（神戸海星女中）

(7)　$\left(\frac{1}{15} + \frac{2}{9}\right) \div \left(\frac{17}{40} - 0.36\right) - 2\frac{5}{6}$　（　　　　）

（同志社女中）

(8)　$(2.1 - 1.2) \div \frac{1}{2} - \left(\frac{7}{5} - \frac{5}{7}\right) \times 0.75$　（　　　　）

（立命館中）

(9)　$\left[12 \div \left\{4 \div \left(2\frac{7}{15} + 5\frac{2}{3}\right)\right\} \times 3.2\right] \div 0.64$　（　　　　）

（京都女中）

(10)　$0.125 \div 5 \div \left\{2.2 + \frac{1}{2} \times \left(\frac{26}{15} + 1\frac{2}{3} + 1.4\right)\right\} \div 11$　（　　　　）

（高槻中）

20 ≪計算のくふう≫　次の計算をしなさい。

(1)　$61 + 137 + 213 + 289 + 365 + 441 + 517$　（　　　　）　　　　　　　　　　（立命館宇治中）

(2)　$1000 + 997 + 994 + 991 - 988 - 985 - 982 - 979$　（　　　　）　　　　　（履正社中）

(3)　$2 + 4 + 6 + 8 + 10 + \cdots + 198 + 200$　（　　　　）　　　　　　　　　　（神戸龍谷中）

(4)　$27 \times 19 + 81 \times 27$　（　　　　）　　　　　　　　　　　　　　　（京都先端科学大附中）

(5)　$68 \times 25 + 625 \times 272$　（　　　　）　　　　　　　　　　　　　　　（四天王寺中）

(6)　$220 \times 5 + 11 \times 30 - 55 \times 4$　（　　　　）　　　　　　　　　　（桃山学院中）

(7)　$19 \times 165 + 11 \times 15 \times 81 - 100 \times 71$　（　　　　）　　　　　（甲南中）

(8)　$25 \times 3 + 25 \times 9 + 75 \times 5 + 25 \times 13$　（　　　　）　　　　　（清風中）

(9)　$735 \times 735 - 734 \times 736$　（　　　　）　　　　　　　　　　　　　　（聖心学園中）

(10)　$743 \times 420 + 745 \times 265 + 747 \times 315$　（　　　　）　　　　　　　（京都橘中）

21 ≪計算のくふう≫　次の計算をしなさい。

(1)　$1.6 \times 3.5 + 3.5 \times 1.4$　（　　　）　　　　　　　　　　　　　　　　　　（帝塚山学院中）

(2)　$35 \times 3.45 - 0.6 \times 34.5 + 210 \times 0.345$　（　　　）　　　　　　　　　　（清教学園中）

(3)　$4.4 \times 4 + 5.5 \times 5 - 6.6 \times 6$　（　　　）　　　　　　　　　　　　　　　（立命館中）

(4)　$3.21 \times 12 + 4.28 \times 17 - 1.07 \times 24$　（　　　）　　　　　　　　　　　（淳心学院中）

(5)　$5.06 \times 6.2 + 506 \times 0.6 - 101.2 \times 1.31$　（　　　）　　　　　　　　　（明星中）

(6)　$\left(\dfrac{1}{70} - \dfrac{1}{170}\right) \times 2023$（ただし，$7 \times 17 \times 17 = 2023$ を利用してもよい。）　（　　　）

（神戸大学附属中等教育学校）

(7)　$120 \times \left(\dfrac{1}{6} + \dfrac{1}{5} - \dfrac{1}{4}\right) + \left(\dfrac{1}{3} + \dfrac{1}{4} - \dfrac{1}{5}\right) \times 60$　（　　　）　　　（京都産業大附中）

(8)　$(11 \times 12 \times 13 - 10 \times 11 \times 12) \times \dfrac{1}{4}$　（　　　）　　　　　　　　（浪速中）

(9)　$\left(\dfrac{1}{2} - \dfrac{1}{3}\right) \times \left(\dfrac{1}{3} - \dfrac{1}{4}\right) \times \left(\dfrac{1}{4} - \dfrac{1}{5}\right) \times \left(\dfrac{1}{5} - \dfrac{1}{6}\right) \times (2 \times 3) \times (3 \times 4) \times (4 \times 5) \times (5 \times$

　　$6)$　（　　　）　　　　　　　　　　　　　　　　　　　　　　　　　　　　　　（京都教大附桃山中）

(10)　$\left(\dfrac{3}{2} - \dfrac{4}{3} + \dfrac{5}{4} - \dfrac{6}{5}\right) \times 2 \times 3 \times 4 \times 5$　（　　　）　　　　　　　　　（洛南高附中）

22 ≪計算のくふう≫　次の計算をしなさい。

(1) $\dfrac{1}{1 \times 2} + \dfrac{1}{2 \times 3} + \dfrac{1}{3 \times 4} + \dfrac{1}{4 \times 5}$ （　　　　）　　　　　　　　　　（関大第一中）

(2) $\dfrac{1}{6} + \dfrac{1}{12} + \dfrac{1}{20} + \dfrac{1}{30} + \dfrac{1}{42}$ （　　　　）　　　　　　　　　　（洛星中）

(3) $\dfrac{3}{5 \times 8} + \dfrac{3}{8 \times 11} + \dfrac{3}{11 \times 14}$ $\left(\text{ただし，}\dfrac{3}{2 \times 5} = \dfrac{1}{2} - \dfrac{1}{5}\text{のような計算を利用してもよい。}\right)$

（　　　　）（羽衣学園中）

(4) $2 \times \left(\dfrac{1}{2 \times 4} + \dfrac{1}{4 \times 6} + \dfrac{1}{6 \times 8} + \dfrac{1}{8 \times 10} + \dfrac{1}{10 \times 12} \right)$ （　　　　）　　　（近大附中）

23 ≪未知数を求める問題≫　次の ☐ にあてはまる数を答えなさい。

(1) $469 \div \boxed{} - 7 \times 9 = 4$　　　　　　　　　　　　　　　　　（四天王寺東中）

(2) $26 - (\boxed{} \times 3) = 5$　　　　　　　　　　　　　　　　　　　　（樟蔭中）

(3) $17 - (2 + \boxed{}) \div 3 = 2$　　　　　　　　　　　　　　　　　　　（滝川第二中）

(4) $(\boxed{} \times 4 + 16) \times 3 - 51 = 69$　　　　　　　　　　　　　　　（松蔭中）

(5) $\{51 - 45 \div (5 + \boxed{})\} \times 3 = 138$　　　　　　　　　　　（関西大学北陽中）

(6) $\{2024 \div (32 - 45 \div \boxed{}) - 11 \times 3\} \div 5 = 11$　　　　　　　（甲南中）

24　≪未知数を求める問題≫　次の□□にあてはまる数を答えなさい。

(1)　$4.92 + 12.23 = 7 \times 7 \times$ □□　（大阪女学院中）

(2)　$0.7 + (3 \times$ □□ $- 0.4) \div 2 = 5$　（京都先端科学大附中）

25　≪未知数を求める問題≫　次の□□にあてはまる数を答えなさい。

(1)　□□ $\div \dfrac{1}{4} - \dfrac{1}{2} = \dfrac{5}{6}$　（大阪薫英女中）

(2)　$\dfrac{1}{3} \div$ □□ $\div \dfrac{8}{7} = \dfrac{1}{4}$　（初芝富田林中）

(3)　$3\dfrac{1}{2} \times 4\dfrac{2}{3} - \dfrac{2}{5} \times$ □□ $= 13$　（京都女中）

(4)　□□ $\times \dfrac{1}{2} +$ □□ $\times \dfrac{1}{3} +$ □□ $\times \dfrac{1}{4} +$ □□ $\times \dfrac{1}{5} +$ □□ $\times \dfrac{1}{6} = 29$（ただし，□□には同じ数が入ります。）（　　　）　（甲南中）

(5)　$(13 -$ □□ $) \times \dfrac{2}{3} = 6$　（帝塚山学院中）

(6)　$\dfrac{1}{2} \div \left($□□ $- \dfrac{4}{3}\right) \times \dfrac{5}{6} + \dfrac{7}{8} = \dfrac{9}{10}$　（清風南海中）

(7)　$\dfrac{1}{2} - \left($□□ $- \dfrac{1}{4} \times \dfrac{1}{6}\right) = \dfrac{5}{12}$　（桃山学院中）

(8)　$(1 + 2024 \div 253) \div \dfrac{1}{9} \times$ □□ $= 2025$　（同志社中）

26 《未知数を求める問題》 次の ☐ にあてはまる数を答えなさい。

(1) $\dfrac{1}{2} \div \left(3 - 5 \times \boxed{}\right) = \dfrac{3}{10}$ （立命館守山中）

(2) $5 \times \left(\boxed{} \times \dfrac{3}{4} - 2\right) = 15$ （常翔啓光学園中）

(3) $1\dfrac{1}{3} \div \left(2\dfrac{1}{2} - \boxed{} \div \dfrac{3}{7}\right) = 1\dfrac{3}{4}$ （雲雀丘学園中）

(4) $\dfrac{2}{5} - \dfrac{1}{5} \div \left(\dfrac{\boxed{}}{2} - \dfrac{2}{3}\right) = \dfrac{4}{25}$ （常翔学園中）

(5) $3\dfrac{1}{3} \times \left(\dfrac{9}{10} + \dfrac{22 - \boxed{}}{5}\right) = 15$ （関西大学中）

(6) $\left\{\left(\dfrac{1}{12} + \boxed{}\right) \times \dfrac{1}{2}\right\} + 3 = 6$ （大谷中－大阪－）

(7) $2 - \left\{\dfrac{1}{6} + 14 \times \left(\boxed{} - \dfrac{1}{3}\right)\right\} = \dfrac{1}{2}$ （淳心学院中）

27 《未知数を求める問題》 次の ☐ にあてはまる数を答えなさい。

(1) $2.8 \div 1\dfrac{3}{4} - 1.6 \times \boxed{} = 1\dfrac{1}{3}$ （甲南女中）

(2) $\dfrac{10}{4 + \dfrac{1}{\boxed{}}} = 2.4$ （滝川第二中）

(3) $6 \div \dfrac{8}{4 + \boxed{}} + \dfrac{0.125 \times 40}{8 \times 0.25} = 10$ （金蘭千里中）

28 《未知数を求める問題》　次の □ にあてはまる数を答えなさい。

(1) $1\dfrac{2}{3} + \left(5\dfrac{1}{5} - \boxed{}\right) \div 0.3 = 7$ （大谷中－大阪－）

(2) $\dfrac{4}{7} \times \left(0.7 - \boxed{}\right) + \dfrac{5}{7} = 1$ （関西創価中）

(3) $\left(1\dfrac{1}{3} - 0.04 - 1.4 \times \boxed{}\right) \div 6\dfrac{1}{5} = \dfrac{2}{15}$ （明星中）

(4) $\left(\dfrac{2}{3} - \boxed{}\right) \div 1\dfrac{1}{9} \times \dfrac{8}{15} - 0.125 = \dfrac{3}{40}$ （同志社女中）

(5) $\left(2.25 + \dfrac{2}{3}\right) \div \boxed{} \times 2.8 = 1\dfrac{1}{6} + 0.5$ （同志社国際中）

(6) $2\dfrac{2}{3} \div 2\dfrac{2}{9} \times \left(1.2 - 1\dfrac{1}{3} \div \boxed{}\right) - 0.34 = \dfrac{1}{20}$ （六甲学院中）

(7) $3.2 - 4 \times \left(\dfrac{1}{16} \div \boxed{} \times 6 - 0.05\right) = 1$ （四天王寺中）

(8) $3\dfrac{3}{5} \div \left\{10 - 6.8 \times \left(1\dfrac{3}{4} - \boxed{}\right)\right\} = 1.125$ （清風南海中）

(9) $\left\{1\dfrac{4}{5} \times 3\dfrac{1}{2} - \left(1\dfrac{1}{6} + \boxed{}\right) \times 0.9\right\} \div 0.78 = 5$ （大阪教大附池田中）

(10) $11 \times \left\{8 + (\boxed{} - 0.625) \times 18 \div 8\dfrac{1}{4}\right\} = 89$ （洛南高附中）

29 ≪四捨五入・概数≫　次の問いに答えなさい。

(1)　一の位を四捨五入して 850 になる整数のうち，もっとも小さい数は何ですか。（　　　　）

（天理中）

(2)　四捨五入して百の位までのがい数にすると 7800 になる整数のうち，いちばん小さい数は □□□□ で，いちばん大きい数は □□□□ です。　　　　　（松蔭中）

(3)　小数第一位を四捨五入して 2023 になる小数は，□□□□ 以上 □□□□ 未満です。

（奈良育英中）

30 ≪四捨五入・概数≫　次の問いに答えなさい。

(1)　百の位の数を四捨五入すると 2000 になる整数のうち，最も大きな数を 3 で割った商はいくつか，求めなさい。（　　　　）

（滝川第二中）

(2)　分数 $\dfrac{ぁ}{97}$ を小数に直し，小数第 2 位を四捨五入すると 0.2 になります。ぁにあてはまる整数は全部で □□□□ 個あります。　　　　　（洛南高附中）

31 ≪虫食い算≫　右のひっ算の答えを次のア〜カから選び，その記号を答えなさい。

（　　　　）（初芝富田林中）

ア　873　　イ　893　　ウ　913　　エ　933　　オ　953　　カ　973

```
    4 □
 ×  □ □
  4 2 3
4 □
```

32 ≪計算式の完成≫　次の空らんに＋，−，×，÷を入れて式を完成しなさい。　　　（関西大学北陽中）

8 ア□□□ 3 イ□□□ 6 = 18

33 ≪計算式の完成≫ 下の □ には＋，－，×，÷のいずれかが入ります。□ に入るものを答えなさい。 (四天王寺東中)

$$(9 + 8) \times 7 \times (6 + 5 + 4 + 3 \boxed{} 2 + 1) = 2023$$

34 ≪計算式の完成≫ □の中に＋，－，×，÷のいずれかを入れて正しい式を完成させなさい。ただし，同じ記号は何度使ってもよいものとしますが，＋，－，×，÷以外の記号は使ってはいけません。 (神戸龍谷中)

$$4 \square 4 \square 4 \square 4 = 7$$

35 ≪ある数を求める問題≫ ある数を 8 倍してから 12 をひいた数を 13 で割ると，商が 9 で余りが 7 でした。ある数は □ です。 (甲南女中)

36 ≪ある数を求める問題≫ ある数を $\frac{8}{9}$ で割るところを，まちがえて $\frac{9}{8}$ で割ったら，答えが $\frac{16}{27}$ になりました。正しい答えはいくつですか。( ) (東海大付大阪仰星高中等部)

37 ≪ある数を求める問題≫ ある 3 けたの整数を 17 で割ると，商と余りが等しくなりました。このような 3 けたの整数のうち，最も小さいものは ( ) です。 (奈良学園登美ヶ丘中)

38 ≪ある数を求める問題≫ 1 から 9 までの 9 個の整数をすべてかけあわせた数に，さらに 1 以上のある整数をかけたところ，その結果は同じ整数を 2 回かけあわせた数になりました。ある整数のうち最も小さい数はいくつですか。( ) (清教学園中)

39 ≪ある数を求める問題≫ ある整数の 5 倍から 11 を引いた数は 40 より大きくなり，またある整数の 2 倍に 3 を加えた数は 26 より小さくなります。ある整数はいくつですか。( ) (関西大学中)

40 ≪約束記号≫　A ★ B ＝ A × A ＋ B × B と計算するとき，(2 ★ 3) ★ 10 の計算の答えは何ですか。(　　　)

(京都橘中)

41 ≪約束記号≫　計算のきまり * は，* でつながった数の平均を表す。また，(　　)の中の計算を先に行うこととする。例えば，2 * 10 ＝ 6，2 * 10 * 15 ＝ 9，(2 * 10) * 15 ＝ 10.5 である。このとき，(2 * 8) * (3 * □ * 16) ＝ 7.5 である。

(履正社中)

42 ≪約束記号≫　記号 ★ は次の規則によって計算されます。

$(a ★ b) = (a + b) ÷ (a ÷ b)$

たとえば，$(4 ★ 2) = (4 + 2) ÷ (4 ÷ 2) = 3$ です。このとき $(3 ★ 9) ÷ (5 ★ 4)$ を計算しなさい。

(　　　)　(近大附和歌山中)

43 ≪約束記号≫　A ★ B は A を B で割った余りを表すとします。例えば，8 を 3 で割ると余りが 2 となるので，8 ★ 3 ＝ 2 となります。85 ★ □ ＝ 7 のとき，□ にあてはまる数をすべて求めなさい。(　　　　)

(京都文教中)

44 ≪約束記号≫　整数 A，B について，A を B でわったときのあまりを A ◎ B と表します。たとえば，13 ◎ 5 ＝ 3 です。このとき，次の問いに答えなさい。 (報徳学園中)

(1)　53 ◎ 7 の答えはいくつですか。(　　　)

(2)　(37 ◎ 13) ◎ (59 ◎ 8) の答えはいくつですか。(　　　)

(3)　□ ◎ 12 ＝ 8 の □ に入る 3 けたの整数のうち，一番小さい整数はいくつですか。

(　　　)

45 ≪約束記号≫　〔a〕を，「a を 7 で割った余り」とします。

このとき，〔〔10〕＋〔20〕＋〔30〕＋〔40〕＋〔50〕＋〔60〕＋〔70〕＋〔80〕＋〔90〕＋〔100〕〕＝ □ です。

(須磨学園中)

46 ≪約束記号≫　$[a]$ は，a と a よりも 2 だけ大きい数の積とします。例えば，$[3] = 3 \times 5 = 15$，$[10] = 10 \times 12 = 120$ となります。ただし，a は 0 より大きい 100 以下の整数とします。このとき，次の問いに答えなさい。　　　　　　　　　　　　　　　　　　　　（京都女中）

(1) $[15]$ はいくらですか。（　　　　）

(2) $[a] = 2024$ となる a を求めなさい。（　　　　　）

(3) $[a]$ が 35 の倍数となるときの a はいくつありますか。（　　　　個）

47 ≪約束記号≫　《 ☆ 》を☆の約数の和を表す記号とします。例えば，《1》= 1，《4》= 1 + 2 + 4 = 7 です。[☆] を☆の約数の個数を表す記号とします。例えば，[1] = 1，[4] = 3 です。ただし，☆は整数とします。次の問いに答えなさい。　　　　　　　　　　　（大阪教大附平野中）

(1) 《 20 》+《 23 》を求めなさい。（　　　　）

(2) 《 77 》÷[77] を求めなさい。（　　　　）

(3) 《 ☐☐☐ 》= 80，[☐☐☐] = 2 となるとき，☐☐☐ にあてはまる数を求めなさい。ただし，☐☐☐ には同じ数が入ります。（　　　　）

48 ≪約束記号≫　整数 N を一の位で四捨五入した数を [N] と表すことにします。例えば[35] = 40 となります。2 つの整数 A と B があり，[A] = 80，[B] = 20 です。　　　　　（甲南女中）

(1) A にあてはまる整数は全部で何通りありますか。（　　　　）

(2) [A + B] = [A] + [B] が成り立っているとすると，A，B にあてはまる整数の組み合わせは全部で何通りありますか。（　　　　）

1　≪約数≫　次の □□□□ にあてはまる数を答えなさい。

(1)　48 の約数は全部で □□□□ 個あります。　　　　　　　　　　　　（京都先端科学大附中）

(2)　72 の約数は全部で □□□□ 個あります。　　　　　　　　　　　　（ノートルダム女学院中）

2　≪約数≫　2024 の約数のうち小さいものから 5 番目の数を求めなさい。（　　　　）　　　（高槻中）

3　≪約数≫　1 から 100 までの整数のうち，約数の個数が 3 個のものは何個ありますか。（　　　個）

（智辯学園和歌山中）

4　≪約数≫　次の問いに答えなさい。

(1)　42，70，112 の最大公約数は □□□□ です。　　　　　　　　　　　（大阪薫英女中）

(2)　72 と 108 の公約数は全部で何個ですか。（　　　個）　　　　　　　　　　（神戸龍谷中）

(3)　45 と 60 の公約数をすべて足すといくつですか。（　　　　）　　　　　　　　（浪速中）

5　≪約数≫　a と b の最大公約数を $a ☆ b$ と表すものとします。たとえば，$10 ☆ 15 = 5$ となります。このとき，$36 ☆ 54 = $ ア □□□□ なので，$(36 ☆ 54) ☆ (90 ☆ 150) = $ イ □□□□ となります。

（近大附中）

6　≪約数≫　ペン 60 本と消しゴム 48 個をあまりが出ないように，それぞれを同じ数ずつ配ります。最大で何人に配ることができますか。（　　　　人）　　　　　　　　　　（龍谷大付平安中）

7　≪約数≫　128 をある整数 A で割ると 16 余り，196 を A で割ると 28 余ります。このような整数
　　A は何ですか。（　　　　）

（帝塚山学院泉ヶ丘中）

8　≪約数≫　「ある数」は 1 以上 53 以下の整数で，53 を「ある数」でわると 5 あまり，63 を「ある
　　数」でわると 3 あまり，88 を「ある数」でわると 4 あまります。「ある数」としてあてはまる数を，
　　すべて求めなさい。（　　　　　　　）

（初芝富田林中）

9　≪約数≫　ルミさんとミナさんが最大公約数について考えています。以下の会話文を読み，次の
　　問いに答えなさい。

（大阪女学院中）

　　ルミさん　「12 と 18 の最大公約数は　ア　だよね」

　　ミナさん　「そうだね」

　　ルミさん　「121 と 132 の最大公約数は　イ　だよね」

　　ミナさん　「その通りだね。どうしたの？」

　　ルミさん　「簡単に最大公約数を見つけられる方法がないかな，と思って」

　　ミナさん　「今はどういう方法で見つけたの？」

　　ルミさん　「1 つずつ計算して確かめたんだけど，時間がかかってしまって」

　　ミナさん　「うーん，最大公約数は 2 つの数字の　ウ　の答えにもなっているけど，これって使え
　　　　　　　ないかな」

　　ルミさん　「2002 と 2024 で試してみると　エ　になるけど，大丈夫かな」

　　ミナさん　「確かめてみたけど，最大公約数だったよ」

　　ルミさん　「299 と 2024 の最大公約数を求めたいけど，1 回　ウ　しただけだと，299 より大きい
　　　　　　　ままだよ」

　　ミナさん　「299 より小さくなるまで　ウ　をくり返すと，　オ　になるよ」

　　ルミさん　「でも，　オ　は 299 を割り切れないよ」

　　ミナさん　「299 と　オ　で　ウ　すると　カ　になるよ」

　　ルミさん　「　カ　は 2 けたの数字に初めてなったけど，299 は割り切れないね。でも，　カ　の
　　　　　　　約数で 299 を割り切れるものがあるよ」

　　ミナさん　「本当だね。それが 299 と 2024 の最大公約数か確かめよう」

　　（会話文はここまでです）

(1)　□□□や□□□にあてはまる数や言葉を答えなさい。ただし，ウにあてはまるものは次の中
　　から選んで答えなさい。

　　　　ア（　　　）イ（　　　）ウ（　　　）エ（　　　　）オ（　　　）カ（　　　　）

　　　たし算，ひき算，かけ算，わり算

(2)　299 と 2024 の最大公約数を求めなさい。（　　　　）

10 ≪倍数≫　次の問いに答えなさい。

(1)　1 から 100 までの整数のうち，4 の倍数は何個ありますか。（　　　個）　　　　　（花園中）

(2)　100 から 200 までの整数の中に 7 の倍数は何個ありますか。（　　　個）　　　　　（関大第一中）

11 ≪倍数≫　次の　　　にあてはまる数を答えなさい。

(1)　8 でわると 6 あまる整数のうち，100 に最も近い数は　　　になります。　（近大附和歌山中）

(2)　4 で割ると 3 余る整数のうち，2 けたの数で最大のものは　　　です。　　　（立命館宇治中）

12 ≪倍数≫　次の　　　にあてはまる数を答えなさい。

(1)　9 と 12 の最小公倍数は　　　です。　　　　　　　　　　　　　　　　　　（梅花中）

(2)　117 と 126 の最小公倍数は　　　です。　　　　　　　　　　　　　（大谷中－大阪－）

13 ≪倍数≫　次の　　　にあてはまる数を答えなさい。

(1)　1 から 200 までの整数の中で，6 でも 9 でもわりきれる整数は　　　個あります。

（報徳学園中）

(2)　50 から 100 までの整数はア　　　個あり，そのうち 3 でも 7 でもわり切れる数はイ　　　
個あります。　　　　　　　　　　　　　　　　　　　　　　　　　　　　　　　（近大附中）

14 ≪倍数≫　次の　　　にあてはまる数を答えなさい。

(1)　1 から 100 までの整数の中で，2 でも 3 でもわり切れる数は　　　個あります。　　（松蔭中）

(2)　1 から 50 までの整数の中で，4 でも 6 でもわり切れない数は　　　個あります。　（松蔭中）

[15] ≪倍数≫　次の問いに答えなさい。

(1)　3で割っても4で割っても1あまる2けたの整数の中で，いちばん大きい数は _____ です。

(京都聖母学院中)

(2)　4で割っても6で割っても3余る2けたの整数は何個ありますか。（　　　個）　　（上宮学園中）

[16] ≪倍数≫　50から100までの整数について，次の問いに答えなさい。　　　　　（大谷中－大阪－）

(1)　3で割り切れる整数は全部で何個ありますか。（　　　個）

(2)　7で割ると3余る整数は全部で何個ありますか。（　　　個）

(3)　3でも7でも割り切れる整数をすべて答えなさい。（　　　　　　　）

[17] ≪倍数≫　次の問いに答えなさい。

(1)　縦15cm，横18cmの長方形のタイルを，向きをそろえてすきまなく並べ，できるだけ小さい正方形をつくります。このときタイルは _____ 枚必要です。　　　　　　　（甲南女中）

(2)　たて3cm，横4cm，高さ6cmの直方体の積み木を，同じ向きにならべて立方体をつくります。一番小さい立方体をつくるのに，直方体の積み木は何個必要ですか。（　　　個）（龍谷大付平安中）

[18] ≪倍数≫　あるバス停から，平日は8分おきに，休日は12分おきにバスが発車し，平日も休日も始発が午前7時で最終が午後11時に発車します。このバス停から，平日も休日もバスが同じ時刻に発車するのは1日に _____ 回あります。　　　　　　　　　　　（立命館守山中）

[19] ≪倍数≫　休館日のない図書館に花子さんは4日ごとに行き，太郎さんは6日ごとに行きます。ある月曜日に2人とも図書館に行きました。この次に，月曜日に2人とも図書館に行くのは何日後ですか。（　　　日後）　　　　　　　　　　　　　　　　　　　　　　　　（親和中）

20 ≪倍数≫　赤色と青色の二種類のランプがある。スイッチを入れると，赤色のランプは「4秒間点灯してから2秒間消灯する」ことを繰り返す。また，青色のランプは「1秒間消灯してから3秒間点灯する」ことを繰り返す。このとき，次の問いに答えなさい。　　　　　　　　　　　（金蘭千里中）

(1)　赤色のランプはスイッチを入れてから1分間で合計何秒点灯しますか。（　　　　秒）

(2)　赤色と青色のランプのスイッチを同時に入れるとき，その100秒後からの1秒間に点灯しているランプは何色ですか。解答欄にある【赤色のみ】【青色のみ】【両方】【どちらも点灯していない】の4つのうちから1つ選び，○で囲みなさい。

　　　（　赤色のみ・青色のみ・両方・どちらも点灯していない　）

(3)　赤色と青色のランプのスイッチを同時に入れるとき，その後の2分20秒間で赤と青の両方のランプが点灯している時間は合計何秒ですか。（　　　　秒）

21 ≪倍数≫　次の空欄ア～エにあてはまる整数を答えなさい。　　　　　　　　　　（清風中）

(1)　〈図1〉のような，たて52cm，横78cmの長方形の紙があります。

　　①　この紙を何枚か用いてすき間なく，重ならないように同じ向きに並べて正方形を作ります。できるだけ少ない枚数で正方形を作る場合，　ア　　　　　枚の紙が必要です。

〈図1〉

　　②　この紙を，余りが出ないように同じ大きさの正方形に切り分けます。できるだけ大きい正方形を作る場合，正方形の1辺の長さは　イ　　　　　cmになります。

(2)　〈図2〉のような，たて264cm，横198cmの長方形から，たて132cm，横110cmの長方形を切り取った図形があります。

　　①　この図形の中に，同じ大きさの正方形のタイルをすき間なく，重ならないようにぴったりと敷きつめます。使用するタイルの枚数をできるだけ少なくする場合，タイルの1辺の長さは　ウ　　　　　cmになります。

　　②　図の2点A，Bを結ぶ直線をひくとき，この直線は①で敷きつめたタイルを　エ　　　　　枚通ります。ただし，直線がタイルの頂点だけを通る場合は，そのタイルは数えないものとします。

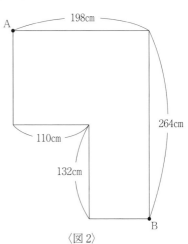

〈図2〉

22　≪倍数≫　次の問いに答えなさい。

(1)　3で割ると2余り，4で割ると3余り，5で割ると4余る整数のうちで，もっとも小さい数を答えなさい。（　　　　）

（関西大学北陽中）

(2)　3で割ると2余り，4で割ると2余る3けたの整数のうち，最小のものは ア _____ です。また，3で割ると2余り，4で割ると2余り，5で割ると2余る3けたの整数のうち，最大のものは イ _____ です。

（雲雀丘学園中）

23　≪約数と倍数≫　ある整数と294の最大公約数は14で，最小公倍数は588です。この整数を求めなさい。（　　　　）

（四條畷学園中）

24　≪整数の性質≫　いちばん小さい素数は _____ で，20以下の素数は _____ 個あります。

（松蔭中）

25　≪整数の性質≫　ある整数をいくつかの連続する整数の和の形で表す。ただし，整数の和は最も小さい整数から順に和の形で表します。例えば，27をいくつかの連続する整数の和の形で表すと

・27 ＝ 13 ＋ 14

・27 ＝ 8 ＋ 9 ＋ 10

・27 ＝ 2 ＋ 3 ＋ 4 ＋ 5 ＋ 6 ＋ 7

の3通りの形で表すことができます。

（羽衣学園中）

(1)　45を連続する5つの整数の和の形で表しなさい。（　　　＋　　　＋　　　＋　　　＋　　　）

(2)　72を連続する9つの整数の和の形で表したとき，ちょうど真ん中になる数を答えなさい。

（　　　　）

(3)　99を連続する整数の和の形で表す方法は何通りあるか答えなさい。また，その中で出てくる最も小さい整数を答えなさい。（　　　通り）　最も小さい整数は，（　　　　）

26　≪整数の性質≫　 _____ を24で割ると余りが15になり，26で割ると余りが5になり，商はどちらも同じになります。

（ノートルダム女学院中）

27 ≪整数の性質≫　2023 と 2023 の積は 7 桁の数になります。この数を 1 桁ずつ 1 枚のカードにかいて，合計 7 枚のカードを作ります。その 7 枚のカードを並び替えてできる 7 桁の数のうち，10 番目に大きい数を答えなさい。（　　　　）　　　　　　　　　　　　　　　　　（大阪教大附天王寺中）

28 ≪整数の性質≫　百の位の数が A，十の位の数が B，一の位の数が C である 3 けたの整数 ABC があります。この 3 けたの整数について，次のア～エがわかっています。このとき，この 3 けたの整数 ABC は何ですか。ただし，A，B，C は異なる数字で，どれも 0 ではありません。（　　　　）

（開智中）

ア　整数 ABC は奇数である。　　イ　A と B と C をかけると 5 の倍数になる。
ウ　C は A，B それぞれより大きな数である。　　エ　C ÷ B ＝ 3 である。

29 ≪整数の性質≫　連続する 3 つの整数の積が 19656 になりました。3 つの整数のうち，真ん中の整数を求めなさい。（　　　　）　　　　　　　　　　　　　　　　　　　　　（龍谷大付平安中）

30 ≪整数の性質≫　2 桁の整数について，次の 3 つの条件を考えます。
①　3 で割ると 1 余る。
②　十の位の数より一の位の数の方が大きい。
③　7 の倍数である。
　　次の問いに答えなさい。　　　　　　　　　　　　　　　　　　　　　（智辯学園和歌山中）
(1)　3 つの条件すべてにあてはまる数は何ですか。すべて書きなさい。（　　　　）
(2)　3 つの条件のうち 2 つだけにあてはまる数は何ですか。大きい方から 2 個書きなさい。

（　　　　）

31 ≪整数の性質≫　10 点満点のテストを A，B，C，D，E の 5 人が受けました。次の 5 人の発言をもとに，A の点数を求めなさい。ただし，点数は整数とします。（　　　点）　　（同志社国際中）
A　「平均点は 6 点でした。」
B　「私は A より高い点数でした。」
C　「$\dfrac{（Bの点数）}{（Aの点数）} = \dfrac{（私の点数）}{（Bの点数）}$ でした。」
D　「私は 4 点でした。」
E　「私は 7 点でした。」

32 　《整数の性質》　$3 + 3 = 6$，$3 + 3 + 8 = 14$ のように 3 と 8 を自由に足し合わせて整数を作ります。このとき，作ることができない最大の整数は（　　　　）です。　　　　　　　　　　　（奈良学園登美ヶ丘中）

33 　《整数の性質》　A 君が持っているお金では，1 冊 150 円のノートを 6 冊まで買うことができますが，7 冊買うことはできません。B 君が持っているお金では，1 個 40 円のお菓子を 15 個まで買うことができますが，16 個買うことはできません。2 人が持っているお金の金額の合計が最も大きくなるのは □□□□ 円のときです。　　　　　　　　　　　　　　　　　　　　　（立命館宇治中）

34 　《整数の性質》　あるきまりにしたがって計算し，次のような数の列をつくります。

〔きまり〕

　　　1 から順に 3 の倍数以外は加え，3 の倍数は引きます。

　　1 番目　1

　　2 番目　3 $(= 1 + 2)$

　　3 番目　0 $(= 1 + 2 - 3)$

　　4 番目　4 $(= 1 + 2 - 3 + 4)$

　　5 番目　9 $(= 1 + 2 - 3 + 4 + 5)$

　　6 番目　3 $(= 1 + 2 - 3 + 4 + 5 - 6)$

　　……

　　これについて，次の問いに答えなさい。　　　　　　　　　　　　　　　　　　（上宮学園中）

(1)　11 番目の数を求めなさい。（　　　　）

(2)　この数の列の 1 番目から 11 番目までの和を求めなさい。（　　　　）

(3)　111 番目の数を求めなさい。（　　　　）

(4)　この数の列の何番目かに 11111 は出てきますか，出てきませんか。簡単な理由をつけて答えなさい。

　　（　　　）

35 　《整数の性質》　整数に次の操作を行います。3 で割り切れる数は 3 で割り，3 で割って 1 余る数には 2 を足し，3 で割って 2 余る数には 1 を足します。この操作をくり返し行い，1 になったら終了します。はじめの整数が 12 のときは，例のように 5 回の操作で終了します。次の問いに答えなさい。　　　　　　　　　　　　　　　　　　　　　　　　　　　　　　　　　　　　　（関西学院中）

（例）　$12 \to 4 \to 6 \to 2 \to 3 \to 1$

(1)　はじめの整数が 40 のとき，何回の操作で終了するか求めなさい。（　　　　）

(2)　6 回の操作で終了するはじめの整数は，いくつあるか求めなさい。（　　　　）

36　＜整数の性質＞　次の問いに答えなさい。

(1)　3 を 5 個かけたとき，一の位の数は 3 です。3 を 2024 個かけたとき，一の位の数は _____ です。

（同志社香里中）

(2)　$7 \times 7 \times \cdots \times 7$ のように，7 を 10 個かけてできる数の，一の位の数を答えなさい。（　　　　）

（関西大学北陽中）

37　＜整数の性質＞　11 を 24 回かけてできる数の，十の位の数はいくつですか。（　　　　）

（大谷中－大阪－）

38　＜整数の性質＞　次の問いに答えなさい。

(1)　整数を 1 から 50 まで順にかけ合わせた数 $1 \times 2 \times 3 \times \cdots \cdots \times 50$ は 7 で最大何回割り切ることができますか。（　　　回）

（桃山学院中）

(2)　1 から 50 までの整数の積は，3 で何回割り切れますか。（　　　回）　　　　（智辯学園和歌山中）

39　＜整数の性質＞　ある整数 A から始めて，1 ずつ大きい整数を足したところ，B 個の整数の和となり 2024 になりました。B が 3 以上 25 以下の奇数であるとき，考えられる A と B の組は 2 通りあります。その 2 通りの A と B の整数の組(A，B)を求めなさい。

ただし，式と言葉を用いて考え方も書くこと。

（高槻中）

（

　　　　　　　　　　　　　　　　　　　　　　　　　　　　　　　　　　）

(A，B) = (　　　，　　　)，(　　　，　　　)

40　＜数の表し方＞　次のように整数を表します。

このとき， と の積はいくつになりますか。（　　　　）　　　（四條畷学園中）

41 ≪数の大小≫　次の □ にあてはまる数を答えなさい。

(1) 3つの数，0.4，$\dfrac{3}{8}$，$\dfrac{5}{13}$ の中で，2番目に大きな数は □ です。 （同志社中）

(2) $\dfrac{6}{7}$，$\dfrac{12}{11}$，$\dfrac{14}{15}$，$\dfrac{19}{21}$ のうち，最も1に近い数は □ です。 （立命館宇治中）

(3) $\dfrac{6}{5}$，$1\dfrac{1}{4}$，1.1 のうち，一番大きい数と，一番小さい数の差を分数で表すといくらになりますか。

（　　　　） （開智中）

42 ≪分数・小数の性質≫　$\dfrac{1}{6}$，$\dfrac{2}{6}$，$\dfrac{3}{6}$，…，$\dfrac{30}{6}$ の中で，最後まで約分すると分母が3になるものは全部で □ 個です。 （京都先端科学大附中）

43 ≪分数・小数の性質≫　次のような分数のうち，約分できない分数は □ 個あります。

$\dfrac{1}{72}$，$\dfrac{2}{72}$，$\dfrac{3}{72}$，…，$\dfrac{72}{72}$ （関西学院中）

44 ≪分数・小数の性質≫　次の □ にあてはまる数を答えなさい。

(1) $\dfrac{1}{4}$ より大きく $\dfrac{1}{3}$ より小さい数で分母が24の分数は □ です。 （ノートルダム女学院中）

(2) $\dfrac{8}{9}$ よりも大きく，$\dfrac{10}{11}$ よりも小さい，これ以上約分できない分数は $\dfrac{80}{\boxed{}}$ です。 （帝塚山中）

45 ≪分数・小数の性質≫　分母が13の分数のうち，$\dfrac{7}{8}$ にもっとも近い分数を求めなさい。（　　　　）

（奈良教大附中）

46 ≪分数・小数の性質≫　$\dfrac{3}{5} < \dfrac{30}{\boxed{}} < \dfrac{5}{8}$　（整数が入ります。）　　　　　（滝川第二中）

47 ≪分数・小数の性質≫　次の問いに答えなさい。

(1)　分子と分母の和が 12 になる真分数のうち，約分できないものをすべて答えなさい。（　　　　）

　　　　　　　　　　　　　　　　　　　　　　　　　　　　　　　　　　　　　　　（神戸龍谷中）

(2)　分母と分子の和が 301 である分数を約分すると $\dfrac{20}{23}$ になりました。もとの分数は $\boxed{}$ です。

　　　　　　　　　　　　　　　　　　　　　　　　　　　　　　　　　　　　　　　（甲南女中）

(3)　分母と分子の差が 72 で，約分すると $\dfrac{4}{13}$ になる分数の分母は $\boxed{}$ です。　　　（甲南中）

48 ≪分数・小数の性質≫　次の問いに答えなさい。

(1)　1 から 9 までの整数のうち，$\dfrac{2}{3}$ をかけると整数になるものは全部で $\boxed{}$ 個あります。

　　　　　　　　　　　　　　　　　　　　　　　　　　　　　　　　　　　　　　（和歌山信愛中）

(2)　$\dfrac{44}{45}$ をかけても，$\dfrac{30}{77}$ でわっても，整数になる分数のうち，最も小さい分数を求めなさい。

　　　　　　　　　　　　　　　　　　　　　　　　　　（　　　　　）（聖心学園中）

49 ≪分数・小数の性質≫　次のように，ある規則にしたがって，分数が並んでいます。

$$\dfrac{1}{85},\ \dfrac{2}{85},\ \dfrac{3}{85},\ \dfrac{4}{85},\ \cdots\cdots,\ \dfrac{81}{85},\ \dfrac{82}{85},\ \dfrac{83}{85},\ \dfrac{84}{85}$$

　このとき，次の問いに答えなさい。　　　　　　　　　　　　　　　　　　　（大谷中－大阪－）

(1)　約分できる分数は全部で何個ありますか。（　　　　個）

(2)　$\dfrac{1}{5}$ より大きく，$\dfrac{9}{17}$ より小さい分数のうちで，約分できる分数は全部で何個ありますか。

　　　　　　　　　　　　　　　　　　　　　　　　　　　　　　　　（　　　　個）

50　≪分数・小数の性質≫　$\dfrac{4}{15} = \dfrac{1}{\boxed{ア}} + \dfrac{1}{\boxed{イ}}$ が成り立つような　$\boxed{ア}$, $\boxed{イ}$ にあてはまる

整数の組は 3 組あります。これらの整数の組をすべて答えなさい。

ただし，$\boxed{ア}$ は $\boxed{イ}$ より小さい整数とします。　　　　　　　　　　（清風中）

ア（　　　）イ（　　　）, ア（　　　）イ（　　　）, ア（　　　）イ（　　　）

51　≪分数・小数の性質≫　次の S 先生，A さん，B さんの会話を読んで，問いに答えなさい。　（樟蔭中）

S 先生：2023 年になりました。みなさん，今年もよろしくお願いします。

A さん：ところで，2022 は 2 で割り切れ，3 でも割り切れますね。

B さん：そうすると，2023 は 2 で割っても，3 で割っても，余りは $\boxed{ア}$ になりますね。

S 先生：新年早々，チームワークがいいですね。それでは授業を始めます。

(1) 　$\boxed{ア}$ にあてはまる数を答えなさい。（　　　　）

S 先生：今日の授業は，分数の種類です。$\dfrac{1}{8}$ を小数で表すと $\boxed{イ}$ です。では，$\dfrac{1}{11}$ を小数で表す

とどうなりますか。

A さん：$1 \div 11$ を計算すると，小数点以下は 0 と $\boxed{ウ}$ の 2 個の数がこの順にくり返します。

S 先生：分数には，小数点以下がくり返すものと，そうでないものがあるのです。

B さん：$\dfrac{1}{13}$ は 0.07692307692307… となり，小数点以下は 6 個の数がくり返します。

A さん：逆に，分子が 1 で，くり返しにならないのは，$\dfrac{1}{2}$, $\dfrac{1}{4}$, $\dfrac{1}{5}$, $\dfrac{1}{8}$, $\dfrac{1}{10}$, …

B さん：そうか！　くり返しにならないのは，分母が 2 または $\boxed{エ}$ をいくつかかけあわせた数に

なっていますね。

(2) 　$\boxed{イ}$, $\boxed{ウ}$, $\boxed{エ}$ にあてはまる数を答えなさい。

イ（　　　）ウ（　　　）エ（　　　）

(3) 　分数の中には上の会話のように，小数にすると小数点以下で何個かの数がくり返される分数が

あります。このような分数を次のあ～おの中からすべて選び，ひらがなで答えなさい。（　　　　）

あ $\dfrac{1}{15}$　　い $\dfrac{1}{17}$　　う $\dfrac{1}{25}$　　え $\dfrac{1}{40}$　　お $\dfrac{1}{47}$

(4) 　$\dfrac{1}{13}$ を小数にすると，小数第 2023 位の数は何ですか。（　　　　）

52　≪分数・小数の性質≫　$\dfrac{1}{7}$ を小数にするとき，小数第 2024 位の数は $\boxed{}$ です。　　　（甲南中）

53 ≪分数・小数の性質≫ $\dfrac{4}{7}$ を小数で表します。このとき，次の問いに答えなさい。 （京都女中）

(1) 小数第 7 位の数字を答えなさい。（　　　　）

(2) 小数第 2024 位の数字を答えなさい。（　　　　）

(3) 小数第 1 位から小数第 2024 位までに現れる数字をすべて足すといくらになりますか。（　　　　）

54 ≪規則的にならぶ数≫ ある規則にしたがって，数が次のように並んでいる。

1, 4, 7, 10, 13, ……

10 番目の数は ☐ で，1 番目から 10 番目の数の和は ☐ である。 （育英西中）

55 ≪規則的にならぶ数≫ 1, 2, 4, 8, 16, ……と，ある規則にしたがって数が並んでいます。128 は最初から数えて ☐ 番目の数です。 （追手門学院中）

56 ≪規則的にならぶ数≫ 次のように，あるきまりにしたがって数を並べました。左から 2023 番目の数は ☐ です。 （立命館宇治中）

1, 3, 2, 3, 2, 5, 1, 3, 2, 3, 2, 5, 1, 3, 2, 3, 2, 5, ……

57 ≪規則的にならぶ数≫ 下のように，ある規則にしたがって数がならんでいます。このとき，次の問いに答えなさい。 （上宮学園中）

1, 2, 3, 4, 5, 1, 2, 3, 4, 5, 1, 2, 3, 4, ……

(1) 最初から数えて 15 番目の数はいくつですか。（　　　　）

(2) 5 回目に 4 が出てくるのは，最初から数えて何番目ですか。（　　　番目）

(3) 50 番目まで数の和はいくつですか。（　　　　）

58　≪規則的にならぶ数≫　次のように，ある規則にしたがって，数が並んでいます。

　　2, 2, 4, 4, 4, 4, 6, 6, 6, 6, 6, 6, 8, ……

　　このとき，次の問いに答えなさい。 （大谷中－大阪－）

（1）　50 番目の数は何ですか。（　　　　）

（2）　1 番目から 50 番目までの数の和はいくつですか。（　　　　）

59　≪規則的にならぶ数≫　次のように，ある規則にしたがって数が並んでいます。 （帝塚山学院中）

　　1, 1, 3, 1, 3, 5, 1, 3, 5, 7, 1, 3, 5, 7, 9, 1, ……

（1）　最初から数えて 25 番目の数は何ですか。（　　　　）

（2）　6 回目に現れる 7 は，最初から数えて何番目の数ですか。（　　　番目）

60　≪規則的にならぶ数≫　数字の 0, 1, 2 の 3 文字だけを使った数を下のように小さい順に並べます。

　　1, 2, 10, 11, 12, 20, 21, 22, 100, 101, 102, 110, 111, 112, 120, 121, 122, 200, …

　　このとき，次の問いに答えなさい。 （常翔学園中）

（1）　最初から 20 番目の数を答えなさい。（　　　　）

（2）　3 けたの数は全部で何個ありますか。（　　　個）

（3）　3 けたの数をすべて足すといくらですか。（　　　　）

（4）　最初から 50 番目までの数を並べたとき，数字の 2 は何回使われますか。（　　　回）

61 ≪規則的にならぶ数≫ ア ～ オ にあてはまる数を求めなさい。 (近大附中)

【図1】のように，分母が 45 である分数が小さい順に並んでいます。

【図1】 $\dfrac{1}{45},\ \dfrac{2}{45},\ \dfrac{3}{45},\ \dfrac{4}{45},\ \dfrac{5}{45},\ \dfrac{6}{45},\ \dfrac{7}{45},\ \dfrac{8}{45},\ \dfrac{9}{45},\ \cdots\cdots,\ \dfrac{45}{45},\ \dfrac{46}{45}\ \cdots\cdots$

(1) 【図1】に並んでいる 1 より小さい分数の中で，約分できる分数は全部で ア 個あり，それらをすべて足すと イ です。

次に，【図1】に並んでいる分数から約分できる分数を除いたものを【図2】のように並べます。

【図2】 $\dfrac{1}{45},\ \dfrac{2}{45},\ \dfrac{4}{45},\ \dfrac{7}{45},\ \cdots\cdots$

(2) 【図2】について考えます。1 より大きい分数が並ぶのは最初から数えて ウ 番目で，$\dfrac{91}{45}$ は最初から数えて エ 番目で，$\dfrac{2024}{45}$ は最初から数えて オ 番目です。

62 ≪規則的にならぶ数≫ 偶数を右の図のように並べました。次の問いに答えなさい。 (梅花中)

(1) 上から 10 段目，左から 10 番目の数はいくつですか。（　　　　）

(2) 66 は上から何段目，左から何番目の数ですか。

（　　　段目，　　　番目）

(3) 1 段目から 9 段目までに出てくる数の和はいくつですか。（　　　　）

1段目			2		
2段目		4	6		
3段目	8	10	12		
4段目	14	16	18	20
⋮		⋮		

63 ≪規則的にならぶ数≫ 右の図のように，数字がある規則にしたがって並んでいます。（第 8 段以下は省略されています。）例えば，9 は第 3 段の第 1 列にあり，19 は第 5 段の第 3 列にあります。

このとき，次の問いに答えなさい。 (大阪薫英女中)

(1) 第 13 段の第 2 列にある数はいくらですか。（　　　　）

(2) 333 は第何段の第何列にありますか。

（第　　　段の第　　　列）

	第1列	第2列	第3列	第4列
第1段	1	2	3	4
第2段	8	7	6	5
第3段	9	10	11	12
第4段	16	15	14	13
第5段	17	18	19	20
第6段	24	23	22	21
第7段	25	26	27	28
⋮				

3 単位と量

---

1 ≪単位の換算≫ 次の [ ] にあてはまる数を答えなさい。

(1) 60000000cm は [ ] km です。 (追手門学院大手前中)

(2) 2.6ha は [ ] m^2 です。 (近大附和歌山中)

(3) 250mL = [ ] L (梅花中)

2 ≪単位の換算をふくむ計算≫ 次の [ ] にあてはまる数を答えなさい。

(1) 1.4km + 180m + 23000cm = [ ] m (滝川中)

(2) $0.0018km^2 + 310m^2 + 4000000cm^2 =$ [ ] m^2 (報徳学園中)

(3) [ ] $m^3 + 3960L = 73260000cm^3$ (桃山学院中)

(4) 0.3t − 14.7kg − 25800g = [ ] kg (初芝富田林中)

3 ≪単位の換算をふくむ計算≫ 長さの単位であるヤード, フィート, インチは以下の関係があります。

   1 インチ = 2.54cm
   1 フィート = 12 インチ
   1 ヤード = 3 フィート

次の問いに答えなさい。ただし,

   13 インチ = 1 フィート 1 インチ, 4 フィート = 1 ヤード 1 フィート

のように, できるだけ大きい単位を用いること。 (同志社国際中)

(1) 5 ヤード 1 フィート 8 インチは何 m 何 cm ですか。(m cm)

(2) 1.27m は何ヤード何フィート何インチですか。(ヤード フィート インチ)

4 ≪時間の計算≫　次の問いに答えなさい。

(1)　45 秒は □ 分です。□ にあてはまる数を答えなさい。（　　　　）　　　　　（浪速中）

(2)　2024 秒は □ 分 44 秒です。　　　　　（大谷中－大阪－）

(3)　23456 秒は何時間何分何秒ですか。（　　　時間　　　分　　　秒）　　　　　（関西大学中）

5 ≪時間の計算≫　次の □ にあてはまる数を答えなさい。

(1)　1 週間は □ 分です。　　　　　（関西大倉中）

(2)　2 時間 38 分 37 秒 = □ 秒　　　　　（常翔学園中）

(3)　$\frac{187}{600}$ 時間 = (ア) □ 分 (イ) □ 秒　　　　　（京都先端科学大附中）

6 ≪時間の計算≫　次の □ にあてはまる数を答えなさい。

(1)　合唱コンクールで 2 分 15 秒の曲と 3 分 52 秒の曲を歌うと □ 分 □ 秒かかります。ただし，曲と曲の間の時間は考えないものとします。　　　　　（京都教大附桃山中）

(2)　2 日 10 時間 48 分 ÷ 14 = □ 時間 □ 分　　　　　（羽衣学園中）

(3)　午後 5 時 42 分 48 秒の 2023 秒後は午後 □ 時 □ 分 □ 秒です。　　　　　（甲南女中）

(4)　1 週間 3 日 17 時間 37 分 + 4 日 11 時間 12 分 32 秒 − 2 週間 1 日 4 時間 47 分 52 秒 = □ 秒

　　　　　（須磨学園中）

7　≪こよみに関する問題≫　次の問いに答えなさい。

(1)　ある年の 5 月 1 日は日曜日でした。その年の 8 月 1 日は何曜日ですか。（　　　曜日）

（京都橘中）

(2)　ある年の 1 月 1 日は火曜日です。同じ年の 5 月 17 日は ▭ 曜日です。ただし，この年は
うるう年です。

（同志社香里中）

8　≪こよみに関する問題≫　2023 年 1 月 15 日は日曜日です。2023 年
4 月 1 日から 2023 年 12 月 31 日までに日曜日は ▭ 回あります。
（和歌山信愛中）

2023 年　1 月

日	月	火	水	木	金	土
1	2	3	4	5	6	7
8	9	10	11	12	13	14
15	16	17	18	19	20	21
22	23	24	25	26	27	28
29	30	31				

9　≪こよみに関する問題≫　ある年の 1 月 1 日は月曜日でした。その前の年の 3 月 1 日から 12 月 31
日までには，水曜日が ▭ 回あります。

（帝塚山中）

10　≪こよみに関する問題≫　西暦 2023 年 1 月 1 日は日曜日でした。次に 1 月 1 日が日曜日になるの
は西暦何年ですか。ただし，4 の倍数となる年はうるう年で 2 月 29 日があります。（西暦　　　年）

（神戸龍谷中）

11　≪単位あたりの量≫　1 オーストラリアドルが 96 円，1 ユーロが 128 円のとき，40 オーストラリ
アドルは何ユーロですか。（　　　ユーロ）

（開明中）

12 ≪単位あたりの量≫　S市の面積は，36.09km^2 で，人口は392199人です。1km^2 あたりの人口は何人ですか。ただし，小数第1位を四捨五入し，整数で答えなさい。（　　　　人）　　（関大第一中）

13 ≪単位あたりの量≫　右の表で，もっとも人口密度が高い市町村の人口密度を，百の位までの概数で求めなさい。（　　　　人）（天理中）

	人口（人）	面積（km^2）
A 市	67398	86.4
B 町	31691	21.1
C 村	3508	672.4

14 ≪単位あたりの量≫　次の問いに答えなさい。

(1)　$\frac{5}{12}$ L のガソリンで，$3\frac{3}{4}$ km 進む自動車があります。1km 進むのに何 L のガソリンが必要ですか。（　　　　L）　（龍谷大付平安中）

(2)　15L のガソリンで225km 走る車があります。27L のガソリンでは何 km 走りますか。

（　　　　km）　（京都文教中）

15 ≪単位あたりの量≫　次の ［　　　］ にあてはまる数を答えなさい。

(1)　ある食堂ではハンバーグの材料に牛肉を仕入れます。ハンバーグには 4 人分で 300g の牛肉が使用されます。ある日，牛肉を ［　　　］ g 仕入れて，50 人分のハンバーグを作りました。

（近大附和歌山中）

(2)　$\frac{3}{5}$ m^2 のかべをぬるのに，ペンキを $\frac{2}{3}$ dL 使いました。このペンキ 5 dL では ［　　　］ m^2 のかべがぬれました。

（近大附和歌山中）

16 ≪単位あたりの量≫　次の ［　　　］ にあてはまる数を答えなさい。

(1)　4 m で 28g の針金は，11m では ［　　　］ g です。　　（帝塚山学院中）

(2)　5 m の重さが $1\frac{7}{18}$ kg のホースがあります。このホース 7 m の重さは ［　　　］ kg です。

（松蔭中）

17　≪単位あたりの量≫　1秒間で100mLの水が出る水道と，1分間で12Lの水が出る水道から，同時に水を出し水そうに水をためるとき，1分30秒後に水そうにたまる水の量は□□□□□Lです。

（京都先端科学大附中）

18　≪単位あたりの量≫　自動車Aは時速60kmで走り，ガソリン1Lで20km進みます。自動車Bは時速40kmで走り，ガソリン1Lで30km進みます。ガソリン代は1Lあたり180円です。

（清風南海中）

(1)　Aで3時間走ると，ガソリン代はいくらですか。（　　　　円）

(2)　Aで何時間か走り，Bで1.5時間走ると，ガソリン代の合計は1710円でした。Aで何時間走りましたか。（　　　時間）

19　≪単位あたりの量≫　北山さんはドライブが趣味です。1年前は2400円分のガソリンで440km走ることができましたが，現在は2550円分のガソリンで374kmしか走ることができません。1kmあたりのガソリン代を比べたとき，現在のガソリン代は1年前のガソリン代の何倍か答えなさい。

（　　　　倍）（関西大学北陽中）

20　≪単位あたりの量≫　太一君の時計は1日に6秒遅れ，花子さんの時計は1日に10秒進みます。2人の時計を1月1日午前9時に正しい時刻に合わせました。2人の時計の時刻の差が1分になるのは正しい時刻の1月□□□日　午前／午後　□□時　です。（午前か午後を○で囲みなさい。）　（関西学院中）

21　≪単位あたりの量≫　調理実習でカレーライスと肉じゃがを作るために，スーパーでジャガイモを3kg，にんじんを1.8kg購入しました。右の表は，カレーライスと肉じゃがをそれぞれ1食分作るのに必要なジャガイモとにんじんの量を表したものです。次の問いに答えなさい。

	カレーライス	肉じゃが
ジャガイモ	30	80
にんじん	20	40

（単位：g）

（奈良学園登美ヶ丘中）

(1)　スーパーでは，ジャガイモは5個入りで200円，にんじんは3本入りで150円で売られていました。このとき，代金はいくらですか。ただし，ジャガイモ1個の重さとにんじん1本の重さはいずれも150gとします。（　　　円）

(2)　カレーライスのみをできるだけ多く作るとき，ジャガイモとにんじんのどちらが何g余りますか。（　　が　　　g余る）

(3)　準備したジャガイモとにんじんをすべて使いきってカレーライスと肉じゃがを作るとき，それぞれ何食分できますか。カレーライス（　　　食分）　肉じゃが（　　　食分）

(4)　最初に準備した材料に，ジャガイモとにんじんを重さが2：1の割合で追加し，それらをすべて使いきってカレーライスと肉じゃがを作ると，食数が3：1の割合でできます。このとき，追加するジャガイモは何gですか。（　　　g）

22 ≪単位あたりの量≫　Aさん，Bさん，Cさんの3人で博物館に行きました。入館料は1人280円です。Aさんが3人分の入館料を払いました。入館後，3人で見るために420円のガイドブックをBさんが1冊だけ買いました。昼食を食べる時，3人分の昼食代としてBさんが500円，Cさんが1000円払いました。3人の払った金額を同じにするためには，AさんがCさんに何円払えばよいですか。(　　　　円)　　　　　　　　　　　　　　　　　　　　　　　　　　　　　　　(関西大学中)

23 ≪平均・平均算≫　次の表は9月1日から9月7日の期間に商品Aが売れた個数について，前日より何個多いか，何個少ないかを表したものです。このとき，次の問いに答えなさい。

(京都産業大附中)

月日	9月1日	9月2日	9月3日	9月4日	9月5日	9月6日	9月7日
前日より	9個多い	5個少ない	10個多い	7個少ない	5個少ない	3個多い	4個少ない

(1)　売れた個数が1番少なかったのは9月何日ですか。(9月　　　日)

(2)　9月7日に売れた個数は，9月1日に売れた個数より何個多いですか，または何個少ないですか。

(　　　　　)

(3)　9月4日に売れた個数が，1日あたりの売り上げ個数の目標と同じでした。この7日間で売れた個数の平均は1日あたりの目標より何個多いですか，または何個少ないですか。(　　　　)

24 ≪平均・平均算≫　次の問いに答えなさい。

(1)　Aさんは国語，算数，理科，社会の4科目のテストを受け，平均点は74.5点でした。国語が65点，理科が74点，社会が86点のとき，算数は何点でしょう。(　　　点)　　　(松蔭中)

(2)　テストの得点が62点，57点，94点，86点，[　　　　　]点である5人の点数の平均点は72点です。

(滝川第二中)

25 ≪平均・平均算≫　次の問いに答えなさい。

(1)　Aさんは算数のテストを4回受けました。3回目までの平均は58点，4回目までの平均は60点でした。4回目のテストは何点でしたか。(　　　点)　　　　　　　　　(浪速中)

(2)　国語，算数，理科の3教科の平均点が78点で，社会も合わせた4教科の平均点が80点でした。このとき，社会の得点は何点でしたか。(　　　点)　　　　　　　　(大谷中−大阪−)

26 ≪平均・平均算≫　算数のテストが6回あり，A君の1回目から3回目までの平均点は77点，3回目から6回目までの平均点は81点でした。3回目の得点が75点だとすると，A君の6回全体の平均点は何点ですか。(　　　点)　　　　　　　　　　　　　　　　(上宮学園中)

27　≪平均・平均算≫　A，B，C，D，Eの5人が算数のテストを受けました。5人の平均点は83点で，A，C，Eの3人の平均点は89点，B，C，Dの3人の平均点は80点でした。Cの点数は［　　　　　］点です。

(甲南女中)

28　≪平均・平均算≫　A，B，C，D，Eの5人が算数のテストを受けました。5人の平均点は75点，A，B，C，Dの4人の平均点は70点，A，C，Eの3人の平均点は83点でした。Aの得点はCの得点より6点高い得点でした。Cの得点は何点ですか。（　　　　点）

(親和中)

29　≪平均・平均算≫　Aさん，Bさん，Cさんの算数のテストの平均点は，72点でした。Aさんの得点は平均よりも2点高く，Bさんの得点は平均よりも12点低かったとき，Cさんの得点は何点でしたか。（　　　　点）

(関西創価中)

30　≪平均・平均算≫　あるテストを全部で6回受けました。1回目から3回目までの平均点は68点，1回目から6回目までの平均点は75点で，6回目の得点は80点でした。4回目と5回目の平均点を答えなさい。（　　　　点）

(関西大学北陽中)

31　≪平均・平均算≫　8人で算数のテストをしました。ある3人で平均点を計算すると73点でした。別の4人で平均点を計算すると80点でした。さらに別の1人は全員の平均点と同じ点数でした。このテストの全体の平均点は［　　　　　］点です。

(甲南中)

32　≪平均・平均算≫　次の問いに答えなさい。

(1)　あるクラスの男子16人の身長の平均は155cm，女子24人の身長の平均は148cmです。このクラス全員の身長の平均は何cmですか。（　　　　cm）

(四條畷学園中)

(2)　ある学校の2クラスで算数のテストを行ったところ，1組30人の平均点は68点，2組26人の平均点は72点でした。この2クラスの平均点を，小数第2位で四捨五入すると［　　　　　］点です。

(平安女学院中)

33　≪平均・平均算≫　男子16人，女子24人が算数のテストをしたところ，男子の平均点は［　　　　　］点で，女子の平均点は男子の平均点より5点高く，クラス全体の平均点は56点でした。

(追手門学院大手前中)

34 ≪平均・平均算≫ 男子 6 人，女子 4 人の 10 人の生徒があるテストを受験したところ，男子の平均点は 10 人の平均点より 1 点高く，女子の合計点は 302 点でした。10 人の平均点は何点ですか。

（　　　　点）（淳心学院中）

35 ≪平均・平均算≫ A さんが国語，算数，理科のテストを受けました。国語と算数の平均点は 76.5 点，算数と理科の平均点は 81 点，理科と国語の平均点は 73.5 点でした。　　　　　（清風南海中）

(1) 国語と算数と理科の平均点は何点ですか。（　　　点）

(2) 算数は何点ですか。（　　　点）

36 ≪平均・平均算≫ ある人は今までに何回か算数のテストを受け，平均点は 78 点でした。次のテストで 100 点をとると，平均点が 80 点になります。このとき，次の算数のテストは　　　　　回目です。　　　　　（常翔学園中）

37 ≪平均・平均算≫ 30 人のクラスで算数のテストをしたところ，クラスの平均点は 72 点でした。また，72 点以上の人の平均点は 82 点，72 点未満の人の平均点は 67 点でした。72 点以上の人は何人ですか。（　　　人）　　　　　（清教学園中）

38 ≪平均・平均算≫ あるクラスには 30 人の生徒がいます。全員が 10 点満点のテストを受け，その結果は次のようになり，中央値は 5 点，平均値は 5.2 点でした。　　　　　（雲雀丘学園中）

点数	0	1	2	3	4	5	6	7	8	9	10
人数	0	1	4	4	ア	0	イ	3	ウ	2	1

(1) アにあてはまる人数を求めなさい。（　　　人）

(2) イにあてはまる人数を求めなさい。（　　　人）

クラスの中で 2 人にだけ採点まちがいがあり，2 人とも 3 点高くなりました。

(3) 正しい中央値はいくらですか。考えられる値の中で，最も低い値を答えなさい。（　　　点）

(4) 中央値が変わらなかったとき，点数が高くなった 2 人の正しい点数の合計はいくらですか。考えられる点数の中で，最も低い点数を答えなさい。（　　　点）

4 割　合

1 ＜割合＞　次の ☐ にあてはまる数を答えなさい。

(1)　35m は 500m の ☐ ％です。　　　　　　　　　　　　　　　（大阪薫英女中）

(2)　4.3km の ☐ ％は 645m です。　　　　　　　　　　　　　　（京都文教中）

(3)　☐ g の 30 ％は 24g です。　　　　　　　　　　　　　　　（樟蔭中）

2 ＜割合＞　次の問いに答えなさい。

(1)　ある広さの土地全体の $\frac{3}{7}$ が畑です。畑の面積が 60m² のとき，この土地全体の広さは ☐ m²
　　です。　　　　　　　　　　　　　　　　　　　　　　　　　　（和歌山信愛中）

(2)　はるまさんは，持っているお金の 28 ％にあたる 840 円で本を 1 冊買いました。はるまさんが
　　はじめに持っていたお金は何円ですか。（　　　円）　　　　　（聖心学園中）

3 ＜割合＞　次の ☐ にあてはまる数を答えなさい。

(1)　250L の ☐ 割 ☐ 分は 160L です。　　　　　　　　　　　（報徳学園中）

(2)　3200 円の 2 割 5 分は ☐ 円です。　　　　　　　　　　　　（追手門学院中）

4 ＜割合＞　ある都市の人口は 27000 人で，そのうち女性の割合は $\frac{5}{9}$ で，さらにその 1 割が 15 才
　　未満なので，その都市の 15 才未満の女性の人口は ☐ 人です。　　（大阪女学院中）

5 ＜割合＞　520 人の 85 ％は，☐ 人の 200 ％です。　　　　　（平安女学院中）

6 ≪割合≫　ある学校の全校生徒数は 300 人です。男子生徒の数は女子生徒の数の 1.5 倍であり，男子生徒の 20 ％，女子生徒の 15 ％がテニス部に所属しています。学校全体の生徒数に対するテニス部員の割合は何％ですか。（　　　　％）
（関西大学北陽中）

7 ≪割合≫　「座席数に対する乗客の割合を百分率で表したもの」を乗車率といいます。乗車率が 140 ％の電車から，乗客の 25 ％が次の駅で降りました。降りた後の乗車率は何％になりますか。

（　　　　％）　（大阪教大附平野中）

8 ≪割合≫　一本の電車に対して，乗っている乗客の数をその電車すべての座席の数で割り，百分率で表したものをその電車の乗車率とする。例えば，乗客の数が 80 人で，座席の数が 50 席のとき，乗車率は 80 ÷ 50 × 100 = 160 ％となる。このとき，次の問いに答えなさい。
（金蘭千里中）

(1)　座席の数が 75 席で，乗車率が 112 ％のとき，乗客の数は何人ですか。（　　　　人）

(2)　乗車率が 140 ％，座席の数が 200 席の電車から乗客の 25 ％が電車をおりたら乗車率は何％になりますか。（　　　　％）

(3)　乗車率が 120 ％の電車に別の電車を一両つなげて，座席の数を 80 席増やしたところ，乗車率が 72 ％になった。乗客の数は何人ですか。（　　　　人）

9 ≪割合≫　ひよりさんとみれいさんは，スーパーマーケットで買い物をしながら会話をしています。これを読んで，後の各問いに答えなさい。
（同志社女中）

おいしい海洋深層水	手指用消毒スプレー
税抜 **102** 円	税抜 **803** 円
（税込価格　110.16 円）	（税込価格　883.30 円）

ひよりさん：消費税込みの価格が小数で表されているね。

みれいさん：このお店では，会計の時にそれぞれの商品の値札に書かれている「税込価格」を合計して，$\frac{1}{10}$ の位を切り捨てた価格が支払い金額となるんだって。

ひよりさん：そうなんだ。今から「おいしい海洋深層水」を 5 本と「手指用消毒スプレー」を 1 本買うから，1 回の会計で支払うとすると支払い金額は あ 円になるんだね。

みれいさん：そうだね。「おいしい海洋深層水」5 本と，「手指用消毒スプレー」1 本とを分けて支払う時と比べて， い 円だけ支払い金額が高くなるんだね。

ひよりさん：本当だね。

(1)　 あ ， い にあてはまる数を答えなさい。あ（　　　　）　い（　　　　）

(2)　「おいしい海洋深層水」と「手指用消毒スプレー」を何本か買ったところ，合計の「税込価格」が整数になりました。考えられる組み合わせのうち，合計金額が最も小さくなるのは何円ですか。ただし，どちらも 1 本以上買うものとします。（　　　　円）

10　≪割増・割引≫　次の問いに答えなさい。

(1)　1800 円の商品を 13 ％引きで買うと何円か求めなさい。(　　　　円)　　　　（プール学院中）

(2)　800 円で仕入れた品物に 2 割の利益を見込んで定価をつけました。定価は ⬚ 円です。

（ノートルダム女学院中）

11　≪割増・割引≫　次の ⬚ にあてはまる数を答えなさい。

(1)　定価 2500 円の品物を ⬚ 割引きで売ると 1750 円です。　　　　（松蔭中）

(2)　4500 円の ⬚ ％増しは 5580 円です。　　　　（報徳学園中）

12　≪割増・割引≫　次の ⬚ にあてはまる数を答えなさい。

(1)　⬚ 円の商品を 2 割引で買ったら，712 円でした。　　　　（大阪女学院中）

(2)　8 ％の消費税こみで 189 円の商品があります。この商品の税ぬき価格は ⬚ 円です。

（京都先端科学大附中）

13　≪割増・割引≫　次の問いに答えなさい。

(1)　3900 円で仕入れた品物に，仕入れた値段の 3 割の利益を見こんで定価をつけましたが，売れな
かったので定価の 300 円引きにして売りました。売った値段は何円ですか。(　　　　円)

（四條畷学園中）

(2)　仕入れ値が ⬚ 円の商品に，2 割の利益を見込んで定価をつけたあと，定価の 2 割引きで
売ると，売り値は 768 円になります。　　　　（立命館宇治中）

14　≪割増・割引≫　次の問いに答えなさい。

(1)　コンビニエンスストアで 300 円のお菓子と 500 円の雑誌を買いました。代金の合計は何円です
か。ただし，お菓子には 8 ％，雑誌には 10 ％の消費税がかかります。答えは単位をつけて答えな
さい。(　　　　)　　　　（神戸龍谷中）

(2)　税抜き価格 380 円のかつ丼が 3 割引で売られていました。消費税が 8 ％のとき，割引後のかつ
丼の税込み価格を答えなさい。ただし，1 円未満については小数第 1 位を四捨五入し，整数で答
えなさい。(　　　　円)　　　　（関西大学北陽中）

15 ≪損益算≫　1000 円で仕入れた商品に 3 割の利益を見込んで定価をつけたが，売れなかったので，定価の 20 ％引きで売った。このときの利益はいくらか答えなさい。（　　　　円）　（大阪信愛学院中）

16 ≪損益算≫　定価 3000 円の商品を定価の 8 ％引きで売った利益は 200 円でした。この商品の仕入れ値は ［　　　　］ 円です。　（甲南中）

17 ≪損益算≫　ある品物に原価の 16 ％の利益を見込んで，2900 円の定価をつけました。この品物の原価は ［　　　　］ 円です。　（甲南女中）

18 ≪損益算≫　定価 5000 円の商品を 4 割引きの ［ア　　　　］ 円で売りました。すると，原価の 2 割が利益となりました。このとき，商品の原価は ［イ　　　　］ 円です。　（近大附中）

19 ≪損益算≫　原価の 3 割増しの定価をつけた商品を，定価の 2 割引きで売ったところ利益は 68 円でした。この商品の原価は何円ですか。（　　　　円）　（上宮学園中）

20 ≪損益算≫　ある商品を定価の 2 割引きで売ると 190 円の利益があり，定価の 3 割 5 分引きで売ると 50 円の損になります。この商品の定価は何円ですか。（　　　　円）　（三田学園中）

21 ≪損益算≫　ある商品に原価の 4 割の利益を見込んで定価をつけました。しかし，売れなかったので定価から 400 円引きで売ったところ，原価の 15 ％の利益がありました。この商品の原価はいくらですか。（　　　　円）　（帝塚山学院泉ヶ丘中）

22 ≪損益算≫　ある品物 120 個に原価の 20 ％の利益をみこんで定価をつけましたが，70 個しか売れなかったので，残りすべてを定価の 25 ％引きで売ったところ，利益は 7560 円でした。この品物 1 個あたりの原価は何円か求めなさい。（　　　　円）　（滝川中）

23 ≪損益算≫　ある品物を 1 個 100 円で何個か仕入れました。しかし，そのうち 50 個は不良品であったため売ることができず，残りの品物を 1 個 150 円で売ると，利益は 67500 円でした。仕入れた品物の個数は何個ですか。（　　　　個）　（清風中）

24 ≪損益算≫　あるクラスでは，文化祭でからあげを売ることになりました。からあげは1パックにつき280円で仕入れ，仕入れ値の25％増しの定価をつけました。仕入れたパック数の75％が売れたところでの売り上げは105000円でした。その後，残りのからあげを定価の30％引きで売ったところ，からあげをすべて売りきることができました。このとき，次の問いに答えなさい。

(奈良育英中)

(1)　定価はいくらですか。(　　　　円)

(2)　からあげを何パック仕入れましたか。(　　　　パック)

(3)　利益は全部でいくらですか。ただし，利益とは売り上げから仕入れ値を引いた金額のことをいいます。(　　　　円)

25 ≪損益算≫　くだもの屋が農家から仕入れたりんごを売っています。1個売れると120円の利益がありますが，売れ残った場合は1個あたり200円の損をします。このとき，次の問いに答えなさい。

(京都産業大附中)

(1)　仕入れたりんご500個のうち，16個が売れ残りました。このとき，利益はいくらですか。

(　　　　円)

(2)　仕入れたりんご1000個のうちいくつか売れ残り，利益は94400円でした。このとき，売れ残ったりんごの個数を求めなさい。(　　　　個)

(3)　仕入れたりんごの6％が売れ残り，利益は75600円でした。このとき，仕入れたりんごの個数を求めなさい。(　　　　個)

26 ≪損益算≫　ある商品を100個仕入れ，仕入れ値の50％の利益を見こんで定価をつけて売り出したところ，1日目に80個売れました。2日目は，1日目に売れ残った商品を定価の2割引きの値段で売りました。もし，2日目に商品がすべて売れると，1日目と2日目の利益の合計は17600円になるそうです。これについて，次の問いに答えなさい。

(聖心学園中)

(1)　この商品1個の仕入れ値は何円ですか。考え方やとちゅうの式も書きなさい。

　　(考え方)(　　　　　　　　　　　　　　　　　　　　　　　　　　)　(答)(　　　　円)

(2)　2日目に，商品が何個か売れ残ってしまいました。そこで，3日目は売れ残った商品を定価の半額の値段で売ることにしました。

　　①　3日目に売る商品の，1個あたりの損失は何円になりますか。(　　　　円)

　　②　3日目に商品はすべて売り切れ，1日目から3日目までの利益の合計は16880円になりました。このとき，3日目に売れた商品は何個ですか。(　　　　個)

27 ≪比の計算≫　次の □ にあてはまる数を答えなさい。

(1) $1\dfrac{1}{5} : 0.8$ を最も簡単な整数の比で表すと，□ : □ です。 （松蔭中）

(2) $2.4 : 1.8 =$ □ $: 3$ （樟蔭中）

28 ≪比の計算≫　次の □ にあてはまる数を答えなさい。

(1) $5 : 6 =$ □ $: 9$ （初芝富田林中）

(2) □ $: 8 = 0.3 : 1$ （四條畷学園中）

(3) $2 : 3 =$ □ $: \dfrac{1}{2}$ （梅花中）

(4) $(17 \times$ □ $+ 227) : 252 = 220 : 77$ （淳心学院中）

(5) $\dfrac{8}{3} : \dfrac{16}{7} = \dfrac{1}{2} :$ □ （ノートルダム女学院中）

(6) $\left\{\left(\dfrac{1}{12} + \dfrac{1}{4}\right) \div \dfrac{2}{3}\right\} : \left\{0.75 \times \left(2\dfrac{2}{3} - \boxed{}\right)\right\} = 2 : 3$ （関西大学中）

29 ≪連比≫　次の □ にあてはまる数を答えなさい。

(1) A : B = 4 : 5，B : C = 7 : 9 であるとき，A : C を最も簡単な比で表すと □ です。 （羽衣学園中）

(2) A さんと B さんの所持金の比は 4 : 3 で，B さんと C さんの所持金の比は 5 : 6 です。A さんの所持金が 1500 円であるとき，C さんの所持金は □ 円です。 （関西大倉中）

30 ≪比の利用≫　A，B 2つの整数があり，A の $\frac{4}{5}$ 倍が，B の $\frac{3}{4}$ 倍に等しいとき，A は B の何倍

です。（　　倍）　　　　　　　　　　　　　　　　　　　　　　　　（東海大付大阪仰星高中等部）

31 ≪比の利用≫　次の問いに答えなさい。

⑴　540 個のりんごを 4：5 の比になるように分けると，多いほうは □□□□ 個になります。

（奈良育英中）

⑵　36 個のチョコレートを姉と妹の 2 人で分けます。姉と妹の個数の比が 7：5 になるように分け
るとき，妹がもらう個数を求めなさい。（　　個）　　　　　　　　　　　　　（プール学院中）

32 ≪比の利用≫　周の長さが 30cm の長方形があります。たてとよこの長さの比が 2：3 のとき，長
方形の面積は何 cm² ですか。（　　cm²）　　　　　　　　　　　　　　　　　（上宮学園中）

33 ≪比の利用≫　50 円玉と 10 円玉があわせて 44 枚あり，それぞれの合計金額の比が 20：7 である
とき，10 円玉は何枚ありますか。（　　枚）　　　　　　　　　　　　　（武庫川女子大附中）

34 ≪比の利用≫　3 つの数 A，B，C があります。A と B は同じ数です。また，B の $\frac{1}{2}$ 倍と C の

$\frac{3}{4}$ 倍は同じ数です。このとき，A は C の □□□□ 倍と同じ数です。　　　（京都産業大附中）

35 ≪比の利用≫　124 枚の色紙を A，B，C の 3 人にすべて配りました。B の枚数は A の枚数の 1.5
倍で，C の枚数は A の枚数の $\frac{3}{5}$ 倍です。C の色紙の枚数は何枚でしょう。（　　枚）　　（松蔭中）

36 ≪比の利用≫　赤色の玉と白色の玉が合わせて 960 個あります。赤色の玉 6 個，白色の玉 6 個を
10 人の生徒にそれぞれ配ると，残った赤色の玉と白色の玉の個数の比が 27：43 になりました。最
初，赤色の玉は何個ありましたか。（　　個）　　　　　　　　　　　　　　　　（清風中）

37 ≪比の利用≫　ガムが入った箱と，あめが入った箱がそれぞれ 1 つずつあります。まず，ガムが入った箱にガムを 40 個，あめが入った箱にあめを 40 個足すと，ガムとあめの個数の比は 10：7 になりました。この状態のまま，それぞれの箱からガムとあめを 50 個ずつ取り出すと，残ったガムとあめの個数の比は 5：3 になりました。このとき，次の問いに答えなさい。　　　　　　(京都橘中)

(1)　はじめに箱に入っていたあめの数は何個ですか。（　　　個）

(2)　ガムはソーダ味とコーラ味の 2 種類があり，あめはいちご味とみかん味の 2 種類があります。ソーダ味のガムといちご味のあめの個数の比は，はじめ 3：2 でしたが，ソーダ味のガムは 15 個へり，いちご味のあめは数が変わらなかったので，最後に箱に残ったソーダ味のガムといちご味のあめの個数の比は 9：8 になりました。はじめに箱に入っていたコーラ味のガムは何個ですか。

（　　　　個）

38 ≪比の利用≫　キャンプで使うために，ジャガイモを 3 回仕入れました。1 回目の仕入れでは，1 kg あたりの価格は 445 円でした。2 回目の仕入れでは 1 回目と同じ量のジャガイモを仕入れましたが，1 kg あたりの価格は 1 回目と変わっていました。3 回目の仕入れでは，2 回目より 25 ％少ない量を仕入れ，1 kg 当たりの価格は 2 回目より 20 ％上がっていました。3 回の仕入れでジャガイモを合計 7150 g 仕入れ，3380 円かかりました。次の問いに答えなさい。　　　　　(関西学院中)

(1)　1 回目に仕入れた量は何 g か求めなさい。（　　　　）

(2)　3 回目に仕入れたジャガイモの 1 kg あたりの価格を求めなさい。（　　　　）

39 ≪分配算≫　1200 円を兄と弟の 2 人で分けることにした。兄は弟の 2 倍の金額を受け取った。このとき，兄が受け取った金額は [　　　　] 円である。　　　　　(履正社中)

40 ≪分配算≫　A，B，C の 3 人が持っているあめ玉の個数を調べたところ，A と B，B と C の持っているあめ玉の個数の合計はそれぞれ 52 個，34 個でした。また，A が持っているあめ玉の個数は C の 3 倍でした。B は何個持っていますか。（　　　個）　　　　　(帝塚山学院泉ヶ丘中)

41 ≪分配算≫　A さん，B さん，C さんは缶バッジを集めていて，持っている缶バッジについて会話しています。この会話文を読んで，次の問いに答えなさい。　　　　　(報徳学園中)

A さん　「ぼくは，B さんより 5 個多く持っているよ」

B さん　「3 人合わせると 70 個になるね」

C さん　「私は少ないな。B さんは，私のちょうど 2 倍の缶バッジを持っているね」

(1)　B さんが持っている缶バッジは何個ですか。（　　　個）

(2)　A さんと C さんが持っている缶バッジの数を同じにするには，A さんが C さんに何個あげればよいですか。（　　　個）

42 ≪こさ≫　次の問いに答えなさい。

(1) 180g の水に 20g の食塩を溶かして食塩水を作ります。食塩水の濃度は [＿＿＿] ％です。

（和歌山信愛中）

(2) 食塩 30g を水 220g に溶かすと，[＿＿＿] ％の食塩水ができる。　　　　（育英西中）

43 ≪こさ≫　6 ％の食塩水 200g の中には，[＿＿＿] g の食塩がとけています。　　（奈良育英中）

44 ≪こさ≫　次の問いに答えなさい。

(1) 8 ％の食塩水 450g に 270g の水を加えると何％の食塩水になりますか。（　　　％）　（浪速中）

(2) 15 ％の食塩水 500g と水 100g を混ぜ合わせると，何％の食塩水ができますか。（　　　％）

（四條畷学園中）

45 ≪こさ≫　次の問いに答えなさい。

(1) 濃度 5 ％の食塩水 450g に食塩を 25g 加えると，濃度 [＿＿＿] ％の食塩水になります。

（報徳学園中）

(2) ビーカーに 10 ％の食塩水 200g が入っています。さらに，この食塩水に含まれる食塩と同じ重さの食塩を混ぜたとき，食塩水の濃度は [＿＿＿] ％になります。　　　　（京都女中）

46 ≪こさ≫　次の問いに答えなさい。

(1) 12 ％の食塩水 500g から水を蒸発させたところ，16 ％の食塩水ができました。何 g の水を蒸発させましたか。（　　　g）　　　　（東山中）

(2) 4 ％の食塩水 600g を加熱して，水を蒸発させると食塩水の濃度が 10 ％になりました。蒸発させた水は何 g ですか。答えは単位をつけて答えなさい。（　　　　）　　　　（神戸龍谷中）

47 ≪こさ≫　8 ％の食塩水 300g に水を加えると，6 ％の食塩水になりました。このとき，加えた水の量は何 g でしたか。（　　　g）　　　　（大谷中－大阪－）

48 ≪こさ≫　次の問いに答えなさい。

(1)　6 ％の食塩水 500g を 10 ％の食塩水にするためには，食塩を何 g 加えればよいですか。

（　　　　g）（桃山学院中）

(2)　10 ％の食塩水 200g に食塩を加えると 20 ％の食塩水ができました。加えた食塩の量は何 g ですか。（　　　　g）　　　　　　　　　　　　　　　　　　　　　　　（常翔啓光学園中）

49 ≪こさ≫　次の問いに答えなさい。

(1)　濃度が 20 ％の食塩水 200g から，[　　　　]g を取り出し，同じ量だけ水を加えると，食塩水の濃度は 16 ％になりました。　　　　　　　　　　　　　　　　　　　　　（帝塚山中）

(2)　10 ％の食塩水 500g あります。ここから [　　　　]g の食塩水をくみ出してから，それと同じ量の水を入れると，6 ％の食塩水ができます。　　　　　　　　　　　　　（帝塚山学院中）

50 ≪こさ≫　こさが 20 ％の食塩水 400g に，水を 100g 加え，かきまぜるとこさが [ア　　　　]％の食塩水ができます。この食塩水を [イ　　　　]g すて，すてた食塩水と同じ量の水を加えると，こさが 10 ％の食塩水になります。　　　　　　　　　　　　　　　　　（雲雀丘学園中）

51 ≪こさ≫　23 ％の食塩水 500g から 200g を捨てて，代わりに水を 200g 加えます。その後，食塩を加えて 20 ％の食塩水にするには食塩を何 g 加えればよいですか。（　　　　g）　　　（三田学園中）

52 ≪こさ≫　創さんと園子さんは今度の日曜日に近くの公園で遊ぶことにしました。しかし，その日の最高気温が 35 ℃を超えることを知った 2 人はその前日に熱中症対策のために経口補水液を自分たちで作ることにしました。次の問いに答えなさい。　　　　　　　　　　　　（関西創価中）

(1)　レシピには 485g の水に 15g の砂糖を入れるように書いてありました。このときできた砂糖水の濃度は何 ％ですか。（　　　　％）

(2)　さらにレシピにはできた砂糖水の 0.3 ％の量の食塩を入れるように書いてありました。必要な食塩の重さは何 g ですか。（　　　　g）

　しかし，2 人の手元には食塩がなく，濃度が 2 ％の食塩水 120g を使うことにしました。

(3)　レシピどおりの割合で経口補水液を作るとしたとき，この食塩水に入れる必要のある砂糖の重さと水の重さはそれぞれ何 g ですか。砂糖（　　　　g）　水（　　　　g）

53 ≪混ぜ合わせたときのこさ≫　5％の食塩水100gと7％の食塩水200gを混ぜてできた食塩水には □ gの食塩が溶けている。　　　　　　　　　　　　　　　　　　　　（履正社中）

54 ≪混ぜ合わせたときのこさ≫　次の問いに答えなさい。

(1)　6％の食塩水300gに13％の食塩水200g加えると □ ％の食塩水ができます。

（大阪女学院中）

(2)　2％の濃さの食塩水150gと，4％の濃さの食塩水50gを混ぜたときの食塩水の濃さは何％ですか。（　　　％）　　　　　　　　　　　　　　　　　　　　　　（開智中）

55 ≪混ぜ合わせたときのこさ≫　次の問いに答えなさい。

(1)　□ ％の食塩水150gと10％の食塩水300gを混ぜ合わせると，13％の食塩水になります。

（関西大倉中）

(2)　25％の食塩水50gと（　　　）％の食塩水100gを混ぜると，17％の食塩水ができます。

（奈良学園登美ヶ丘中）

56 ≪混ぜ合わせたときのこさ≫　8％の食塩水と5％の食塩水を混ぜ合わせると7％の食塩水が900gできました。混ぜ合わせた8％の食塩水は何gですか。（　　　g）　　　（大谷中－大阪－）

57 ≪混ぜ合わせたときのこさ≫　次の空欄 ア ～ ウ に当てはまる数を求めなさい。ただし，必要であれば小数第1位を四捨五入して答えなさい。ア（　　　）イ（　　　）ウ（　　　）

（龍谷大付平安中）

濃度5％の食塩水が400gあります。この食塩水を使い，濃度8％の食塩水を作ります。このとき，3人の生徒はそれぞれ違う方法を考えました。

【Aさん】

　　濃い食塩水を混ぜれば良いと考えました。濃度10％の食塩水を ア g混ぜると，ちょうど濃度8％の食塩水になります。

【Bさん】

　　水を蒸発させて濃くすれば良いと考えました。水を イ g蒸発させると，ちょうど濃度8％の食塩水になります。

【Cさん】

　　塩を加えて濃くすれば良いと考えました。塩を ウ g混ぜると，ちょうど濃度8％の食塩水になります。

58 ≪混ぜ合わせたときのこさ≫　濃度5％の食塩水80gに水を20g加えてうすめると，濃度は ｱ ＿＿＿＿ ％になります。さらに，その食塩水に濃度20％の食塩水を ｲ ＿＿＿＿ g混ぜると，濃度は10％になります。
(近大附中)

59 ≪混ぜ合わせたときのこさ≫　容器に2％の食塩水が300g入っています。この容器に100gの水を入れてよくかき混ぜると濃度は ＿＿＿＿ ％になりました。その後，この容器から100gの食塩水をぬき取り，10％の食塩水を ＿＿＿＿ g入れてよくかき混ぜると，ちょうど4％の食塩水になりました。
(大阪桐蔭中)

60 ≪混ぜ合わせたときのこさ≫　容器Aには10％の食塩水が480g，容器Bには5％の食塩水が720g入っています。A，Bそれぞれの容器から同じ重さの食塩水を取り出して入れかえ，混ぜ合わせると同じ濃さになりました。この食塩水の濃さは何％ですか。(　　　％)
(開明中)

61 ≪混ぜ合わせたときのこさ≫　のう度が5％の食塩水Aが1200g，のう度が13％の食塩水Bが800gあります。このとき，次の問いに答えなさい。
(樟蔭中)
(1) 食塩水A1200gと食塩水B800gを混ぜ合わせると，何％の食塩水ができますか。(　　　％)
(2) 食塩水A1200gと食塩水B800gから同じ量だけ取り出して入れかえたときに，のう度が同じになるためには，何gずつ入れかえるとよいでしょうか。(　　　g)
(3) 食塩水AとBから何gかずつ取り出し，10％の食塩水をできるだけたくさん作りたい。食塩水AとBをそれぞれ何gずつ取り出すとよいでしょうか。(Aから　　　g，Bから　　　g)

62 ≪混ぜ合わせたときのこさ≫　食塩水が入っている3つの容器A，B，Cがあります。容器Aには4％の食塩水が400g，容器Bには7％の食塩水が200g，容器Cには濃さの分からない食塩水が400g入っています。このとき，次の各問いに答えなさい。
(滝川第二中)
(1) 容器Aの食塩水100gを容器Bに移し，よくかき混ぜてから容器Bの食塩水100gを容器Aに戻してよくかき混ぜたとき，容器Aの食塩水の濃さ（％）を求めなさい。(　　　％)
(2) (1)でできた容器Aと容器Bの食塩水をそれぞれ半分ずつ容器Cに移してよくかき混ぜたら，7％の食塩水ができました。容器Cに最初に入っていた食塩水の濃さ（％）を求めなさい。
(　　　％)
(3) (2)の後で容器Aに容器Cの食塩水をいくらか移したら容器Bと同じ濃さの食塩水ができました。容器Aに移した容器Cの食塩水の量（g）を答えなさい。(　　　g)

63 ≪混ぜ合わせたときのこさ≫　右の図のような3本の蛇口A，B，C　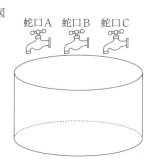
と空の容器があります。蛇口Aを開くと12％の砂糖水，蛇口Bを開
くと30％の砂糖水，蛇口Cを開くと水が，それぞれ毎秒10gずつ容
器に入っていきます。このとき，次の問いに答えなさい。　（京都橘中）

(1)　蛇口Bを20秒，蛇口Cを10秒開いたとき，容器に入っている
　　砂糖水の濃度は何％ですか。（　　　％）

(2)　蛇口Aと蛇口Bをそれぞれ何秒か開いて，20％の砂糖水を630g
　　つくりました。蛇口Bが開いていたのは何秒ですか。（　　　秒）

(3)　蛇口Aと蛇口Bを同じ時間だけ開いて作った砂糖水に，蛇口Cを何秒か開いて水を加えたと
　　ころ，15％の砂糖水が700gできました。蛇口A，蛇口B，蛇口Cはそれぞれ何秒ずつ開きまし
　　たか。蛇口A（　　　秒）　蛇口B（　　　秒）　蛇口C（　　　秒）

64 ≪混ぜ合わせたときのこさ≫　容器A～Dには，次のような液体が入っています。このとき，あと
の問いに答えなさい。ただし，(4)ならびに(5)は式・考え方もあわせて答えなさい。　（大谷中－京都－）

容器A　4％の食塩水200g

容器B　食塩15gと水285gをよくかき混ぜた食塩水

容器C　濃度がわからない食塩水400g

容器D　水200g

(1)　容器Aに含まれている食塩の量を求めなさい。（　　　g）

(2)　容器Bの食塩水の濃度を求めなさい。（　　　％）

(3)　容器Bの食塩水と容器Dの水を混ぜたときの食塩水の濃度を求めなさい。（　　　％）

(4)　容器Aの食塩水と容器Cの食塩水を混ぜると，濃度3％の食塩水ができました。容器Cに含
　　まれている食塩の量を求めなさい。
　　〈式・考え方〉（　　　　　　　　　　　　　　　　　　　　　　　） 答え（　　　g）

(5)　容器Aから容器Cまでの食塩水と容器Dの水をすべて混ぜたときの食塩水の濃度を求めな
　　さい。
　　〈式・考え方〉（　　　　　　　　　　　　　　　　　　　　　　　） 答え（　　　％）

65 ≪相当算≫　次の問いに答えなさい。

(1)　所持金 [＿＿＿＿] 円の $\frac{5}{8}$ で本を買うと，残りの所持金は 600 円になりました。　（大阪薫英女中）

(2)　ケーキとプリンが合わせて 52 個あり，ケーキの個数はプリンの個数の $\frac{1}{3}$ です。プリンは何個ありますか。（　　　個）　　　　　　　　　　　　　　　　　　　　　　　　　　（京都文教中）

66 ≪相当算≫　1 本 11.2m のテープを A，B の 2 本に分けたところ，B が A より 24％長くなりました。B の長さは何 m か答えなさい。（　　　　m）　　　　　　　　　　（立命館中）

67 ≪相当算≫　200 枚のカードを A さん，B さん，C さんで分けました。A さんがもらったカードの枚数は B さんの 2 倍より 11 枚多く，B さんがもらったカードの枚数は C さんの 3 倍より 7 枚少なくなりました。A さんのもらったカードは [＿＿＿＿] 枚です。　　　　　　　　（帝塚山学院中）

68 ≪相当算≫　[＿＿＿＿] 個のあめから，兄が全体の $\frac{1}{3}$ を，弟が全体の 3 割を取ると，残りは 33 個になりました。　　　　　　　　　　　　　　　　　　　　　　　　　　　　　　（関西大倉中）

69 ≪相当算≫　ある本を 1 日目に全体の半分を読みました。2 日目は残りの $\frac{2}{3}$ を読みました。3 日目に残り 10 ページを読んで，読み終わりました。この本は全部で何ページありますか。

（　　　ページ）　（大谷中－大阪－）

70 ≪相当算≫　次の問いに答えなさい。

(1)　ある本を，1 日目は 30 ページ読み，2 日目は残りの $\frac{1}{4}$ を読んだところ，残りのページ数が 99 ページになりました。この本は全部で何ページありますか。（　　　ページ）　（常翔啓光学園中）

(2)　ある本を読むのに，1 日目に全体の $\frac{3}{8}$ を，2 日目に全体の $\frac{5}{12}$ を読んだところ，残りのページ数は 40 ページになりました。この本の全体のページ数は何ページですか。（　　　ページ）

（梅花中）

71 ≪相当算≫　Aさんはある本を1日目に全体の $\frac{3}{11}$ を読み，2日目は156ページを読んだところ，全体の $\frac{2}{3}$ を読み終えました。この本は全部で何ページありますか。（　　　　ページ）　（清教学園中）

72 ≪相当算≫　ある本を，1日目は全体の $\frac{1}{6}$ を読み，2日目には残りの $\frac{1}{5}$ を読み，3日目は35ページを読んだところ，残りのページ数は全体の $\frac{1}{4}$ になりました。この本は全体で何ページありますか。（　　　　ページ）　　　　　　　　　　　　　　　　　　　　　　　　　　　（天理中）

73 ≪相当算≫　Aさんは持っているお金の $\frac{1}{4}$ でふで箱を買い，残りの $\frac{2}{9}$ で本を買いました。さらに，残りの $\frac{6}{7}$ で服を買うと400円残りました。このとき，次の問いに答えなさい。　（報徳学園中）

(1)　Aさんが最初に持っていたお金は何円ですか。（　　　円）

(2)　Aさんが買った本は何円ですか。（　　　　円）

74 ≪相当算≫　花子さんはある本を読んでいます。1日目は全体の $\frac{3}{7}$ を読み，2日目は58ページ読み，3日目は1日目の $\frac{5}{6}$ より10ページ少なく読んで，3日目で全てのページを読み終えました。この本は□□□□□ページあります。　　　　　　　　　　　　　　　　　　　　　　　　　（帝塚山中）

75 ≪相当算≫　ある小学校の6年生男子の人数は，学年全体の人数の半分より2人多く，女子の人数は，学年全体の人数の $\frac{1}{3}$ より19人多いです。このとき，女子の人数は□□□□□人です。

（常翔学園中）

76 ≪相当算≫　ある図書館で2日間，小学生と中学生の入館者数を調べました。1日目は小学生と中学生を合わせて350人でした。2日目は1日目より小学生が6％増え，中学生が10％減って合わせて347人でした。このとき，次の問いに答えなさい。　（京都橘中）

(1)　2日目に中学生も6％増えていたとすれば，小学生と中学生の入館者数は合わせて何人でしたか。（　　　人）

(2)　2日目の中学生の入館者数は何人でしたか。（　　　人）

77 ≪倍数算≫　AさんとBさんは，それぞれ1250円，870円持っていました。2人とも同じ本を買ったところ，Aさんの残金は，Bさんの残金のちょうど3倍になりました。本の値段はいくらですか。

（　　　　円）（淳心学院中）

78 ≪倍数算≫　AさんとBさんの所持金の比は5：3で，2人の所持金の合計は6800円です。このとき，Aさんの所持金は ア_____ 円です。ここで，2人とも イ_____ 円使ったので，AさんとBさんの所持金の比は3：1になりました。

（近大附中）

79 ≪倍数算≫　現在姉は4100円，妹は1500円の貯金があります。毎月姉は300円ずつ，妹は500円ずつ貯金をしていきます。次の問いに答えなさい。 （大阪教大附池田中）

(1)　姉と妹の貯金額が等しくなるのは何か月後ですか。（　　　か月後）

(2)　姉と妹の貯金額の比が4：5になるのは何か月後ですか。（　　　か月後）

80 ≪倍数算≫　次の _____ にあてはまる数を答えなさい。

(1)　姉と妹が _____ 円ずつお金を持っています。姉が妹に150円あげると，姉と妹の持っているお金の金額の比は2：3になります。 （帝塚山学院中）

(2)　兄と弟がもっているえんぴつの本数の比は3：1でした。兄が弟にえんぴつを3本あげたところ，本数の比は2：1となりました。はじめに兄がもっていたえんぴつの本数は _____ 本です。

（大阪桐蔭中）

81 ≪倍数算≫　最初，兄は妹の2倍のお金を持っていました。兄は ア_____ 円を使ったので，兄と妹の持っているお金の比は5：3になりました。その後，兄は妹に500円わたすと，2人の持っているお金は等しくなりました。最初，妹は イ_____ 円持っていました。 （雲雀丘学園中）

82 ≪倍数算≫　姉と妹がおもちゃ屋さんに行き，姉は所持金の半分を使いました。妹は，姉が使った金額の8割の金額を使ったので，姉と妹の残りの所持金の金額の比は3：2になりました。

（甲南女中）

(1)　姉と妹の最初の所持金の金額の比を最も簡単な整数で表しなさい。（　　　　）

(2)　家に帰ってきて，お父さんから姉は1000円，妹は500円おこづかいをもらったので，姉と妹の所持金の金額の比は7：4になりました。このとき，姉の所持金は何円ですか。（　　　　）

83　≪仕事算≫　18 人ですると 20 日で終わる仕事があります。この仕事を，はじめの 4 日間は 18 人でして，残りを 16 人ですると，仕事が終わるまでに全部で _____ 日かかります。

（京都聖母学院中）

84　≪仕事算≫　A さんは教室を 1 人で掃除すると 18 分かかります。また，B さんは教室を 1 人で掃除すると 30 分かかります。A さんと B さんが 2 人で教室を掃除すると (ア)_____ 分 (イ)_____ 秒で終えることができます。

（京都先端科学大附中）

85　≪仕事算≫　A さんだけですると 6 日かかり，B さんだけですると 8 日かかる仕事を，A さんと B さんの 2 人で _____ 日すると，仕事全体の $\frac{1}{8}$ だけ残ります。　（帝塚山学院中）

86　≪仕事算≫　A さんだけですするとちょうど 36 日間，B さんだけですするとちょうど 20 日間かかる仕事があります。この仕事を，はじめの 10 日間は A さんと B さんの 2 人でしました。残りの仕事を A さんが 1 人で _____ 日間すると，この仕事はすべて終わります。　（立命館宇治中）

87　≪仕事算≫　ある仕事を A さんが 1 人ですると 12 日，B さんが 1 人ですると 15 日かかります。この仕事を A さんが 1 人で 3 日したあと，2 人で残りをすると，あと何日かかりますか。

（　　　　日）（親和中）

88　≪仕事算≫　ある仕事をするのに，A さん 1 人では 40 時間かかり，B さん 1 人では 32 時間かかります。この仕事を，まず B さん 1 人が _____ 時間したあと，A さんと B さんの 2 人で終わらせたところ，A さんと B さんの仕事をした時間の比が 3：4 になりました。　（常翔学園中）

89　≪仕事算≫　ある水そうに水を入れる管 A，B がついています。空の水そうを満水にするのに A だけでは 40 分，A と B の両方では 15 分かかります。　（浪速中）

(1)　A だけを使って空の水そうの半分まで水を入れたとき，何分かかりましたか。（　　　分）

(2)　(1)のあと，すぐに B だけを使って満水にしました。空の水そうが満水になるまで何分かかりましたか。（　　　分）

90　≪仕事算≫　ある仕事をするのに，太郎さんは 12 分，花子さんは 15 分，次郎さんは 20 分かかります。この仕事を 3 人ですると _____ 分かかります。　（関西大倉中）

91 ≪仕事算≫　A さん，B さん，C さんの 3 人で行うと 9 日かかる仕事があります。A さん，B さんの 2 人で行うと 12 日かかり，B さんと C さんの 2 人で行うと 15 日かかります。C さんが 1 人で行うと，□□□□日かかります。また，A さんが 1 日で行う仕事の量は，B さんが 1 日で行う仕事の量の□□□□倍です。　　　　　　　　　　　　　　　　　　　　　　　　　　（大阪桐蔭中）

92 ≪仕事算≫　ある作業があり，この作業をロボット A 1 台で毎日 6 時間すると，ちょうど 8 日間で終わります。また，この作業をロボット A 2 台とロボット B 1 台で毎日 6 時間すると，ちょうど 3 日間で終わります。このとき，次の問いに答えなさい。　　　　　　　　　　（清風中）

(1)　この作業をロボット A 2 台で毎日 6 時間すると，ちょうど何日間で終わりますか。
（　　　　日間）

(2)　この作業をロボット B 1 台で毎日 6 時間すると，ちょうど何日間で終わりますか。
（　　　　日間）

(3)　この作業をロボット A 2 台とロボット B 2 台で 6 時間しました。次の日にロボット A 3 台で残りの仕事をすると，何時間何分で終わりますか。（　　　時間　　　分）

(4)　この作業をロボット A ［ア］台とロボット B ［イ］台で 6 時間すると，全体の作業の $\frac{3}{4}$ が終わりました。次の日に，ロボット B は使わずにロボット A ［ア］台で残りの作業をすると，3 時間で終わりました。

　　　［ア］，［イ］にあてはまる整数を答えなさい。ア（　　　　）イ（　　　　）

93 ≪仕事算≫　A さんがすると 60 日，B さんがすると 30 日，C さんがすると 20 日で終わる仕事があります。　　　　　　　　　　　　　　　　　　　　　　　　　　　　　　　（洛星中）

(1)　A さん，B さん，C さんの 3 人ですると何日で仕事が終わるか答えなさい。（　　　日）

(2)　A さん，B さん，C さんは同時に仕事を始めました。A さんは 5 日仕事をすると 1 日休み，B さんは 2 日仕事をすると 1 日休み，C さんは 1 日仕事をすると 1 日休むことをくり返します。このとき，何日で仕事が終わるか答えなさい。（　　　日）

94 ≪データの活用≫　A，B，C，Dの4つのお菓子がある。

1080人に，好きなお菓子を選んでもらい，その割合を円グラフにすると，右図のようになった。

Bのお菓子を選んだ人の人数は □ 人である。

ただし，円周上にある点は，円周を8等分している。 （金蘭千里中）

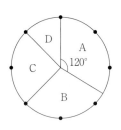

95 ≪データの活用≫　右の図は，生徒500人が好きな果物を1人1つ選んだ結果を円グラフで表したものです。 （帝塚山学院中）

(1)　いちごを選んだ人は何人いますか。（　　　人）

(2)　りんごを選んだ人は，バナナを選んだ人より何人多いですか。

（　　　人）

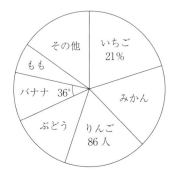

96 ≪データの活用≫　たろうさんは，公園にあるいろいろな種類の花を集めました。それぞれの花1本に付いている花びらの枚数と，その花の本数を柱状グラフに表すと右のようになりました。次の問いに答えなさい。 （大阪教大附池田中）

(1)　花びらの枚数が8枚の花の本数は，集めた花の本数の何％ですか。

（　　　％）

(2)　集めた花の花びらの枚数は，平均すると花1本あたり何枚ですか。（　　　枚）

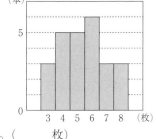

97 ≪データの活用≫　10個のデータを値の小さい順に並べました。

21，23，23，24，㋐，26，27，27，27，31

このデータの平均値は25.3です。このデータの最頻値は □ で，中央値は □ です。

（松蔭中）

98 ≪データの活用≫ ある中学校の生徒は徒歩か自転車のいずれかで登校しています。次の表は，1年1組の生徒の通学時間と人数を，通学方法別にまとめたものです。あとの①～③の問いに答えなさい。 (初芝富田林中)

表

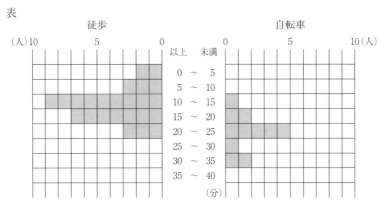

(1) 1年1組の生徒数は何人ですか。求めなさい。(　　　人)

(2) 1年1組の通学時間の中央値は，何分以上何分未満の階級にありますか。

(　　分以上　　分未満)

(3) 徒歩で通学している生徒は，クラス全体の何％ですか。求めなさい。必要があれば，答えは小数第2位を四捨五入して，小数第1位まで答えなさい。(　　　％)

99 ≪データの活用≫ 10人の生徒に算数と国語のテストを行いました。(図1)は，生徒Aの算数の点数が3点，国語の点数が5点であることを表しています。(図2)は，生徒Aをふくむ10人の生徒全員の算数と国語の点数を表しています。 (帝塚山学院中)

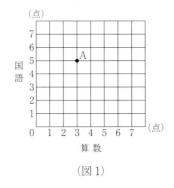

(図1)

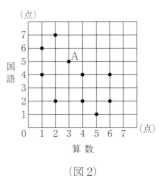

(図2)

(1) 算数と国語の合計点が，最も高い人は何点ですか。(　　　点)

(2) 生徒Aの算数の点数にまちがいがあり，正しい点数で10人の生徒の算数，国語それぞれの平均点を計算すると，算数と国語の平均点が同じになりました。生徒Aの正しい算数の点数は何点ですか。(　　　点)

5 速　さ

1 ≪速さ≫　次の問いに答えなさい。

(1) 分速 200m は，時速 [＿＿＿＿＿] km です。　　　　　　　　　　　　　　　　　　（松蔭中）

(2) 秒速 340m ＝時速 [＿＿＿＿＿] km　　　　　　　　　　　　　　　　　　　　　　（常翔学園中）

(3) 時速 54km は秒速何 m か求めなさい。（秒速　　　　m）　　　　　　　　　　（プール学院中）

2 ≪速さ≫　次の問いに答えなさい。

(1) 7km の道のりを 2 時間で歩くときの速さは，時速何 km ですか。（時速　　　　km）　　（天理中）

(2) 15km の道のりを 25 分で走る車の速さは，時速 [＿＿＿＿＿] km です。　　　（大阪信愛学院中）

(3) 人類で最も速く走る人は，100m を 10 秒より短い時間で走ります。100m を 10 秒で走る速さ
を時速で表すと，[＿＿＿＿＿] km/時です。　　　　　　　　　　　　　　　　　（同志社中）

3 ≪速さ≫　次の問いに答えなさい。

(1) 分速 160m で走る自転車は，5 分間で何 m 進みますか。（　　　　m）　　　　　（聖心学園中）

(2) 時速 72km で 45 分走ると [＿＿＿＿＿] km 進みます。　　　　　　　　　　　（京都聖母学院中）

4 ≪速さ≫　次の問いに答えなさい。

(1) 190km の道のりを毎時 50km の速さで進むと，[＿＿＿] 時間 [＿＿＿] 分かかる。　　（育英西中）

(2) 時速 40km で 15km の道のりを進むのにかかる時間は何分何秒ですか。（　　分　　秒）
　　　　　　　　　　　　　　　　　　　　　　　　　　　　　　　　　　　　　　（開智中）

⑤ ≪平均の速さ≫ 次の問いに答えなさい。

(1) ある道のりを行きは時速 90km，帰りは時速 60km で移動しました。このとき，平均の速さは
時速何 km ですか。(時速　　　km)　　　　　　　　　　　　　　　　　　（京都橘中）

(2) A 地点から B 地点に行くのに，ちょうど真ん中の地点までは分速 60m で歩き，残りは分速
100m で走りました。平均の速さは分速何 m ですか。(分速　　　m)　　　（龍谷大付平安中）

⑥ ≪速さ≫ 次の問いに答えなさい。

(1) 時速 70km で進むと 26 分かかる道のりは，時速 91km で進むと ☐ 分かかります。

（甲南女中）

(2) 時速 4.5km で歩くと 20 分かかる道のりを分速 ☐ m で歩けば，15 分かかります。

（近大附和歌山中）

⑦ ≪速さ≫ 兄と弟が 100m を走ると，兄は 16 秒，弟は 20 秒かかる。弟が 100m を走るとき，兄
は弟のスタート位置から ☐ m 後ろから走れば兄弟同時にゴールができる。　（金蘭千里中）

⑧ ≪速さ≫ 校内マラソン大会で 4.2km 走ることになりました。関さんはペース配分を考えてス
タートから 3.2km 地点までを分速 160m で走り，残りの 1km でスピードを上げました。その結果，
スタートからゴールまで分速 175m で走り続けた西さんと同時にゴールしました。このとき，関さ
んは最後の 1km を時速何 km で走ったか答えなさい。(時速　　　km)　　　（関西大学北陽中）

⑨ ≪速さと比≫ 次の問いに答えなさい。

(1) A 市から B 市まで，行きは時速 5km で歩いて移動し，帰りは時速 15km で自転車に乗って移
動したら，往復するのに 90 分かかりました。A 市から B 市までの距離（m）を求めなさい。

（　　　m）（滝川第二中）

(2) A さんが家から学校まで一定の速さで向かいます。分速 60m で行くと学校の始まりに 5 分遅
れ，分速 75m で行くと，4 分前に着きます。A さんの学校までの道のりは何 m ですか。

（　　　m）（関西大学中）

(3) ある時刻に自宅を出発し，歩いて図書館へ向かいます。分速 100m で歩くと 9 時 30 分に到着
し，分速 50m で歩くと 10 時 15 分に到着します。10 時ちょうどに図書館に到着するときの速さ
を求めなさい。ただし，出発してから到着するまで歩く速さは変わらないものとします。

（分速　　　m）（大阪教大附天王寺中）

10 ≪速さ≫　カエル A が 5 飛びで進む距離を，カエル B は 6 飛びで進みます。また，カエル A が 3 飛びにかかる時間で，カエル B は 4 飛びします。カエル A が 60 分で進む距離を，カエル B は何分で進みますか。（　　　分）　　　　　　　　　　　　　　　　　　　　　　（三田学園中）

11 ≪速さ≫　すみれさんとゆかりさんの 2 人が A 地点を同時に出発して，同じ道を通って B 地点に向かいます。すみれさんは時速 3.5km の速さで休けいせずに歩きました。ゆかりさんは，はじめはすみれさんと同じ速さで歩いていましたが，出発して 40 分後に 15 分間休けいし，その後は時速 4km の速さで歩きました。すると，すみれさんが B 地点に到着した 5 分後にゆかりさんも到着しました。A 地点から B 地点までの道のりは何 km ですか。（　　　　　km）　　　　　　（同志社女中）

12 ≪速さ≫　ある地域でマラソン大会が行われました。スタートからゴールまで 15km あります。

（関西創価中）

(1)　英知さんは，スタート時から分速 240m で走り続けて，完走しました。何時間何分何秒で完走しましたか。ただし，走る速さは一定とします。（　　時間　　分　　秒）

(2)　太郎さんは最初，分速 250m で走っていました。しかし疲れてきたので，6km 地点でペースを落とし，1 時間 20 分 15 秒で完走しました。太郎さんがペースを変えたあとの速さは，分速何 m ですか。ただし，走る速さはいずれも一定とします。（分速　　　　m）

13 ≪速さ≫　下の図のように，1.5km 離れたバス停 A とバス停 B の間に図書館があります。バスは矢印の向きに進み，バス停 A の次にバス停 B に停車します。バスの速さは時速 30km で，バス停での停車時間は考えないものとします。　　　　　　　　　　　　　　　　　　（武庫川女子大附中）

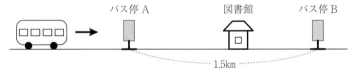

(1)　バスがバス停 A からバス停 B に進むのにかかる時間は何分ですか。（　　　　分）

(2)　ある日，春子さんと夏子さんは同じバスに乗り図書館へ向かいました。春子さんは先にバス停 A で降り，夏子さんは次のバス停 B で降りました。降りたバス停からそれぞれ歩いて図書館へ向かったところ，2 人は同じ時刻に図書館に到着しました。2 人の歩く速さはどちらも分速 60m です。バス停 A から図書館までの距離は何 m ですか。（　　　　m）

14　≪速さ≫　太郎さんと花子さんは，24km 離れた A 地点と B 地点の間を歩きます。次の問いに答えなさい。　　　　　　　　　　　　　　　　　　　　　　　　　　　　　　　　　　　（智辯学園中）

(1)　太郎さんは，A 地点と B 地点の間を往復するのに，行きは 3 時間，帰りは 2 時間かかりました。このとき，行きの速さと帰りの速さはそれぞれ時速何 km ですか。

　　行き（時速　　　 km）　帰り（時速　　　 km）

(2)　A 地点と B 地点の間に C 地点があります。花子さんは，A 地点から C 地点までを時速 6 km で歩き，C 地点から B 地点までを時速 4 km で歩くと，A 地点から B 地点まで行くのに 4 時間 30 分かかりました。A 地点から C 地点までの距離は何 km ですか。（　　　　 km）

15　≪速さ≫　坂本さんは家族で山登りにいきました。午前 8:00 に登山口を出発して，12km 離れた山頂まで歩いていきました。歩く速さは時速 3 km で 45 分歩くごとに 10 分間休みました。このとき，次の(1)(2)に答えなさい。　　　　　　　　　　　　　　　　　　　　　　　　　（比叡山中）

(1)　4 回休んだとき，山頂まで残り何 km ですか。（　　　　 km）

(2)　山頂に到着したのは何時何分ですか。（　　 時　　 分）

16　≪速さ≫　太郎さんは，ある山の登山を計画しています。朝 9 時に登山を開始して，頂上を通って，17 時までにゴール地点に到着するためのスケジュールを考えています。この山は，登山口（スタート地点）から頂上まで休まず歩いて 3 時間半かかり，頂上からゴール地点まで休まず歩いて 1 時間半かかります。このとき，次の問いに答えなさい。

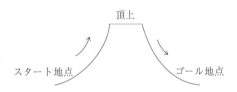

　ただし，スタート地点からゴール地点まで，休憩をとりながら歩くものとし，休憩の種類は，山道の途中でとる 1 回 5 分の「小休憩」，1 回 10 分の「大休憩」，そして頂上に着いたら必ずとる「頂上休憩」の 3 種類があります。　　　　　　　　　　　　　　　　　　　　　　　　　　　　　（常翔学園中）

(1)　2 時間の頂上休憩をとる計画にします。山を歩く間に 8 回の小休憩をとるスケジュールにするとき，ゴール地点には何時何分に着きますか。（　　 時　　　 分）

(2)　1 時間の頂上休憩をとる計画にします。小休憩をとりながら山を歩くとき，最大何回の小休憩をとることができますか。（最大　　　 回）

(3)　15 分歩くたびに休憩をとる計画にします。基本的に短い小休憩をとりますが，小休憩を連続 3 回とった後の休憩は必ず 1 回の大休憩をとるものとします。このとき，頂上休憩は最大何分とることができますか。（最大　　　 分）

17 ≪速さ≫　バス停Aからバス停Bを通ってバス停Cまでを走るバスPと，バスPと同じ経路を逆向きに走るバスQがあります。バス停Aを出発したバスPは，時速45kmで走り，バス停Aを出発してから11分30秒後にバス停Bに到着し，30秒停車してから，バス停Bから1500m離れたバス停Cに向かってそれまでと同じ速度で走ります。バスQも同様に，バス停Cを出発して一定の速度で走り，バス停Bで30秒停車してから，それまでと同じ速度でバス停Aに向かいます。バスPのバス停Aの出発時刻は6時15分，バスQのバス停Cの出発時刻は6時22分で，バスPがバス停Cに到着したとき，バスQはバス停Cから5200m離れた地点にいました。このとき，次の問いに答えなさい。

（京都橘中）

(1) バス停Aとバス停Bの間の経路の長さは何mですか。（　　　　m）

(2) バスPがバス停Cに到着したのは何時何分ですか。（　　時　　分）

(3) バスQの速度は時速何kmですか。（時速　　　km）

(4) 住民の要望があり，バス停Bの位置をバス停C側に何mか移動させたところ，バスPは移動前と比べて30秒おくれてバス停Bに到着することになりました。バス停Bを移動させた後のバス停Aとバス停B，バス停Bとバス停Cの間のそれぞれの経路の長さの比を，もっとも簡単な整数の比で表しなさい。ただし，バス停Aとバス停Cの位置は移動させないこととします。

（　　　　）

18 ≪速さ≫　ゆうきさんは毎日，家の前から学校の前までバスに乗って通学しています。ある日，道のり全体の $\frac{3}{4}$ まで行ったところでバスが故障してしまったので，その地点から歩いたところ，いつもより15分おくれて学校に着きました。バスの速さと歩く速さの比を6：1として，次の問いに答えなさい。

（開明中）

(1) バスが故障したところから学校の前まで，バスが故障していなければ何分で着きますか。

（　　　　分）

(2) 家の前から学校の前まで，バスで何分かかりますか。（　　　　分）

(3) もし，道のり全体の $\frac{2}{3}$ のところでバスが故障したとすると，いつもより何分おくれて学校に着きますか。（　　　　分）

19 ≪速さ≫ はなこさんは毎日，A 地点から B 地点まで車で移動しています。いつもは時速 80km で車を運転し，到着するまでに 1 時間 42 分かかります。次の問いに答えなさい。（大阪教大附池田中）

(1) 昨日は，雪が降っていたため，いつもの 68 ％の速度で A 地点から B 地点に向かいました。このとき，到着するまでにかかった時間は何時間何分ですか。（　　時間　　分）

(2) 今日は，いつもの速度で A 地点から B 地点に向かいましたが，工事をしている区間があり，その区間は時速 15km で走ったため，到着するまでに 2 時間 8 分かかりました。工事をしていた区間の道のりは何 km ですか。（　　　km）

20 ≪速さ≫ 花子さんは太郎くんと駅で待ち合わせをして一緒に塾に行こうとしています。花子さんは家から自転車で 12 分かけて駅に着きました。駅に着いて 3 分後に太郎くんと合流し，一緒に歩いて 10 分後に塾に着きました。次のグラフは，花子さんの様子を表したものです。このとき，次の各問いに答えなさい。

（東海大付大阪仰星高中等部）

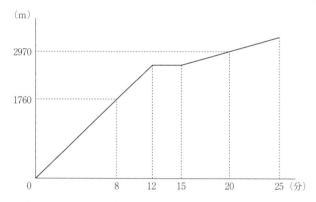

(1) 自転車の速さは分速何 m ですか。（分速　　　m）

(2) 家から塾までは何 km ですか。（　　　km）

(3) もし花子さんが 1 人で家から塾まで自転車で行くとしたら，何分かかりますか。（　　　分）

21 ≪速さ≫ しんさんとあいさんは，家から 200km 離れたテーマパークにそれぞれの車で行きます。右のグラフは，しんさんとあいさんが同時に家を出発してからの走った時間と道のりの関係を表したもので，しんさんとあいさんの車はそれぞれ一定の速さで走るものとします。このとき，次の問いに答えなさい。（和歌山信愛中）

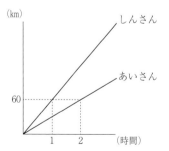

(1) しんさんが 3 時間で走った道のりは何 km ですか。（　　　km）

(2) あいさんの車は時速何 km ですか。（時速　　　km）

(3) あいさんがテーマパークに着くのは，しんさんがテーマパークに着いてから何時間何分後ですか。（　　時間　　分後）

22 ≪旅人算≫　次の問いに答えなさい。

(1)　AさんとBさんは2.4kmはなれた地点から向かい合って同時に出発しました。Aさんは時速7km，Bさんは時速11kmで走ったとします。この2人が出会うのは走り始めて□□□□□□分後です。　　　　　　　　　　　　　　　　　　　　　　　　　　　　　　　　　　（京都先端科学大附中）

(2)　1周3kmの池の周りを，Aさんは分速80m，Bさんは分速100mの速さで歩く。2人が同じ地点から反対向きに歩くとき，次に出会うのは□□分□□秒後である。　　　　（履正社中）

23 ≪旅人算≫　次の問いに答えなさい。

(1)　弟が歩いて家を出てから15分後に，兄は自転車で同じ道を通って弟を追いかけました。弟の歩く速さは分速60m，兄の自転車の速さは分速120mとします。兄が家を出るとき，弟は家から ア □□□□ m 離れたところにいます。また，兄が弟に追いつくのは，兄が家を出てから イ □□□□ 分後です。　　　　　　　　　　　　　　　　　　　　　　　（近大附中）

(2)　妹が家を出発して，分速60mで歩いていきました。その7分後に姉も家を出発して分速90mで同じ道を追いかけると，姉は家を出発してから□□□□□□分後に追いつきます。　　（報徳学園中）

(3)　妹が家を出発し，分速70mで1.2kmはなれた小学校に向かっています。5分後，兄が妹の忘れ物に気づき，時速7.2kmで走って妹を追いかけました。兄は出発してから何分後に妹に追いつきますか。（　　　分後）　　　　　　　　　　　　　　　　　　　　　（四條畷学園中）

24 ≪旅人算≫　Aさんの家とBさんの家は6kmはなれています。2人は同時に自分の家を出発し，相手の家に向かって一定の速さで歩いたところ，出発してから48分後に出会いました。AさんがBさんより毎分5mだけ速く歩いたとき，Aさんが歩いた速さは分速□□□□□□mです。　（常翔学園中）

25 ≪旅人算≫　家から学校まで□□□□□□mの道があります。この道を妹は家から学校まで毎分80mで，兄は学校から家まで毎分100mで歩きます。妹と兄が同時に出発すると，家から学校までの道のりの半分より80m手前で出会いました。　　　　　　　　　　　　　　　　　　（関西学院中）

26 ≪旅人算≫　家から□□□□□□m離れたところに学校があります。学校から歩いて帰る花子さんを，お母さんは自転車で迎えに行きます。花子さんの歩く速さとお母さんの自転車の速さの比は5：7で，途中休むことなく一定の割合で進みます。花子さんが学校を出るのと同時にお母さんが家を出ると，家と学校のちょうど真ん中の地点より240m学校側のところで出会います。　　（奈良学園中）

27 ≪旅人算≫　公園の周りには1周700mの道があります。この道をAさんとBさんが同じ地点から同時に，反対方向に進むと5分後に出会い，同じ方向に進むと35分後にAさんがBさんに追いつきます。Aさんの進む速さは毎分何mですか。（毎分　　　m） （清教学園中）

28 ≪旅人算≫　Aさんの走る速さは分速80m，歩く速さは分速60mです。Aさんは家から学校まで1200mの道のりを走って出発し，途中から16分歩いて学校へ着きました。 （浪速中）

(1) Aさんの走った時間は何分ですか。（　　　分）

(2) Aさんの忘れ物に気付いたお母さんが，Aさんが出発してから3分後に家から分速180mで自転車に乗り追いかけました。お母さんがAさんに追いついたのは家から何mの地点ですか。

（家から　　　mの地点）

29 ≪旅人算≫　1周800mの池のまわりを，兄と弟が同じ地点から，歩き始めました。兄は分速60mで歩き，弟は分速40mで歩きます。次の問いに答えなさい。 （関大第一中）

(1) 兄と弟が，10時に反対方向に歩き始めるとき，2人が初めて出会うのは，何時何分ですか。

（　　　時　　　分）

(2) 初めて出会った後，兄が弟と同じ方向に歩き始めました。兄が弟に追いつくのは，何時何分ですか。（　　　時　　　分）

30 ≪旅人算≫　1周1200mの円形の遊歩道を，AさんとBさんは同じ地点から同時に歩き出します。Aさんは分速80m，Bさんは分速100mで歩くとして，次の問いに答えなさい。 （天理中）

(1) Aさんが1周するのにかかる時間は何分ですか。（　　　分）

(2) AさんとBさんが反対方向に歩き出すと，2人が初めて出会うのは歩き出してから何分何秒後ですか。（　　　分　　　秒後）

(3) AさんとBさんが同じ方向に歩き出すと，何分後かにBさんはAさんに追いつきます。歩き出してから初めて追いつくまでにBさんが歩く道のりは何mですか。（　　　m）

31 ≪旅人算≫　1周1216mの池の周りをAさんとBさんが同じ地点から反対向きに歩き出すと，8分後に出会います。同じ池の周りをAさんとBさんが同じ地点から同じ向きに自転車で走り出すと，38分後に出会います。自転車に乗ると2人とも歩くときの4倍の速さになります。次の問いに答えなさい。

(同志社国際中)

(1)　2人が歩いたときの速さの差を求めなさい。（分速　　　　m）

(2)　2人のうち速いほうが自転車に乗ったときの速さを求めなさい。（分速　　　　m）

32 ≪旅人算≫　右の図のような1周400mのトラックを，A君とB君がそれぞれ一定の速さで走ります。A君は，午前10時ちょうどに地点Pから分速140mで走り始めました。B君は，午前10時8分に地点PからA君とは反対向きに走り始めました。2人が8回目にすれ違った時刻は，午前10時20分でしたが，この午前10時20分に，2人とも同時に地点Pを通過しました。このとき，次の問いに答えなさい。

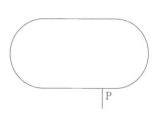

(東山中)

(1)　A君は午前10時8分までに何m走りましたか。（　　　　m）

(2)　B君は午前10時20分までに何m走りましたか。（　　　　m）

(3)　A君とB君が3回目にすれ違ったのは午前10時何分何秒ですか。（午前10時　　分　　秒）

33 ≪旅人算≫　ある池のまわりを，Aさん，Bさんがそれぞれ一定の速さで走ります。同じ地点から反対向きに同時に走り始めると3分12秒後に初めて同じ位置で出会い，同じ向きに走り始めると16分後にAさんはBさんに初めて追い抜かされます。このとき，次の問いに答えなさい。　(開明中)

(1)　Aさんの速さとBさんの速さの比を最も簡単な整数の比で表しなさい。（　　　　）

以下，池の周りの長さを800mとして，次の問いに答えなさい。

(2)　Aさんの速さとBさんの速さは，それぞれ毎分何mですか。
　　　Aさん（毎分　　　m）　Bさん（毎分　　　m）

(3)　同じ地点から反対方向に同時に走るとき，Aさんが池のまわりを3周する間にBさんと何回出会いますか。ただし，スタート地点は出会う回数に数えないものとします。（　　　回）

34 ≪旅人算≫　右の図のように，192cmはなれた2つの地点AとBが

ある。点Pと点Qがそれぞれ毎秒12cm，毎秒8cmの速さでA地点

を同時に出発してA地点とB地点を何回も往復する。ただし，A地点，B地点にとう着するたび

に，点Pは3秒間，点Qは2秒間止まる。このとき，次の問いに答えなさい。　　　　　（明星中）

(1)　点PがB地点にはじめてとう着するのは，出発してから何秒後ですか。（　　　秒後）

(2)　点Pと点Qがはじめて出会うのは，出発してから何秒後ですか。（　　　秒後）

(3)　点QがA地点にはじめてもどったとき，点PはA地点から何cmのところにいますか。

（　　　cm）

(4)　点Pと点Qが3回目に出会うのは，出発してから何秒後ですか。（　　　秒後）

35 ≪旅人算≫　AさんとBさんはマラソン大会の練習で，道のりが5kmのP地点とQ地点の間を

一定の速さで走りました。1日目，AさんとBさんはP地点からQ地点に向かって同時に走り始め

ると，14分後に2人の間には800mの差がひらいていました。2日目は，AさんはP地点からQ

地点まで，BさんはQ地点からP地点まで，同時に走り始めると，14分後にAさんとBさんは，

あと200mですれ違うところまで走っていました。走る速さはAさんの方がBさんよりも速く，1

日目も2日目もAさんとBさんはそれぞれ同じ速さで走っていました。次の問いに答えなさい。

（淳心学院中）

(1)　Aさんの走る速さは毎分何mですか。（毎分　　　m）

(2)　2日目に，AさんとBさんがすれ違ったのは，同時に走り始めてから何分何秒後ですか。

（　　　分　　　秒後）

数日後，再びAさんはP地点からQ地点まで，BさんはQ地点からP地点まで，同時に走り始

めました。走り始めてから14分後に，2人はちょうどすれ違いました。Aさんの走る速さは1日目

の練習のときと同じでした。

(3)　この日の練習で，BさんがP地点に到着したのは，AさんがQ地点に到着してから何分後です

か。分数で答えなさい。（　　　分後）

36 ≪旅人算≫　図1のような池の周りをひとまわりする道があり，その道は1周が900mです。A
さんとBさんの歩く速さの比は2：3で，AさんとBさんが同じ地点から同時に反対向きに出発す
ると6分後に初めて出会います。次の問いに答えなさい。ただし，2人はそれぞれ一定の速さで歩
くものとします。　　　　　　　　　　　　　　　　　　　　　　　　　　　　　　　　（同志社香里中）

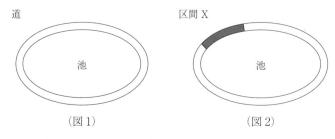

道　　　　　　　　　　　　　　　　区間X

（図1）　　　　　　　　　　　　　　（図2）

(1)　Aさんの歩く速さは毎分何mですか。（毎分　　　　　m）

(2)　AさんとBさんが同じ地点から同時に同じ向きに出発すると，何分後にBさんがAさんを初
めて追いこしますか。（　　　分後）

(3)　図2のように区間Xが通行止めになりました。AさんとBさんが同じ地点から同時に反対向
きに出発してから2分後に，Aさんは区間Xの端に着き，すぐに来た道を引き返しました。Aさ
んが引き返してから6分後に，2人は初めて出会いました。区間Xは何mですか。ただし，Bさ
んも区間Xの端に着くと，すぐに来た道を引き返すものとします。（　　　　m）

37 ≪旅人算≫　AさんとBさんは，P地点を出発し，Q地点へ向かいます。Aさんは毎分50mの速
さで30分間歩いたあと，すぐに時速30kmのバスに9分間乗りQ地点に着きました。BさんはA
さんよりおくれて出発し，自転車に乗って時速12kmでQ地点へ向かいました。このとき，次の問
いに答えなさい。　　　　　　　　　　　　　　　　　　　　　　　　　　　　　　（大谷中－大阪－）

(1)　P地点からQ地点までの道のりは何kmですか。（　　　km）

(2)　AさんとBさんが同時にQ地点に着いたとき，BさんはAさんより何分おくれて出発しまし
たか。（　　　分）

(3)　Bさんは，Aさんを追いこしてから15分後にAさんの乗ったバスに追いぬかれました。この
とき，BさんはAさんより何分おくれて出発しましたか。（　　　分）

38 ≪旅人算≫　ある水族館には右の図のように高さが30㎡で円柱の形をした大きな水そうがあり，その水そうに沿って，P 地点から地上にある Q 地点まで一定の割合で下っていく 520m の通路があります。また，通路は右の図のように水そうを 2 周半しています。

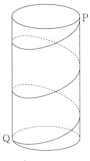

かなさんは P から毎分26m の速さで通路を下りながら見学します。そうたさんは，かなさんより 2 分遅れて Q から毎分13m の速さで通路を上りながら見学します。このとき，次の各問いに答えなさい。　　　　　　　（帝塚山学院泉ヶ丘中）

(1)　かなさんのいる場所の地上からの高さは，1 分あたり何 m 減りますか。（　　　　　m）

(2)　2 人が出会う場所の地上からの高さは何 m ですか。（　　　　m）

(3)　かなさんが Q に着くまでに，2 人がお互いに真上と真下になるときが 3 回あります。それらはかなさんが出発してから何分何秒後ですか。すべて答えなさい。

（　　分　　秒後）（　　分　　秒後）（　　分　　秒後）

39 ≪旅人算≫　右の図のように，東西，南北に走る 2 本の道路が P で垂直に交わっています。A 君は P の南へ 1200m の地点から分速 100m で北向きに，B 君は P の西へ 1200m の地点から分速 80m で東向きに同時に出発します。　　（関西大学北陽中）

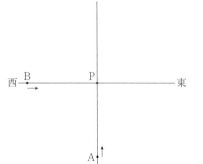

(1)　B 君が P に着いたときの A 君の位置を以下の指示にしたがって答えなさい。

正しい方角を表す漢字に〇印をつけ，（　　　）内に A 君の P までの距離を答えなさい。

P から（ 東　西　南　北 ）へ（　　　　）m の地点

(2)　A 君の P までの距離と B 君の P までの距離の和がもっとも小さくなるのは 2 人が出発してから何分後か答えなさい。（　　　　分後）

(3)　A 君の P までの距離と B 君の P までの距離の和が 780m になるのは 2 人が出発してから何分後ですか。複数ある場合はすべて答えなさい。（　　　　　　　）

40 《旅人算》 A さんの家から公園を通って駅まで行くと 3600m あります。公園までは自転車に乗って毎分 160m の速さで進み，そこで 5 分間休み，公園から駅までは歩きました。右のグラフはそのときのようすを表したものです。このとき，次の問いに答えなさい。

(上宮学園中)

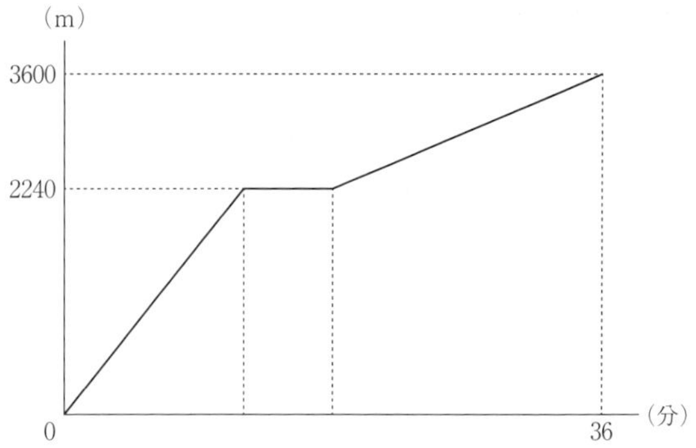

(1) A さんが公園に着いたのは家を出発してから何分後ですか。(　　　分後)

(2) A さんの歩く速さは分速何 m ですか。(分速　　　m)

(3) この日，A さんが家から駅に向かったのと同時に B さんは分速 48m の速さで駅から公園に向かって出発しました。2 人が出会うのは駅から何 m はなれた地点ですか。(　　　m)

41 《旅人算》 京子さんの家と公園を結ぶ片道 1200m の道があります。京子さんのお姉さんは家を出発し，公園との間を一定の速さで走って往復しました。京子さんはお姉さんが家を出発したのと同時に公園を出発し，家まで一定の速さで歩き，24 分後に着きました。お姉さんは，途中で京子さんとすれちがい，家を出発してから 12 分後に京子さんを追いぬきました。右のグラフは，お姉さん，京子さんそれぞれについて，2 人が出発してからの時間（分）と家からの距離（m）との関係を表したものです。

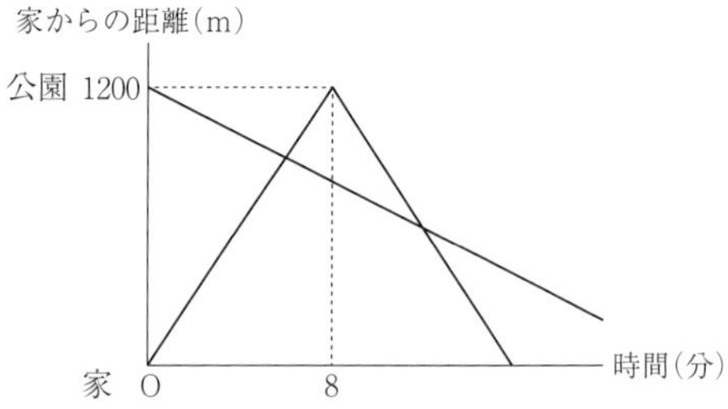

このとき，次の(1)，(2)の問いに答えなさい。

(京都女中)

(1) 京子さんの歩く速さは分速何 m か求めなさい。(分速　　　m)

(2) お姉さんが京子さんとすれちがったのは，家を出発してから何分後か求めなさい。(　　　分後)

42 ≪旅人算≫ 3000m はなれた A 町と B 町の間に公園があります。妹は A 町から B 町へ，姉は B 町から A 町へ向けて同時に出発し，公園で妹は 30 分間，姉は 20 分間休けいしました。下のグラフは，そのときのようすを表したものです。妹と姉はそれぞれ一定の速さで歩くものとします。

(帝塚山学院中)

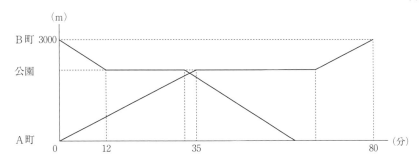

(1) 妹の歩く速さは毎分何 m ですか。（毎分　　　m）

(2) 2 人が出会うのは，A 町から何 m の地点ですか。（　　　m）

43 ≪旅人算≫ A さんは学校を出発し，12km はなれた公園まで，一定の速さで歩き続けました。B さんは A さんが出発して 20 分後に学校を出発し，公園まで時速 4 km で歩き続けました。C さんは B さんが出発して 10 分後に学校を出発し，一定の速さで走って 2 人を追いかけました。C さんは A さんに追いついて，すぐ来た道を同じ速さで引き返し，また B さんに出会いました。C さんは B さんに出会って，すぐまた同じ速さで公園に向かって走り始めました。グラフは，A さん，B さん，C さんの学校からの道のりと時間の関係を表しています。このとき，次の問いに答えなさい。

(大阪女学院中)

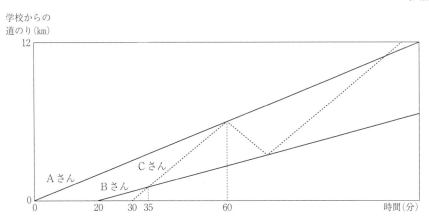

(1) C さんが B さんに追いついたのは，学校から何 km はなれた地点か求めなさい。（　　　km）

(2) C さんが A さんに追いつくのは，学校から何 km はなれた地点か求めなさい。（　　　km）

(3) C さんが B さんに出会うのは，引き返し始めてから何分何秒後か求めなさい。

（　　　分　　　秒後）

(4) C さんがこの公園に着くのは，A さんが学校を出発してから何分後か求めなさい。

（　　　分後）

44 ≪通過算≫　次の問いに答えなさい。

(1) 時速 54km の速さで走る長さ 240m の電車が，長さ 930m の鉄橋を渡り始めてから渡り終わるまでに何秒かかりますか。（　　　秒）　　　　　　　　　　　　　　　　　（関西大学中）

(2) 時速 66km で走る長さ □□□□ m の列車が，3765m の橋を渡り始めてから渡り終わるまでに 3 分 30 秒かかりました。　　　　　　　　　　　　　　　　　　　　　　　　　　　　（大阪桐蔭中）

45 ≪通過算≫　毎秒 23m の速さで走る全長 70m の電車と，毎秒 17m の速さで走る全長 150m の電車が向かい合って走っているとき，出会ってから完全に離れるまでに何秒かかりますか。

（　　　秒）　（大谷中－大阪－）

46 ≪通過算≫　時速 122km で走っている長さ 320m の列車と，時速 176km で走っている長さ 400m の列車が同じ方向で進んでいるとき，追いついてから追いこすまでに □□□□ 秒かかります。

（甲南中）

47 ≪通過算≫　次の問いに答えなさい。

(1) 一定の速さで走る列車が，長さ 800m のトンネルに入り始めてから完全に出るまでに 46 秒かかり，長さ 430m の鉄橋をわたり始めてからわたり終わるまでに 27.5 秒かかります。この列車の速さは，秒速 □□□□ m です。　　　　　　　　　　　　　　　　　　　　　　　　　　　（常翔学園中）

(2) ある電車が長さ 1200m の鉄橋を渡り始めてから渡り終わるまでに 40 秒かかり，長さ 1900m のトンネルに入り始めてから完全に通過するまでに 54 秒かかります。この電車の速さは秒速何 m ですか。（秒速　　　m）　　　　　　　　　　　　　　　　　　　　　　　　　　　　　（親和中）

48 ≪通過算≫　列車 A と列車 B があり，列車 A は時速 63km，列車 B は時速 45km で走ります。また，この 2 つの列車の長さは同じです。列車 A と列車 B がすれ違い始めてから終わるまで，5 秒かかります。列車 A が列車 B に追いついてから完全に追いこすまでにかかる時間は □□□□ 秒です。

（帝塚山中）

49 ≪通過算≫　長さ 126m の列車 A が，長さ 921m のトンネルに完全に入ってからトンネルを出始めるまでに，53 秒かかりました。　　　　　　　　　　　　　　　　　　　　　　　（甲南女中）

(1) 列車 A の速さは時速何 km ですか。（　　　　　）

(2) 列車 A と同じ長さの列車 B は時速 18km で走行します。列車 B が鉄橋を渡り始めてから，完全に渡り終えるまでにかかった時間は，列車 A が鉄橋を渡り始めてから，完全に渡り終えるまでにかかった時間と比べて 1 分 26 秒多くかかりました。鉄橋の長さは何 m ですか。（　　　　　）

50 ≪通過算≫　下のグラフは，電車 A と電車 B が同じ鉄橋をわたり始めてからわたり終わるまでの
時間と，鉄橋上を通過しているそれぞれの車りょうの長さとの関係を表したものです。このとき，
次の各問いに答えなさい。ただし，電車 A，B の速さは一定とします。　　　　　　　　（開智中）

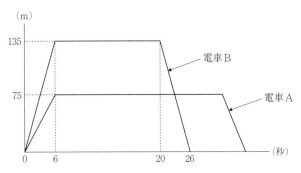

(1)　電車 B は秒速何 m ですか。（秒速　　　m）

(2)　この鉄橋の長さは何 m ですか。（　　　m）

(3)　電車 A，B が鉄橋の両端から同時にわたり始めたとします。このとき，鉄橋をわたり始めてか
ら，電車 B の先頭が電車 A の最後尾にちょうど重なるまでに何秒かかりますか。（　　　秒）

51 ≪時計算≫　次の問いに答えなさい。

(1)　時計の針が 1 時 20 分を指しているとき，長針と短針の間の角度のうち小さい方の角度は何度で
すか。（　　　）　　　　　　　　　　　　　　　　　　　　　　　　　　　　　　（京都橘中）

(2)　時計の針が 10 時を指しています。長針と短針とでできる角の大きさがはじめて 126 度になる
のは何分後ですか。（　　　分後）　　　　　　　　　　　　　　　　　　　　　　（京都橘中）

52 ≪時計算≫　午前 1 時から午前 2 時の間で，時計の短針と長針との間の角度が 2 回目に 100° にな
るのは，午前 1 時 [　　　　] 分です。　　　　　　　　　　　　　　　　　　　　（奈良学園中）

53 ≪時計算≫　ある星では，ちょうど 20 時間で 1 回転の自転をするため，1
日の長さが 20 時間だそうです。そこでは右のような，短針が 10 時間で 1 周
する時計が使われるとします。右の図は，2 時を表しています。この時計の長
針と短針は何分ごとに重なりますか，答えなさい。ただし，長針は 1 時間で 1
周し，1 時間は 60 分であるとします。（　　　分）　　　　　　　　　（滝川第二中）

54　≪時計算≫　図のように，文字盤のない時計の長針が5分ごとに区切る目盛りの1つを指し，短針と長針が70度の角を作っています。この時刻は何時何分か答えなさい。ただし，図の時計は上を向いているとはかぎりません。(　　時　　　分)　　　　　　　　　(立命館中)

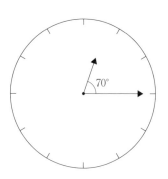

55　≪時計算≫　午前6時から午後6時までの12時間で時計の長針と短針が重なるのは全部で何回ですか。答えは**単位をつけて**答えなさい。(　　　　)　　　　　　　　　　(神戸龍谷中)

56　≪時計算≫　12分で1分遅れる時計Aと，15分で1分進む時計Bがあり，どちらの時計の長針も短針も一定の速さで進んでいます。ある日，午前10時5分にこれらの2つの時計をあわせました。これより後に2つの時計が初めて同じ時刻を指したとき，時計の盤面は[　　　]時[　　　]分を指しています。ただし，例えば午前9時と午後9時は同じ時刻を指すものとします。　(須磨学園中)

57　≪流水算≫　静水では，時速45kmで移動する船があります。この船が一定の速さで流れている川を30km下るのに36分かかりました。この川を30km上るのに何分かかりますか。(　　　　分)　　　　　　　　　　(龍谷大付平安中)

58　≪流水算≫　川の下流にA地点，上流にB地点があり，A地点とB地点は36km離れています。船で往復したところ，上りに3時間，下りに2時間かかりました。川の流れの速さは時速何kmですか。船の静水での速さと川の流れの速さはそれぞれ一定とします。(時速　　　km)　　　(親和中)

59　≪流水算≫　ある船が30km離れているA町からB町まで上るのに90分，B町からA町まで下るのに75分かかります。このとき，次の各問いに答えなさい。　(東海大付大阪仰星高中等部)

(1)　この船の静水時の速さと，川の流れる速さはそれぞれ時速何kmですか。

静水時(時速　　　km)　川の流れる速さ(時速　　　km)

(2)　この船がB町からA町まで下る途中，遊覧のために30分間だけエンジンを止めました。B町からA町まで何分何秒かかりましたか。(　　　分　　　秒)

60 ≪流水算≫　ある日ユアさんはお母さんから，レンさんの家に届け物を頼まれました。レンさん
の家は川の上流にあり，ユアさんは船で移動しなければいけません。ユアさんはレンさんの家に行
く間に買い物をするため，スーパーにより道をし，レンさんに届け物を届けたあと，より道をせず
に家に帰りました。下のグラフはユアさんが船で移動する様子を表したものです。次の各問いに答
えなさい。ただし，船の速さと川の流れは一定であるとします。

（羽衣学園中）

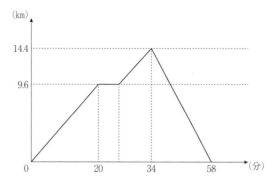

(1) ユアさんがスーパーにより道していた時間は何分間か求めなさい。（　　　　分間）

(2) 川の流れる速さは分速何 m か求めなさい。（分速　　　　m）

(3) 船が流れのない水の上を走るときの速さは分速何 m か求めなさい。（分速　　　　m）

(4) ユアさんがレンさんの家から帰るときにスーパーの前を通るのはユアさんが家を出発してから
　 何分後か求めなさい。（　　　　分後）

61 ≪流水算≫　一定の速さでまっすぐ流れる川の川上に A 地点，川下に B 地点があります。そし
て，静水時の速さがそれぞれ一定の船 P と船 Q があります。船 P は A 地点を出発して B 地点に向
かい，B 地点に到着したあと，しばらくしてから B 地点を出発して A 地点に戻ります。船 P が A
地点を出発してからの時間と，A 地点からの距離の関係は下のグラフの通りです。また，船 Q の静
水時の速さは，船 P の静水時の速さより 40 ％遅いです。船の長さは考えないものとして，次の問
いに答えなさい。

（立命館宇治中）

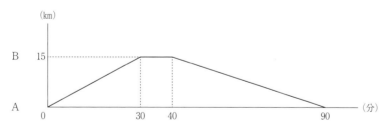

(1) 川の流れの速さは分速何 m か求めなさい。（分速　　　　m）

(2) 船 P が A 地点を出発した 10 分後に，船 Q は A 地点を出発して B 地点に向かい，B 地点から
　 A 地点に戻る途中の船 P とすれちがいました。船 Q が A 地点を出発してから，何分何秒後に船
　 P とすれちがったか求めなさい。（　　　分　　　秒後）

1 《比例》 ろうそくに火をつけたところ，18 分後には，はじめの長さの 3 分の 1 の長さになりました。このろうそくは，火をつけ始めてから何分後になくなりますか。（   分後）

（賢明女子学院中）

2 《比例》 澄斗さんは 120 ページの本を 1 日に 8 ページずつ，叡人さんは 144 ページの本を 1 日に 12 ページずつ読みます。このとき，(1)(2)に答えなさい。   （比叡山中）

(1) 澄斗さんが本を読んだ日数を x，読んだページ数を y とするとき，x と y の関係を式で表しなさい。（   ）

(2) 2 人が同じ日に読み始めた場合，叡人さんが読み終えた日に，澄斗さんはあと何ページ残っていますか。（   ページ）

3 《反比例》 【$50 \div x = y$】の式で表されるものを下のア～エの中から 1 つ選び，記号で答えなさい。（   ）

（龍谷大付平安中）

ア 時速 50km で走る車が x 時間走ったときの進んだ距離 y km

イ 50km 先の町へ行くのに，x km 進んだときの残りの距離 y km

ウ 50km 進んで休憩し，さらに x km 進んだときの距離 y km

エ 50km の距離を時速 x km で進んだときの時間 y 時間

4 《反比例》 面積が 24cm^2 の三角形について，底辺の長さを x cm，高さを y cm とするとき，y を x の式で表すと $y = \boxed{} \div x$ です。

（京都産業大附中）

5 《反比例》 次の①～④のうち，y が x に反比例するものを 1 つ選ぶと $\boxed{}$ です。

（和歌山信愛中）

① 1 辺の長さが x cm の正方形の周の長さは y cm です。

② 1 個 50 円のチョコレートを x 個買うと，代金は y 円です。

③ 250 ページある本を x ページ読むと，y ページ残ります。

④ 底辺の長さ x cm，高さ y cm の三角形の面積は 30cm^2 です。

6 ≪2量の関係≫　次の会話は，メイさんと，携帯会社の社員ジョンさんとの会話で，図は月の通信料金の旧料金プランと，4月からスタートする新料金プランの案内をしているプリントです。ギガとは，通信量を表す単位のことです。　　　　　　　　　　　　　　　　　　　　　　　（帝塚山中）

ジョン　「こんにちは，メイさん。」

メイ　　「こんにちは，ジョンさん。今日はどうされたのですか？」

ジョン　「来月からスタートする新料金プランの案内に来たんです。」

メイ　　「新プラン？どんなプランなんですか？」

ジョン　「こちらのプリントをご覧ください。」（ジョンさんが下のプリントをみせる。）

```
              4月1日よりスタート！
                新料金プラン！

   旧プランの特徴
   ・通信料 2.5 ギガまでは，定額 2,400 円！！
   ※2.5 ギガ以降は 0.1 ギガあたり 150 円になります。
   ※1 回の契約で，6 か月間の契約をすることになります。

   新プランの特徴
   ・通信料 2 ギガまでは，0.1 ギガあたり │ ア │ 円
   ※2 ギガ以降は 0.1 ギガあたりの値段が 15％増しになります。
   ※1 回の契約で，6 か月間の契約をすることになります。
```

ジョン　「新プランでは旧プランから料金形態がガラッと変わるんです。」

メイ　　「私が今，加入しているのは旧プランで，先月の通信量は 2.7 ギガ使用したので，先月の通信料金は │ イ │ 円でしたね。」

ジョン　「その通りです。」

メイ　　「新プランと旧プランを比較してみると，使用する通信料金が 3 ギガだと同じ値段になりますね。」

ジョン　「その通りです！メイさんは計算がお速いですね。」

メイ　　「ありがとうございます。普段は月に 2.7 ギガ使用するのですが，8 月と 9 月は旅行によくでかけるので，通信量が $\frac{13}{9}$ 倍になってしまいます。」

ジョン　「では，来月から新プランに契約すると，6 か月間の合計の通信料金は，旧プランと比べて…」

メイ　　「│ ウ │ プランの方が │ エ │ 円安いですね！」

ジョン　「さすが！やはりメイさんは計算がお速い！」

(問)　空欄ア，イ，エに当てはまる数値を答え，ウには「新」か「旧」のどちらが入るか答えなさい。ア（　　　円）イ（　　　円）ウ（　　　）エ（　　　円）

7 ≪水量の変化≫　右の図のような直方体の容器があります。
容器の中には厚みのない仕切り板があり，仕切り板の片側には
水が入っています。次の問いに答えなさい。　　　（プール学院中）

(1) 容器に入っている水の体積は何 cm³ か求めなさい。

（　　　　　cm³）

(2) 仕切り板を取り外したところ，水の深さは 8 cm になりま
した。アの値を求めなさい。（　　　　）

(3) (2)の作業後に毎分 720cm³ の割合で水を入れたところ，8分後に容器は水で満たされました。容
器の深さは何 cm か求めなさい。（　　　　cm）

8 ≪水量の変化≫　下の図のように，3つの円柱形の空の容器 A，B，C が点 O を中心として重ねら
れており，容器 A に上から水を毎分 62.8cm³ の割合で入れます。ただし，A，B，C の容器の厚さ
は考えないものとし，円周率は 3.14 とします。このとき，次の問いに答えなさい。　　（京都橘中）

図

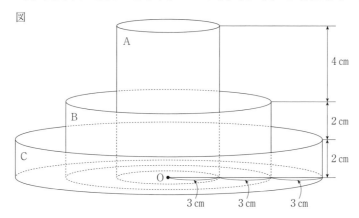

(1) 容器 A の容積は何 cm³ ですか。（　　　　cm³）

(2) 容器 A に上から水を入れたとき，容器 C から水がこぼれ始めるのは，容器 A に水を入れ始め
てから何分何秒後ですか。（　　分　　秒後）

(3) 容器 A に水を入れ始めてから 7 分 39 秒後に水が入っている一番外側の容器は，A～C のうち
どの容器ですか。ただし，求め方や考え方がわかるように，ことばや数を用いて説明しなさい。

容器（　　　）（　　　　　　　　　　　　　　　　　　　　　　　　　　　　　　）

9 ≪水量の変化≫　図1のような直方体の空の水そうに，底面と垂直になるように長方形のしきりを入れて，底面を2つの長方形に分け，蛇口（じゃぐち）に近い方からA，Bとします。この水そうに，初めは毎秒250cm³ の割合で水を入れていき，9分以降は入れる水の量を変え，一定の割合で水を入れ続けました。水を入れ始めてからの時間と，Aの部分の水面の高さとの関係は図2のグラフのようになりました。ただし，しきりと容器の厚さは考えないものとします。このとき，次の各問いに答えなさい。

(帝塚山学院泉ヶ丘中)

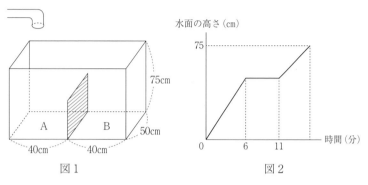

図1　　　　　　　　　　　図2

(1)　しきりの高さは何 cm ですか。（　　　　cm）

(2)　9分以降の入れる水の量は毎秒何 cm³ ですか。（毎秒　　　　cm³）

(3)　この水そうが満水になるのは，水を入れ始めてから何分何秒後ですか。（　　分　　秒後）

10 ≪水量の変化≫　（図1）のように，直方体の容器の中に円柱のおもりが入っています。（図2）は，この容器に毎分1.2Lの割合で水を入れたときの時間と水面の高さの関係を表したグラフです。次の問いに答えなさい。

(関西大倉中)

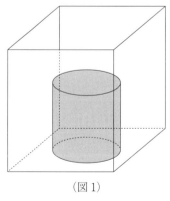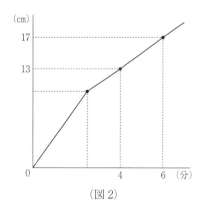

（図1）　　　　　　　　　　（図2）

(1)　6分間に入る水の量は何 cm³ ですか。（　　　　cm³）

(2)　容器の底面積は何 cm² ですか。（　　　　cm²）

(3)　おもりの体積は何 cm³ ですか。（　　　　cm³）

11　≪水量の変化≫　図1は，直方体の水そうに，鉄でできた直方体のブロック6個をすきまなく入れたものです。ブロックの大きさはすべて同じです。この水そうに，一定の割合で満水になるまで水を入れます。図2は，水を入れ始めてから22秒後までの時間と水面の高さとの関係を表したグラフです。次の問いに答えなさい。　　　　　　　　　　　　　　　　　　　　　　（同志社香里中）

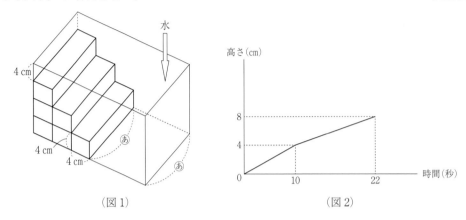

（図1）　　　　　　　　　　　　　　　（図2）

(1)　満水になるのは，水を入れ始めてから何秒後ですか。（　　　　秒後）

(2)　水を入れ始めてから45秒後の水面の高さは何cmですか。（　　　　cm）

(3)　水を入れ始めてから30秒後の水面の形は正方形でした。あの長さは何cmですか。

（　　　　cm）

12　≪水量の変化≫　図のような，2つのふたのない直方体の容器A，Bがあります。はじめ，Aには35cmの深さまで水が入っていて，Bは水が入っていない空の状態です。BをAの上からまっすぐに一定の速さで沈めます。グラフは，Bの底が水面についてからAの底につくまでの時間と，Aの水の深さの関係を表したものです。ただし，容器の厚さは考えないものとします。次の問いに答えなさい。　　　　　　　　　　　　　　　　　　　　　　　　　　　　　　　（関西学院中）

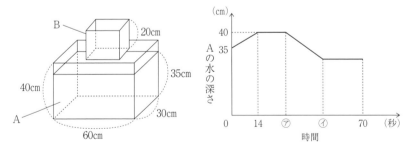

(1)　容器Bを沈める速さは毎秒何cmか求めなさい。（　　　　）

(2)　容器Bの底面積を求めなさい。（　　　　）

(3)　容器Aから外側にあふれた水の量は何cm³か求めなさい。（　　　　）

(4)　グラフの㋐，㋑にあてはまる数を求めなさい。㋐（　　　　）　㋑（　　　　）

(注)　特に指示のない場合は，円周率は 3.14 とします。

1　≪平面図形の性質≫　ひろこさんとかずきさんは，1 つの長方形に次の【操作】を行い，何種類の正方形が何個できるのかを調べることにしました。

【操作】

① 　長方形の短い方の辺を一辺とする正方形を片側からできる限りかく。

② 　長方形が残った場合は，その残った長方形の短い方の辺を一辺とする正方形を片側からできる限りかく。

③ 　②を残りの長方形がなくなるまでくり返す。

　　例えば，縦の長さが 10cm，横の長さが 15cm の長方形に【操作】を行うと，下の図 1 のようになります。

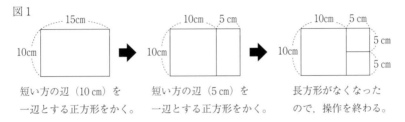

図 1

短い方の辺（10cm）を　　　短い方の辺（5cm）を　　　長方形がなくなった
一辺とする正方形をかく。　　一辺とする正方形をかく。　　ので，操作を終わる。

　このとき，次の問いに答えなさい。　　　　　　　　　　　　　　　　　　　　　　　（京都橘中）

(1)　縦の長さが 32cm，横の長さが 76cm の長方形について，ひろこさんとかずきさんが話し合っています。ただし，ひろこさんとかずきさんの会話の内容はすべて正しいことが述べられているものとします。

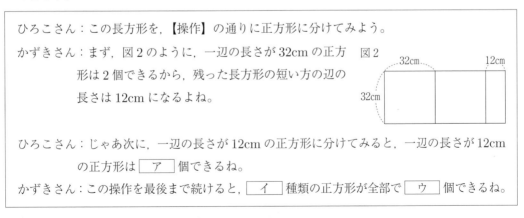

> ひろこさん：この長方形を，【操作】の通りに正方形に分けてみよう。
>
> かずきさん：まず，図 2 のように，一辺の長さが 32cm の正方形は 2 個できるから，残った長方形の短い方の辺の長さは 12cm になるよね。
>
> 　　　　　　図 2
>
> ひろこさん：じゃあ次に，一辺の長さが 12cm の正方形に分けてみると，一辺の長さが 12cm の正方形は ｜ ア ｜ 個できるね。
>
> かずきさん：この操作を最後まで続けると，｜ イ ｜ 種類の正方形が全部で ｜ ウ ｜ 個できるね。

　2 人の会話文について，次の①，②の問いに答えなさい。

①　会話文中の ｜ ア ｜ ～ ｜ ウ ｜ にあてはまる数をそれぞれ答えなさい。

　　ア（　　　）イ（　　　）ウ（　　　）

②　一番小さい正方形の一辺の長さは何 cm ですか。（　　　　cm）

(2)　図3の長方形を【操作】の通りに正方形に分けたところ，10個の正方形に分けることができました。一番小さい正方形の一辺の長さが1cmのとき，【操作】を行う前の図3の長方形の横の長さは何cmですか。（　　　　cm）

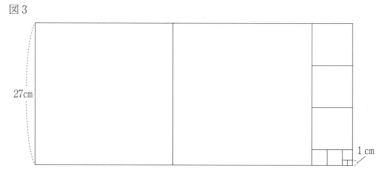

図3

27cm

1cm

(3)　ある長方形を【操作】の通りに正方形に分けたところ，一番目に大きい正方形が1個，二番目に大きい正方形が2個，三番目に大きい正方形が3個，四番目に大きい正方形が4個の，合計10個の正方形に分けることができました。一番目に大きい正方形の面積は，四番目に大きい正方形の面積の何倍ですか。（　　　倍）

2　≪平面図形の性質≫　右の図に三角形は全部で何個ありますか。（　　　個）

（龍谷大付平安中）

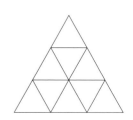

3　≪平面図形の性質≫　次の□□□にあてはまる数を答えなさい。

(1)　正六角形の対角線は□□□本です。　（京都先端科学大附中）

(2)　正六角形の対称の軸は□□□本あります。　（京都教大附桃山中）

4　≪平面図形の性質≫　平面上に6本の直線があります。この6本の直線はどの2本の直線も平行でなく，どの3本の直線も1点で交わりません。このとき，6本の直線の交点は□□□個あります。

（帝塚山中）

5　≪作図≫　右の図のように正方形のます目があります。縦と横の間かくは，それぞれ1cmです。●を頂点とする面積が5cm^{2}の正方形を右の図に書きなさい。

（ノートルダム女学院中）

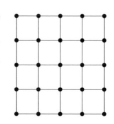

6 ≪角の大きさ≫ 右の図は，1組の三角定規を組み合わせたも
のです。あの角の大きさは □ 度で，いの角の大きさは
□ 度です。   (松蔭中)

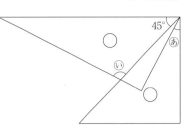

7 ≪角の大きさ≫ 右の図は，2種類の三角定規を重ねたものです。
このとき，㋐の角の大きさを答えなさい。(   ) (関西大学北陽中)

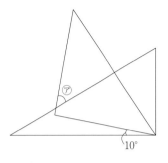

8 ≪角の大きさ≫ 右の図は，三角形を2つ重ねたものです。アの角
の大きさは何度ですか。(   )   (帝塚山学院中)

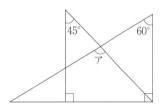

9 ≪角の大きさ≫ 右の図の角 x の大きさは何度ですか。答えは
単位をつけて答えなさい。(   )   (神戸龍谷中)

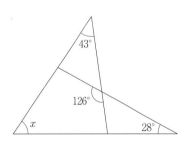

10 ≪角の大きさ≫ 右の図の三角形 ABC は，AB ＝ AC の二等辺三角
形です。角あの大きさは何度ですか。(   )   (同志社香里中)

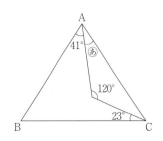

11　≪角の大きさ≫　右のような図形があります。このとき，アの角度を求めなさい。（　　　　）

(奈良教大附中)

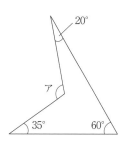

12　≪角の大きさ≫　右の図の角アの大きさを求めなさい。（　　　　）

(関西創価中)

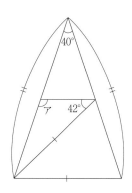

13　≪角の大きさ≫　右の図で，AE＝CDです。㋐，㋑の角の大きさはそれぞれ何度ですか。㋐（　　　　）㋑（　　　　）

(武庫川女子大附中)

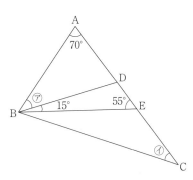

14　≪角の大きさ≫　右の図において，xの大きさを求めなさい。

（　　　　）(桃山学院中)

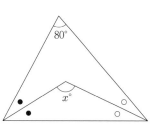

15　≪角の大きさ≫　右の図において，アの角の大きさを求めなさい。ただし，同じ印のついた角の大きさはそれぞれ等しいものとします。

（　　　　）(清風中)

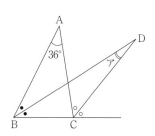

16 ≪角の大きさ≫　右の図は，辺 AB の長さと辺 AC の長さが等し
い二等辺三角形 ABC において，角 B を 3 等分する直線 BD，BE
を引いたものです。
　このとき，角あの大きさは ア ◻︎◻︎◻︎◻︎◻︎ °，角いの大きさは
イ ◻︎◻︎◻︎◻︎◻︎ °です。　　　　　　　　　　　　（白陵中）

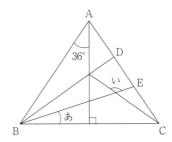

17 ≪角の大きさ≫　右の図において，2 つの直線 L，M は平行です。ア
の角度は ◻︎◻︎◻︎◻︎◻︎ 度です。　　　　　　　　　　　（甲南中）

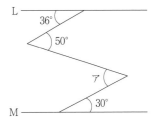

18 ≪角の大きさ≫　右図において直線 ℓ と直線 m が平行であるとき，
角 x の大きさは ◻︎◻︎◻︎◻︎◻︎ °である。　　　　　　　（金蘭千里中）

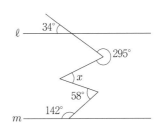

19 ≪角の大きさ≫　右の正方形において，角アは ◻︎◻︎◻︎◻︎◻︎ °である。
　　　　　　　　　　　　　　　　　　　　　　　　（育英西中）

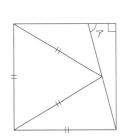

20 ≪角の大きさ≫　右の図の四角形 ABCD は正方形です。角あの大
きさは ◻︎◻︎◻︎◻︎ 度です。　　　　　　　　　　　　　（常翔学園中）

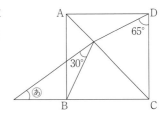

21　**≪角の大きさ≫**　右の図の三角形 ABC は二等辺三角形，四角
形 ACDE はひし形です。角ア，角イの大きさをそれぞれ求め
なさい。　　　　　　　　　　　　　　　　　　　　（奈良育英中）

　　角ア（　　　　）　角イ（　　　　）

22　**≪角の大きさ≫**　　右の図のような，同じ大きさの4つの正五角形を
合わせた図形があります。このとき，㋐の角の大きさは何度ですか。
　　　　　　　　　　　　　　　　（　　　　　）（同志社女中）

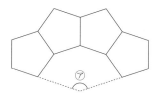

23　**≪角の大きさ≫**　図のような正八角形において，角アの大きさは何度で
すか。（　　　　）　　　　　　　　　　　　　　　（清教学園中）

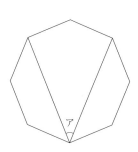

24　**≪角の大きさ≫**　　右の図は，正五角形 ABCDE と正方形 CDFG を
組み合わせた図形である。H は BG をのばした直線と AD の交わる
点である。㋐，㋑の角の大きさをそれぞれ求めなさい。　　（明星中）

　　㋐（　　　　）㋑（　　　　）

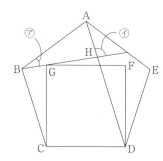

25　**≪角の大きさ≫**　右の図のような正方形とおうぎ形をあわせた図がありま
す。x の大きさを求めなさい。（　　　　）　　　　　（大阪信愛学院中）

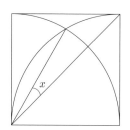

26 ≪角の大きさ≫　右の図のように，半円があり，半円上にある点は円の円周の半分を6等分する点です。このとき，⑦の角度は ☐ °です。　　　　　　　　　　（神戸海星女中）

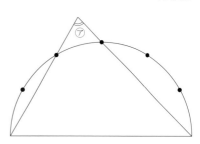

27 ≪角の大きさ≫　右の図は正三角形を折り返した図です。角あは何度ですか。（　　　）　　　　　　　　　　（親和中）

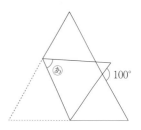

28 ≪角の大きさ≫　右の図は，直角三角形をPQで折り返したものです。角アの大きさは ☐ 度，角イの大きさは ☐ 度です。　　　　　　　　　　（京都聖母学院中）

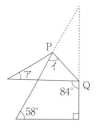

29 ≪角の大きさ≫　図のように，長方形ABCDの紙を，EFを折り目として折り返しました。角 x の大きさは何度ですか。（　　　）（大谷中－大阪－）

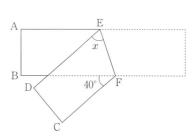

30 ≪角の大きさ≫　右の図は，長方形の紙をAB，BCでそれぞれ折り曲げて重ねたものです。角⑦の大きさを求めなさい。（　　　）　　　　　　　　　　（大阪教大附平野中）

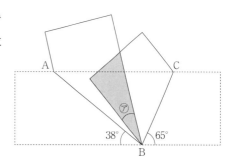

31 ≪角の大きさ≫　右の図のおうぎ形 OAB で，AC を折り目とし
て折ると，点 O が点 D と重なる。㋐，㋑の角の大きさをそれぞれ
求めなさい。　　　　　　　　　　　　　　　　　　　（明星中）

　　㋐（　　　　）　㋑（　　　　）

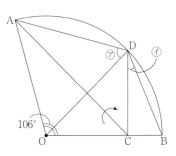

32 ≪角の大きさ≫　右の図で，色をつけた部分の角度の合計は何度です
か。（　　　　）　　　　　　　　　　　　　　　　　（関大第一中）

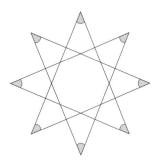

33 ≪長さ・線分比≫　右の図で，BC の長さは □ cm です。

（常翔学園中）

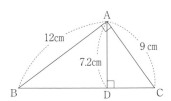

34 ≪長さ・線分比≫　右の図は，3 つの正方形を組み合わせ
たものです。色のついた部分の周りの長さは何 cm ですか。

（　　　　cm）（帝塚山学院中）

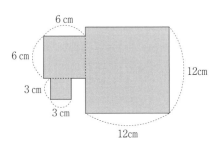

35 ≪長さ・線分比≫　図のような平行な直線にはさまれた直角三角形 ABC と台形 DEFG があります。
AB = 20cm，BC = 25cm，AC = 15cm，EF = 16cm です。直角三角形 ABC と台形 DEFG の面
積の比が 5：4 であるとき，台形 DEFG の面積は ア cm²，辺 DG の長さは イ cm
です。

（近大附中）

36 ≪長さ・線分比≫　下の図 1 の三角形 ABC の周りの長さは 30cm です。図 2 は図 1 の三角形 ABC を 2 枚つなげた四角形で周りの長さは 36cm，図 3 は図 1 の三角形 ABC を 3 枚つなげた四角形で周りの長さは 40cm です。図 1 の辺 AB の長さは何 cm ですか。（　　　　cm）　　　　　　　（花園中）

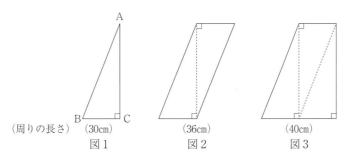

（周りの長さ）　　（30cm）　　　　　（36cm）　　　　　　（40cm）
図 1　　　　　　　図 2　　　　　　　図 3

37 ≪長さ・線分比≫　右の図は長方形と円の一部を組み合わせたものです。斜線部分アとイの面積が等しいとき，AD は何 cm ですか。ただし，円周率は 3.14 とします。（　　　　cm）　　　（淳心学院中）

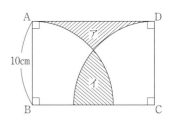

38 ≪長さ・線分比≫　半径 10cm の円柱を 3 本組み合わせてひもでしばります。結び目の長さを考えないことにすると何 cm のひもが必要ですか。円周率は 3.14 とします。（　　　　cm）　　　　　　（親和中）

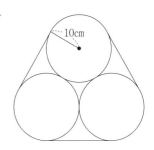

39 ≪長さ・線分比≫　右図は，直径 5 cm の円と半円が，1 辺 5 cm の正方形の中に入った図です。しゃ線部分の周りの長さの合計は何 cm ですか。ただし，円周率は 3.14 とします。（　　　　cm）　　　　　　（樟蔭中）

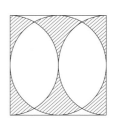

40 ≪長さ・線分比≫　半径が 9 cm の円が 4 つあります。4 点 A，B，C，D はそれぞれの円の中心です。ななめの線で示された部分の周りの長さは □ cm です。ただし，円周率は 3.14 とします。　　（甲南中）

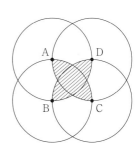

41 ≪面積・面積比≫　右の図のように，方眼紙に 3 点 A，B，C をとり，三角形 ABC を作りました。方眼紙の 1 目盛りを 1 cm とすると，三角形 ABC の面積は _____ cm² です。　　　　（関西大倉中）

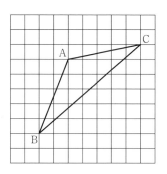

42 ≪面積・面積比≫　右の図の四角形は台形です。この台形の面積は _____ cm² です。　　　　（立命館宇治中）

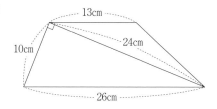

43 ≪面積・面積比≫　右の図の△ABE の面積は _____ cm² です。ただし，四角形 ABCD は正方形で，△BCE は正三角形です。　　　　（甲南中）

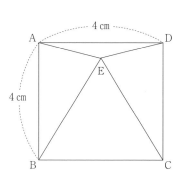

44 ≪面積・面積比≫　右の図のように平行四辺形 ABCD を 4 つの平行四辺形に分けました。このとき，平行四辺形 EFCG の面積は何 cm² か答えなさい。（　　　　cm²）　　　　（関西大学北陽中）

45 ≪面積・面積比≫　下の図のような長さと面積の長方形をしきつめた図形があります。色のついた長方形の面積を求めなさい。（　　　　cm²）　　　　（大阪教大附平野中）

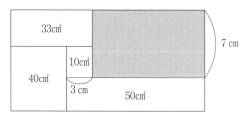

46 ≪面積・面積比≫　右の図のように，4つの合同な長方形を並べました。かげをつけた四角形の面積は ◻️ cm² です。　　　　　（甲南女中）

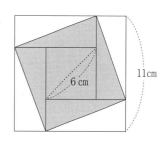

47 ≪面積・面積比≫　［図1］のような1辺の長さが8cmの正方形ABCDの紙がある。この正方形の紙の4すみを内側に折りこむと［図2］のようになり，紙の重なっていない部分が面積9cm²の正方形になった。このとき，次の問いに答えなさい。　　　　　（明星中）

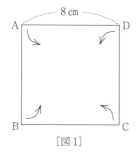

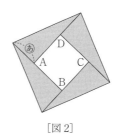

（1）　［図2］のかげをつけた部分の面積を求めなさい。（　　　　cm²）

（2）　［図2］のあの長さを求めなさい。（　　　　cm）

48 ≪面積・面積比≫　〈図1〉は，たて2.5cm，横10cmの長方形で，この長方形2つを重ね合わせて〈図2〉のような図形を作ります。〈図2〉の図形のまわり（太線部分）の長さが34cmとなるとき，2つの長方形の重なり合った部分の面積を求めなさい。（　　　　cm²）。　　　　　（清風中）

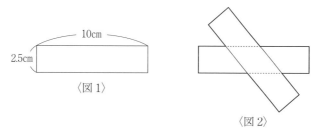

49 ≪面積・面積比≫　1辺の長さが5cmの正方形の紙を5枚はりつけた結果，右の図のように1辺の長さが7cmの正方形になりました。紙が2枚だけ重なっている部分の面積は ◻️ cm² です。　　　　　（大阪星光学院中）

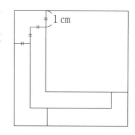

50　≪面積・面積比≫　右の図のしゃ線部分の面積の和を求めなさい。

（　　　　cm²）（追手門学院中）

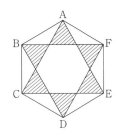

正六角形 ABCDEF の面積は 90cm²

51　≪面積・面積比≫　右の図の▨▨部分の面積は何 cm² ですか。た
だし，円周率は 3.14 とします。（　　　　cm²）　　　（同志社女中）

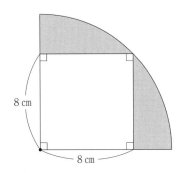

52　≪面積・面積比≫　右の図のように，直径が AB = 13cm の半円があ
り，その半円周上に点 C をとると，BC = 5 cm，CA = 12cm で，角
ACB の大きさは 90° になります。BC，CA をそれぞれ直径とする半円
をかいたとき，斜線部分の面積の和を求めなさい。ただし，円周率は
3.14 とします。（　　　　cm²）　　　　　　　　　　　（清風中）

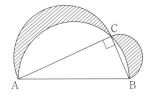

53　≪面積・面積比≫　図のように，正方形と 2 つのおうぎ形を組み
合わせた図形があります。かげをつけた部分の面積の和は何 cm²
ですか。（　　　　cm²）　　　　　　　　　　　（大谷中－大阪－）

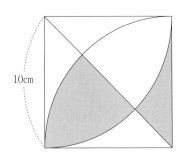

54　≪面積・面積比≫　斜線部の面積は何 cm² か求めなさい。（　　　　cm²）

（大阪女学院中）

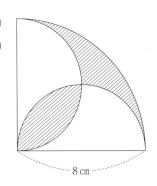

55 ≪面積・面積比≫　1辺4cmの正方形があります。ななめの線で示された部分の面積は ____ cm² です。　　　　　　　　　　　　　　（甲南中）

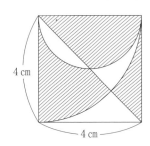

56 ≪面積・面積比≫　右の図は，1辺の長さが8cmの正方形と，等しい2辺の長さが8cmの直角二等辺三角形と，直径が8cmの円が重なった図形で，•は円の中心である。かげをつけた部分の面積の和を求めなさい。（　　　　cm²）　　　　　　　　　（明星中）

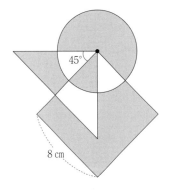

57 ≪面積・面積比≫　右の図は，直角二等辺三角形と半径10cmの円を組み合わせたものです。点Cが円の中心で，ACの長さとBCの長さが等しいとき，次の問いに答えなさい。　　　　　　　（プール学院中）

(1)　しゃ線部分の面積を求めなさい。（　　　　cm²）

(2)　しゃ線部分の周の長さを求めなさい。（　　　　cm）

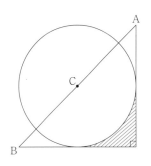

58 ≪面積・面積比≫　右の図は半径が6cm，中心角が90度のおうぎ形の内部に，合同な直角三角形を2個かいたものです。このとき，次の問いに答えなさい。　　　　　　　　　　　　　　（上宮学園中）

(1)　中心角が90度のおうぎ形の面積は何cm²ですか。（　　　　cm²）

(2)　三角形OABと三角形OBCの面積の比を簡単な整数の比で表しなさい。（　　　　）

(3)　色をぬった部分の面積は何cm²ですか。（　　　　cm²）

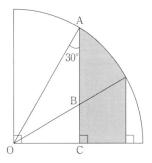

59 ≪辺の比と面積≫　右の図の△ABC は，AB = 12cm，AC = 12cm の直角二等辺三角形です。点 M と点 N は辺 BC を 3 等分する点です。このとき，△AMN の面積は ☐ cm² です。

（京都先端科学大附中）

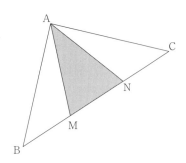

60 ≪辺の比と面積≫　図のような三角形 ABC で，BD：DC = 2：3，AE：ED = 5：4，三角形 AEC の面積が 15cm² のとき，三角形 EBC の面積を求めなさい。（　　　）　（啓明学院中）

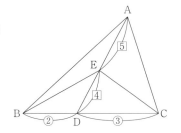

61 ≪辺の比と面積≫　面積が 120cm² である三角形 ABC について，辺 AB を 3 等分する点，辺 BC を 4 等分する点，辺 CA を 5 等分する点をとります。　（甲南女中）

(1) 図の④，⑥，⑦の面積はすべて等しい。④，⑥，⑦の面積の合計は何 cm² ですか。（　　　）

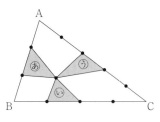

(2) 図の⑰と⑨の面積は，ともに⑯の面積の 1.5 倍です。⑯の面積は何 cm² ですか。（　　　）

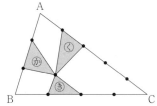

62 ≪辺の比と面積≫　右の図の三角形 ABC は面積が 60cm² です。点 D，E，F はそれぞれ辺 AB，BC，CA を 3 等分，5 等分，6 等分する点の 1 つです。次の問いに答えなさい。　（淳心学院中）

(1) 三角形 DBE の面積は何 cm² ですか。（　　　cm²）

(2) 三角形 DEF の面積は何 cm² ですか。分数で答えなさい。（　　　cm²）

(3) 点 B と点 F を結び，BF と DE が交わる点を P とします。このとき，BP：PF を最も簡単な整数の比で答えなさい。（　　　）

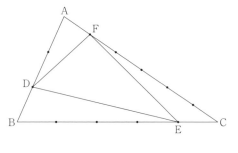

63 ≪辺の比と面積≫ 図のように，三角形 ABC を①～⑥の6つ
の三角形に分けました。①～⑥の三角形の面積がすべて等しいと
き，辺 AE の長さは辺 EB の長さの □ア□ 倍，辺 AB の長
さは辺 DE の長さの □イ□ 倍です。 （近大附中）

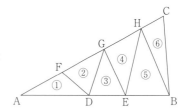

64 ≪辺の比と面積≫ 右の図のような三角形 ABC があります。BD と
DC の長さの比は 1：1，AE と EC の長さの比は 2：1 です。この
とき，次の各問いに答えなさい。 （同志社女中）

問1 三角形 CDF の面積が 6 cm² のとき，三角形 AFG の面積は何
cm² ですか。（ 　　　 cm²）

問2 AF と FD の長さの比を，最も簡単な整数の比で表しなさい。

（ 　　　 ）

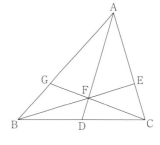

65 ≪辺の比と面積≫ ある平行四辺形の各辺の長さを，図1のように矢印の
方向へ何倍か伸ばします。伸ばした先の点を結んでできる四角形を四角形
ABCD とします。四角形 ABCD ともとの平行四辺形について，次の問い
に答えなさい。 （大阪教大附天王寺中）

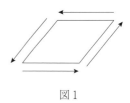

図1

(1) 図2は，平行四辺形の各辺の長さをすべて2倍に伸ばしてで
きた四角形 ABCD です。このとき，四角形 ABCD の面積は，
もとの平行四辺形の面積の何倍であるか求めなさい。

（ 　　　 倍）

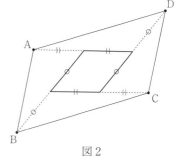

図2

(2) 平行四辺形の各辺の長さをすべて5倍に伸ばしたとき，四角形 ABCD の面積は，もとの平行四
辺形の面積の何倍であるか求めなさい。（ 　　　 倍）

(3) 平行四辺形の各辺をすべて何倍か伸ばしたとき，四角形 ABCD の面積が，もとの平行四辺形の
面積の 265 倍となりました。このとき，もとの平行四辺形の各辺をすべて何倍に伸ばしたのか求
めなさい。（ 　　　 倍）

66 ≪図形の拡大と縮小≫　図のような，たて 9 cm，横 12cm の長方形 ABCD があります。AE：ED ＝ 1：2 のとき，三角形 AFE の面積は何 cm^2 ですか。（　　　　cm^2）　　　　　　　　　　　　　　　　（清教学園中）

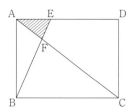

67 ≪図形の拡大と縮小≫　下の図のように，1 辺の長さが 9 cm の正方形 4 個を，正方形の辺どうしがずれないように並べました。直線 AC と正方形との交わる点をそれぞれ E，F とし，直線 DE と直線 AB の交点を G とします。次の問いに答えなさい。　　　　　（智辯学園奈良カレッジ中）

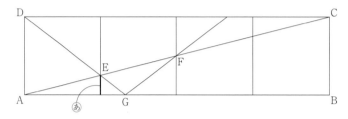

(1) 太線部分㋐の長さは何 cm ですか。（　　　　cm）

(2) 三角形 EGF の面積は何 cm^2 ですか。（　　　　cm^2）

68 ≪図形の拡大と縮小≫　右の図で，四角形 ABCD は長方形です。点 E，F，G はそれぞれ辺 AD，BC，CD 上にあり，AE：ED ＝ 1：2，BF：FC ＝ 1：1，CG：GD ＝ 1：3 です。BE と AF，AG が交わった点をそれぞれ H，I とし，BC をのばした直線と AG をのばした直線が交わった点を J とします。これについて，次の問いに答えなさい。　（聖心学園中）

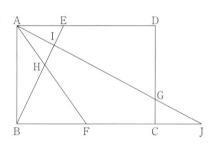

(1) EI：IB を，次のように求めました。　①　，　②　，　④　にはあてはまる数を，　③　，　⑤　にはあてはまる辺を，　⑥　にはあてはまる最も簡単な整数の比を書きなさい。

①（　　　）②（　　　）③（　　　）④（　　　）⑤（　　　）⑥（　　　）

AD ＝ BC だから，AE：ED と BF：FC の比の和をそろえると，

AE：ED ＝ 1：2 ＝ 2：　①　，BF：FC ＝ 1：1 ＝ 3：　②

三角形 ADG と三角形 JCG は，拡大図と縮図の関係になっているので，

AD：　③　＝ DG：CG ＝ 6：　④

三角形 AIE と三角形 JIB は，拡大図と縮図の関係になっているので，

EI：BI ＝　⑤　：BJ ＝　⑥

したがって，EI：IB ＝　⑥

---

(2) EI：IH：HB を，最も簡単な整数の比で表しなさい。（　　　　）

(3) 長方形 ABCD の面積が 480cm^2 のとき，三角形 AHI の面積を求めなさい。（　　　　cm^2）

69 ≪図形の拡大と縮小≫　右図のような平行四辺形 ABCD があり，CE：ED ＝ 1：3，DF：FA ＝ 1：2 である。BF と AE の交点を G とすると，AG：GE ＝ □ ： □ である。

（金蘭千里中）

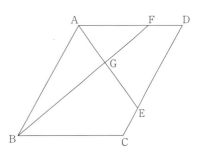

70 ≪図形の拡大と縮小≫　右の図のような平行四辺形 ABCD があります。AB ＝ DC ＝ 5 cm，AD ＝ BC ＝ 8 cm です。

辺 DC の延長線上に点 E があります。点 C は，DE を 3：1 に分けています。

AE と辺 BC の交点を点 F とします。また，AE と対角線 BD の交点を G とします。　（同志社中）

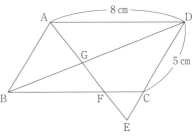

(1) AG と GF の長さの比はいくらですか。できるだけ簡単な整数の比で答えなさい。（　　　　）

(2) 辺 BC を底辺としたときの平行四辺形 ABCD の高さが 4.2cm のとき，三角形 ABG の面積は何 cm² ですか。（　　　cm²）

71 ≪図形の拡大と縮小≫　三角形 ABC において，点 M は辺 BC の真ん中の点で，点 P は AP：PM ＝ 3：1 である AM 上の点です。点 P を通り三角形 ABC の各辺に平行な直線を引き，三角形 ABC の各辺との交点を右の図のように定めます。三角形 ABC の面積が 384cm² であるとき，次の問いに答えなさい。　（京都橘中）

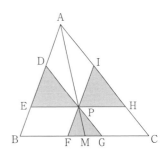

(1) 三角形 PFG の面積は何 cm² ですか。（　　　cm²）

(2) 右の図のかげをつけた部分 ▨ の面積の和は何 cm² ですか。

（　　　cm²）

72 ≪図形の拡大と縮小≫　右の図において，三角形 ABC は AB ＝ AC ＝ 4 cm，BC ＝ 3 cm の二等辺三角形で，AD ＝ DE ＝ EB，AF：FC ＝ 3：1，BG：GC ＝ 2：1 です。また，DF と BC をそれぞれのばした直線の交点を H，AC と EG をそれぞれのばした直線の交点を I とします。さらに，DH と EI をそれぞれのばした直線の交点を J とします。長さの比 CH：CI，DF：DJ をそれぞれ最も簡単な整数の比で表しなさい。（甲陽学院中）

CH：CI ＝（　　　）　DF：DJ ＝（　　　　）

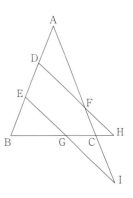

73 ≪図形の拡大と縮小≫　大きさの異なる3種類の正方形の紙ア，イ，ウがあり，これらの紙をすき間なく，重ならないようにして〈図1〉のような長方形，および〈図2〉のような正方形の上に並べます。斜線部分の面積が，〈図1〉では142cm²，〈図2〉では1184cm²となるとき，次の問いに答えなさい。

(清風中)

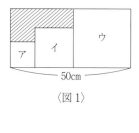

〈図1〉

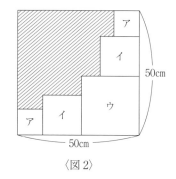

〈図2〉

(1)　正方形ウの1辺の長さを求めなさい。（　　　　cm）

〈図3〉のように，正方形の紙アとイを2枚ずつ用意し，イの2枚は一部分を重ね，アとイはすき間なく，重ならないようにして正方形を作りました。

(2)　〈図3〉の斜線部分の面積を求めなさい。（　　　　cm²）

(3)　正方形アの1辺の長さを求めなさい。（　　　　cm）

〈図3〉

〈図4〉のように，正方形の紙アとイをすき間なく，重ならないようにして直角三角形の上に並べました。

(4)　〈図4〉の太線部分の長さを求めなさい。（　　　　cm）

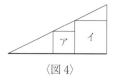

〈図4〉

74 ≪図形の拡大と縮小≫　図のように，三角形ABC，DEFがあり，点A，Dはそれぞれ辺EF，BC上にあります。また，辺AB，DEは点Gで交わり，辺AC，DFは点Hで交わります。

辺AB，DEの長さは等しく，辺AC，DFの長さは等しく，辺AE，AFの長さは等しく，辺CDの長さは辺BDの長さの3倍です。また，辺BC，EFは平行です。四角形AGDHの面積は三角形AHFの面積の◯◯◯◯倍です。

(灘中)

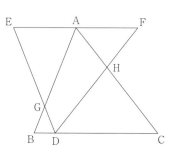

75 ≪点の移動≫　下の図のような太線の上に 1 辺の長さが 6 cm の正三角形 ABC がのっています。正三角形 ABC ははじめにⒶの位置にあり，太線の上をすべることなく転がって，Ⓘの位置まで移動します。このとき，頂点 A が動いたあとの曲線の長さは [＿＿＿] cm となります。ただし，円周率は 3.14 とします。

（京都女中）

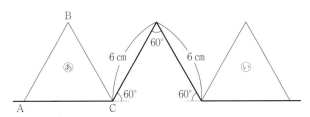

76 ≪点の移動≫　右の図の三角形 ABC で，角 B は直角，辺 AB の長さは 6 cm，辺 BC の長さは 8 cm，辺 CA の長さは 10cm です。点 P は，辺の上を B → C → A の順に毎秒 2 cm の速さで動きます。次の問いに答えなさい。　（関大第一中）

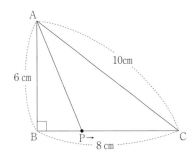

(1)　点 P が辺 BC 上を動くとき，三角形 ABP の面積が，三角形 ABC の面積の $\frac{1}{2}$ になるのは，点 P が頂点 B を出発してから，何秒後ですか。（　　　秒後）

(2)　点 P が辺 CA 上を動くとき，三角形 ABP の面積が，18cm² になるのは，点 P が頂点 B を出発してから，何秒後ですか。（　　　秒後）

77 ≪点の移動≫　右の図のような台形 ABCD があります。点 P が頂点 A から出発して毎秒 1 cm の速さで頂点 B，頂点 C の順に通って，頂点 D まで辺の上を進みます。このとき，次の問いに答えなさい。

（関西大学北陽中）

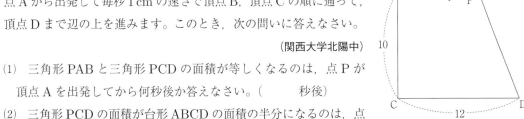

(1)　三角形 PAB と三角形 PCD の面積が等しくなるのは，点 P が頂点 A を出発してから何秒後か答えなさい。（　　　秒後）

(2)　三角形 PCD の面積が台形 ABCD の面積の半分になるのは，点 P が頂点 A を出発してから何秒後か答えなさい。（　　　秒後）

(3)　三角形 PBC と四角形 ABPD の面積が等しくなるのは，点 P が頂点 A を出発してから何秒後か答えなさい。（　　　秒後）

78 《点の移動》 右の図のような，台形 ABCD がありま
す。点 E は辺 BC 上の点で，直線 AE と辺 BC は垂直で
す。点 P が，点 C を出発して秒速 2cm の速さで，C →
D → A → B の順に台形の辺上を，12.5 秒で移動します。
このとき，次の問いに答えなさい。　　　（大阪女学院中）

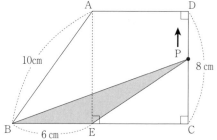

(1) 辺 AD の長さは何 cm か求めなさい。（　　　cm）

(2) 点 P が辺 CD 上にあるとき，三角形 BEP の面積が
21cm^2 となるのは，点 P が点 C を出発してから何秒後か求めなさい。（　　　秒後）

(3) 三角形 BEP の面積がいちばん大きくなるのは，点 P が点 C を出発してから何秒後から何秒後
の間か求めなさい。（　　　秒後から　　　秒後）

(4) 三角形 BEP の面積が 7.2cm^2 になるのは，点 P が点 C を出発してから何秒後と何秒後か求め
なさい。（　　　秒後と　　　秒後）

79 《点の移動》 1 辺が 6cm の正方形 ABCD があります。一定の速さで
動く点 E，F があり，2 点は頂点 A を同時に出発します。点 E は時計回
りに進み，点 F は点 E の 2 倍の速さで反時計回りに進みます。図 1 のグ
ラフは，出発してからの 5 秒後までの経過時間と△AEF の面積の関係を
表しています。ただし，△AEF ができないとき面積は 0cm^2 とします。

（甲南中）

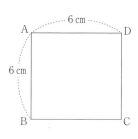

(1) 7 秒後の△AEF の面積は何 cm^2 ですか。（　　　cm^2）

(2) 2 つの点が最初に出会うのは，出発してから何秒後ですか。（　　　秒後）

(3) 出発して 5 秒後から最初に出会うまでのグラフを図 1 に書き入
れなさい。

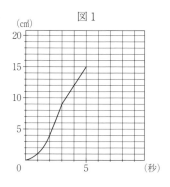

図 1

80 ≪図形の移動≫　右の図のような1辺の長さが3cmの正三角形PQR
が，長方形ABCDのまわりをすべらずに転がり1周して元の位置に戻る
とき，頂点Qが動いた長さは　　　　　cmです。　　　（大阪星光学院中）

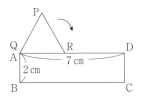

81 ≪図形の移動≫　図のように，半径2cmの円が直角三角形ABC
の周りを1周するとき，中心Oの通ったあとの長さは何cmです
か。（　　　　cm）　　　　　　　　　　　　（清教学園中）

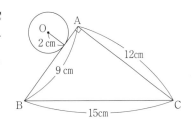

82 ≪図形の移動≫　半径1cmの円を，右の図形
の太線にそって図形の外側を1周させます。円が
通った部分の面積を求めなさい。（　　　　）
（関西学院中）

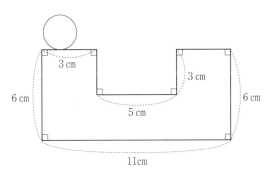

83 ≪図形の移動≫　1辺の長さが3cmの正五角形と，直径1cmの円があります。
円が正五角形の周にそって外側を一周するとき，円が通過する部分の面積は
　　　　　cm² です。　　　　　　　　　　　　　　（関西大倉中）

84 ≪図形の移動≫　右の図のように，AB = 3cm，AC =
4cm，BC = 5cmの直角三角形ABCを，直線ℓにそっ
て3cm移動させました。　　　　　　　　　　（洛星中）

(1)　辺ABが通過する部分の面積を求めなさい。

（　　　　cm²）

(2)　移動前の三角形と移動後の三角形に共通する部分（図のかげをつけた部分）の面積を求めなさい。

（　　　　cm²）

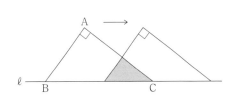

85 ≪図形の移動≫　辺 AB が 10cm，辺 BC が 8 cm，辺 AC が 6 cm，角 C の大きさが 90°の直角三角形があります。

　　角 A，角 B の大きさはそれぞれ 54°，36° とします。

　　この直角三角形を，①の状態から，直線に沿って回転させると，①→②→③→④のように動きました。点 A は，A → A1 → A2 の位置に移動しました。点 B は，B → B1 → B2 の位置に，点 C は，C → C1 → C2 の位置に移動しました。　　　　　　　　　　　　　　　　　　　（同志社中）

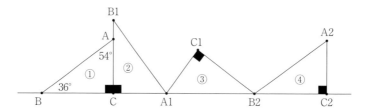

(1)　①から④への回転で，点 A が移動した長さは何 cm ですか。（　　　　cm）

(2)　③から④への回転で，辺 AB が動いた面積は何 cm² ですか。（　　　　cm²）

86 ≪図形の移動≫　　ア 　～　 オ 　にあてはまる数を求めなさい。　　　　　　　（近大附中）

　　ア（　　　）イ（　　　）ウ（　　　）エ（　　　）オ（　　　　）

　　【図 1】のような，2 つの図形があり，色のついた長方形は直線 ℓ 上を【図 1】の状態から秒速 1 cm で右に動いていきます。このとき，2 つの図形が重なる部分の面積を考えます。ただし，動くのは長方形のみとし，2 つの図形の重なる部分がなくなるまで動くものとします。

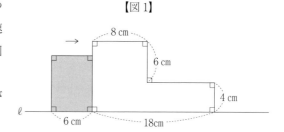

【図 1】

　　【図 2】は，長方形が動きはじめてからの時間と 2 つの図形が重なった部分の面積の関係を表したグラフを途中までかいたものです。

【図 2】

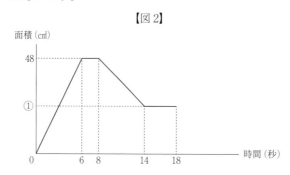

(1)　【図 1】の色のついた長方形のたての長さは　 ア 　cm です。また，【図 2】の①の数は　 イ 　です。

(2)　2 つの図形の重なる部分が初めてなくなるのは動きはじめてから　 ウ 　秒後です。

(3)　2 つの図形の重なる部分の面積が 16cm² となるのは【図 1】の状態から　 エ 　秒後と　 オ 　秒後です。ただし，　 エ 　は　 オ 　より小さい数とします。

8 立体図形

（注）　特に指示のない場合は，円周率は 3.14 とします。

1 　≪立体図形の性質≫　下の図は 1 辺の長さが 1 cm の立方体の展開図です。展開図の各面の正方形に図のような矢印が描かれています。この展開図を組み立てて立方体を作り，1 辺の長さが 7 cm，方眼の大きさが 1 cm の方眼紙の上に置きます。この方眼には図のように上，下，右，左と方向を決めておきます。この立方体を上面に描かれている矢印の方向にすべらないように転がします。立方体が方眼の端にあって矢印が方眼の外を向いている場合はそれ以上転がせないものとします。

(ノートルダム女学院中)

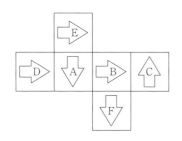 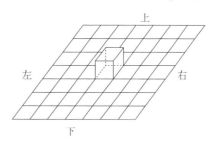

(1)　立方体を最初に方眼紙の真ん中に，立方体の上面に A の面が来るように置きました。この矢印が右を向いているとき，3 回転がしたときに立方体のある位置は，左から何番目，上から何番目ですか。（左から　　　番目，上から　　　番目）

(2)　立方体を最初に左から 1 番目，上から 1 番目に置き，矢印の向きに立方体を転がしていくと，左から 7 番目，上から 7 番目まで転がすことができました。

①　最初立方体を置くとき，どの面を上にして矢印をどの方向に向けておけばよいですか，1 つ挙げなさい。（　　　　　　　　　）

②　最初の立方体の置き方は何通りありますか。（　　　）

2 　≪立体図形の性質≫　2 つの円柱 A と B があり，体積は等しいものとします。この円柱の高さの比が 16：9 であるとき，側面積の比を最も簡単な整数の比で表すと，　　　　　　　です。　　（帝塚山中）

3 　≪立体図形の性質≫　1 辺の長さの比が 1：3 である二つの立方体があります。大きい方の立方体の体積は小さい方の立方体の体積の　　　　　　　倍です。　　（京都教大附桃山中）

4　≪立体の体積・表面積≫　右の図は直方体から直方
体を切り取った立体です。この立体の体積は何 cm^3
でしょう。(　　　cm^3)　　　　　　　　(松蔭中)

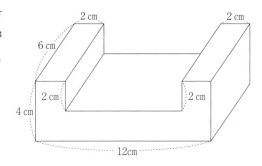

5　≪立体の体積・表面積≫　図は直方体の1つの頂点から直方体を
切り取り，さらに直方体を切り取ったものです。この立体の表面
積は何 cm^2 ですか。(　　　cm^2)　　　　(常翔啓光学園中)

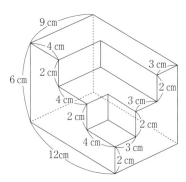

6　≪立体の体積・表面積≫　右の図のしゃ線部分の三角柱は，大きな三角
柱の一部です。しゃ線部分の三角柱の体積は □ cm^3 です。

　　　　　　　　　　　　　　　　　(京都聖母学院中)

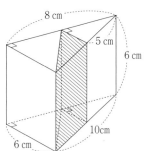

7　≪立体の体積・表面積≫　図の立体は1辺の長さが6cm の立方体から
三角柱を切りとって作ったものです。この立体の体積を求めなさい。

　　　　　(　　　cm^3)　(神戸大学附属中等教育学校)

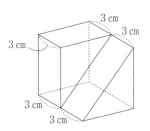

8　≪立体の体積・表面積≫　右の図は，いくつかの直方体と三
角柱を組み合わせた立体です。この立体の体積は何 cm^3 で
すか。(　　　cm^3)　　　　　　　　(帝塚山学院中)

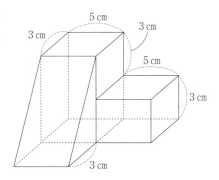

9　≪立体の体積・表面積≫　右のような立体⒜があります。立体⒜は，縦6cm，横10cm，高さ3cmの直方体の上部に，半径3cm，高さ10cmの円柱の半分を接着したものです。

　　立体⒜の体積は何cm³ですか。（　　　　cm³）　　　　（同志社中）

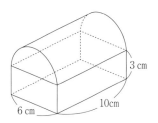

10　≪立体の体積・表面積≫　右図は，高さ20cmの円柱をたてに半分に切ったものを3つ合わせた立体です。大きい方は底面の直径が20cm，小さい方の2つは底面の直径が10cmです。この立体の体積は何cm³ですか。ただし，円周率は3.14とします。（　　　　cm³）　　　　（樟蔭中）

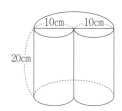

11　≪立体の体積・表面積≫　右の立体の体積を求めなさい。ただし，円周率は3.14として計算しなさい。　　　　（天理中）

　　円柱を切断した立体（　　　　cm³）

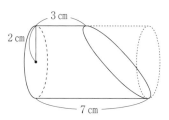

12　≪立体の体積・表面積≫　右の図は，底面の半径が5cmの円柱の上に，底面の半径が3cmの円柱をのせた立体を表しています。この立体の表面積は，□□□cm²です。　　　　（常翔学園中）

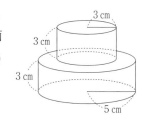

13　≪立体の体積・表面積≫　右の図は，半径3cmの円柱から半径1cmの円柱をくりぬいた立体です。　　　　（浪速中）

(1)　この立体の体積は何cm³ですか。（　　　　cm³）

(2)　この立体の表面積は何cm²ですか。（　　　　cm²）

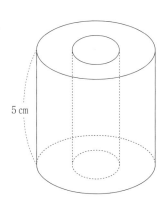

14 《水の深さ》 1辺が20cmの立方体の容器があります。この容器に深さ14cmまで水を入れました。次の問いに答えなさい。 (関大第一中)

(1) 石Aを完全に沈めたところ，水が600cm³こぼれました。石Aの体積は何cm³ですか。

(cm³)

(2) (1)のあと，石Aを容器からとりだし，石Bを完全に沈めたところ，水が500cm³こぼれました。次に，石Bをとりだしました。このとき，水の深さは何cmになりましたか。(cm)

15 《水の深さ》 底面の横の長さが3cm，縦の長さが6cm，高さが9cmの直方体の形をした容器を水平な台に置き，右の図のように底から5cmの高さまで水を入れた。次の問いに答えなさい。 (関西創価中)

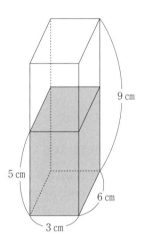

(1) 容器に入っている水の体積を求めなさい。(cm³)

この容器に，1辺が2cmの立方体の形をしたサイコロAを，静かに何個かしずめることにした。ただし，しずめたサイコロは全体が水中に収まっているものとする。

(2) サイコロAの体積を求めなさい。(cm³)

(3) サイコロAを何個かしずめていくと，ちょうど水面の高さと容器の高さが一緒になった。このとき，しずめたサイコロAの個数を求めなさい。(個)

次は，すべてのサイコロAを取り除いた後に，この容器に立方体の形をしたサイコロBを，静かに1個だけしずめた。すると，水面がちょうど1.5cmだけ上昇した。

(4) サイコロBの1辺の長さを求めなさい。(cm)

16 《水の深さ》 底面積が100cm²である直方体の形をした容器に水が440cm³入っています。このとき，次の問いに答えなさい。

(追手門学院大手前中)

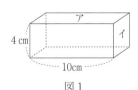

図1

(1) 水面の高さは何cmですか。(cm)

(2) 容器に図1の物体をアの面を下にしてしずめると，水面の高さは1cm上がりました。このとき，アの面の面積は何cm²ですか。(cm²)

(3) (2)の状態から，図2のように同じ物体をもう1つイの面を下にして入れると，水面の高さは何cmですか。(cm)

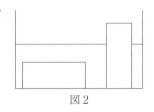

図2

17 ≪水の深さ≫ 3つの直方体の容器A，B，Cがあります。この3つの容器を水平な台の上に置きました。容器A，B，Cの高さはすべて20cmです。また，容器B，Cの底面積はそれぞれ容器Aの底面積の2倍，0.8倍あります。このとき，次の問いに答えなさい。 (奈良学園中)

(1) 容器Aに5cmの高さまで水が入っています。この水をすべて空の容器Bに移しました。容器Bの水面の高さは何cmになりましたか。(　　　cm)

(2) 容器AとBに，水面の高さが同じになるように水を入れました。容器AとBの水をすべて空の容器Cに移したところ，容器Cの水面の高さは15cmになりました。水を移す前の容器Aの水面の高さは何cmでしたか。(　　　cm)

(3) 容器AとBに，水面の高さが同じになるように水を入れました。全く同じ2つのおもりを，1つずつ容器AとBの水に完全に沈めたところ，容器AとBの水面の高さの比は6:5になりました。容器Aの水面の高さはおもりを入れる前の何倍になりましたか。ただし，どちらの容器からも水はこぼれなかったものとします。(　　　倍)

18 ≪水の深さ≫ 以下のような，2つの円柱を組み合わせた容器があります。この容器は，①の向きに置くとふたを開けることができます。ふたをとじて，②の向きに置くこともできます。次の問いに答えなさい。 (大阪女学院中)

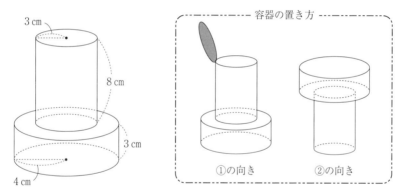

(1) この容器の容積は何cm³か求めなさい。(　　　cm³)

(2) この容器を①の向きに置いてふたを開け，容積の $\frac{3}{4}$ だけ水を入れます。水面の高さは何cmになるか求めなさい。(　　　cm)

(3) (2)の状態からふたをとじ，②の向きに置くと水面の高さは何cmになるか求めなさい。

(　　　cm)

(4) (3)の状態から容器を再び①の向きに置いてふたを開け，水の中にビー玉を5個しずめると，水面の高さが2.5cm上がりました。このビー玉1個分の体積は何cm³か求めなさい。(　　　cm³)

19 ≪展開図≫　図1のような画用紙で作ったサイコロがあります。ただし，サ　　図1
イコロは向かい合う面の目の数を足すと7になるようになっています。

　　図2はこのサイコロを切り開いたものです。4の目（⠿）を解答欄の図に
書き入れなさい。また，3の目を向きに注意して書き入れなさい。　　　　（洛星中）

図2

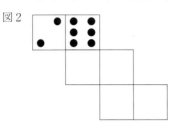

20 ≪展開図≫　図1は，立方体の表面に3本の線をかいたものです。図2は，この立方体の展開図
です。図2に，表面にかいた3本の線をかきなさい。　　　　　　　　　　　　　　（同志社香里中）

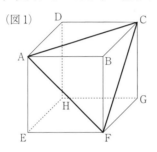

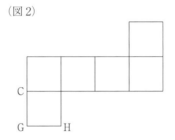

21 ≪展開図≫　下の展開図を組み立ててできる立体の体積を求めなさい。（　　　　cm³）

（初芝富田林中）

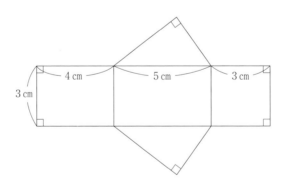

22 ≪展開図≫　右の図は，円柱の展開図です。この展開図を
組み立ててできる円柱の体積は何cm³ですか。ただし，円周
率は3.14とします。（　　　　cm³）　　　　　　　（花園中）

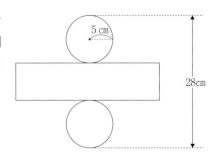

23 ≪直方体・立方体を積んだ形≫　図のように，1辺が5cmの立方体をA，Aを125個使ってできた立方体をBとします。このBのすべての面を青色に塗りました。　　　　　　　　　（親和中）

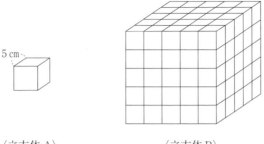

〈立方体A〉　　　　　　　　　　〈立方体B〉

(1)　BをつくっているAのうち，青色が2面だけ塗られているAは何個ありますか。（　　　個）

(2)　BをつくっているAのうち，青色が全く塗られていないAは何個ありますか。（　　　個）

(3)　BをつくっているAのうち，青色が1面だけ塗られているものを全て取り出し，青色が塗られていない面を赤色に塗りました。さらに，これらの立方体一つひとつを，1辺が1cmの立方体125個に切り分けました。1辺が1cmの立方体のうち，赤色が3面塗られているものは何個ありますか。（　　　個）

24 ≪直方体・立方体を積んだ形≫　図のように1辺が1cmの立方体を積み重ねて，大きな直方体を作ります。

直方体の上面とそれに平行な面には赤色を塗り，それ以外の面には青色を塗ります。このとき，次の問いに答えなさい。

（京都女中）

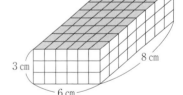

(1)　青い面が2つ，赤い面が1つ塗られている立方体は何個ありますか。（　　　個）

(2)　青い面が2つで，それ以外は何も塗られていない立方体は何個ありますか。（　　　個）

(3)　何も塗られていない立方体は何個ありますか。（　　　個）

(4)　右の図のように，直方体の一部を底までくりぬいて，その内側に青色を塗りました。このとき，青色だけ塗られている立方体は何個ありますか。（　　　個）

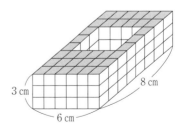

25　≪直方体・立方体を積んだ形≫　1辺が1cmの立方体の面どうしを合わせて立体を作り，図1のように「真上」，「前面」，「右側」から見るとき，次の問いに答えなさい。　　（大阪教大附天王寺中）

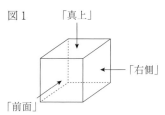

図1

(1)　図1のように「真上」，「前面」，「右側」から見たとき，すべて図2のように見える立体を作ります。図2で表される立体の体積のうち，最も大きい値を求めなさい。（　　　　cm^3）

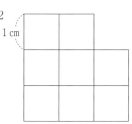

図2

(2)　図1のように「真上」，「前面」，「右側」から見たとき，すべて図3のように見える立体を作ります。図3で表される立体の体積のうち，最も大きい値を求めなさい。（　　　　cm^3）

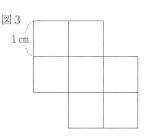

図3

26　≪角すい・円すい≫　右の図は三角すいの展開図で，四角形ABCDは1辺が12cmの正方形である。また，M，Nは，それぞれ辺AB，ADのまん中の点である。この三角すいの体積は[　　　　]cm^{3}である。ただし，三角すいの体積は「(底面積)×(高さ)÷3」で求められる。　　（金蘭千里中）

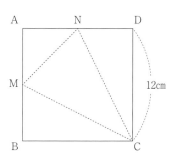

27　≪角すい・円すい≫　図1の円すいを展開すると，図2のようになります。このとき，次の問いに答えなさい。ただし，円周率は3.14とします。　　（報徳学園中）

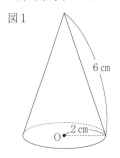

図1

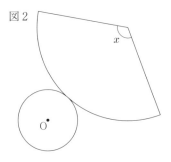

図2

(1)　図2の角 x の大きさは何度ですか。（　　　　）

(2)　この円すいの表面積は何cm^{2}ですか。（　　　　cm^2）

28 ≪立体の切断≫　右の図は，1 辺の長さが 6 cm の立方体 ABCD
—EFGH であり，点 P，Q，R はそれぞれ辺 BF，CG，DH 上の
点で，四角形 EPQR は平行四辺形である。FP の長さが 1 cm，HR
の長さが 3 cm であるとき，次の問いに答えなさい。　　　（明星中）

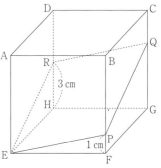

(1)　GQ の長さを求めなさい。（　　　cm）

(2)　この立方体の展開図に，平行四辺形 EPQR の辺が正しく記入
　　されたものを，(ア)〜(エ)の中から 1 つ選びなさい。（　　　）

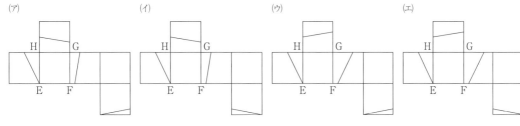

(3)　この立方体を平行四辺形 EPQR で 2 つの立体に分けたとき，

　　①　点 F をふくむ方の立体の体積を求めなさい。（　　　cm³）

　　②　2 つに分けた立体の表面積の差を求めなさい。（　　　cm²）

29　≪立体の切断≫　同じ大きさの立方体を，白いねん土で 13 個，黒いねん土で 14 個作りました。図
1 は，これらを同じ色がとなり合わないように並べてできた立方体 X です。立方体 X を，3 点 A，
B，C を通る平面で切ったときの切り口は，図 2 の①〜⑥のどれになりますか。一つ選び番号で答
えなさい。（　　　）

（同志社香里中）

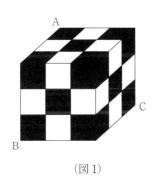

（図 1）

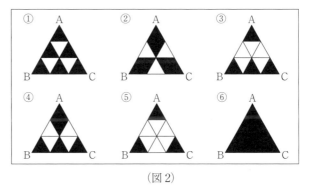

（図 2）

30　《立体の切断》　右の図のように，3 辺の長さが 6 cm，8 cm，

10cm である直角三角形を底面とする高さが 10 cm の三角柱があ

ります。AF と CD の交点を O とし，辺 CF 上に点 P をとりま

す。このとき，次の問いに答えなさい。　　　　　（関西大学北陽中）

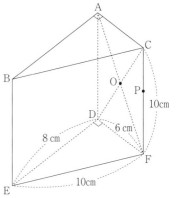

(1)　この立体を 3 点 B，C，D を通る平面で切断します。点 A が

ふくまれる立体の体積を答えなさい。（　　　 cm³）

(2)　この立体を 3 点 O，B，P を通る平面で切断します。FP ＝

5 cm のとき，点 A がふくまれる立体の体積を答えなさい。

（　　　 cm³）

(3)　この立体を 3 点 O，E，P を通る平面で切断します。FP ＝ 2 cm のとき，点 F がふくまれる立

体の体積を答えなさい。（　　　 cm³）

31　《立体の切断》　図の直方体 ABCD—EFGH について，辺 AD，AE，EF の

長さはそれぞれ 1 cm，2 cm，1 cm です。また，点 I は辺 CD の真ん中の点で

す。3 点 A，F，I を通る平面でこの直方体を切り分けたとき，点 C を含む方

の立体の体積は，他方の立体の体積の［　　　］倍です。　　　　　（灘中）

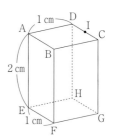

32　《立体の切断》　右の図のような三角柱があります。　　　　（洛星中）

(1)　この三角柱を 3 点 B，D，F を通る平面で切ったとき，できる立

体のうち点 C を含む立体の体積を求めなさい。（　　　 cm³）

(2)　3 点 B，D，F を通る平面と，3 点 A，E，F を通る平面で同時に

切ったとき，できる立体のうち 3 点 A，D，F をすべて含む立体の

体積を求めなさい。（　　　 cm³）

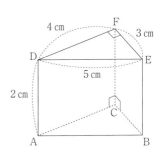

$\boxed{33}$ ≪回転体≫ 図のような色のついた長方形を，直線 ℓ のまわりに1回転させて立体をつくります。この立体の体積は $\boxed{\text{ア}}$ cm³，表面積は $\boxed{\text{イ}}$ cm² です。ただし，円周率は 3.14 とします。 （近大附中）

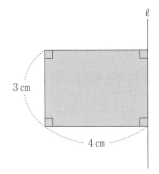

$\boxed{34}$ ≪回転体≫ 右の図のような，かげをつけた部分の図形を，直線 M の周りに一回転させたときの体積は $\boxed{}$ cm³ です。

（京都先端科学大附中）

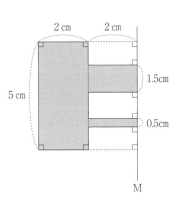

$\boxed{35}$ ≪回転体≫ 下の図について，次の問いに答えなさい。 （桃山学院中）

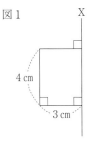 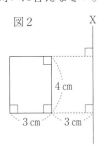 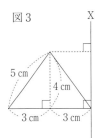

(1) 図1を直線 X について1回転させてできる立体の体積を求めなさい。（ cm³）

(2) 図2を直線 X について1回転させてできる立体の体積を求めなさい。（ cm³）

(3) 図3を直線 X について1回転させてできる立体の体積を求めなさい。（ cm³）

9 文章題

1 ≪和差算≫ 和が 73，差が 15 である 2 つの整数のうち，大きい方の整数は ▢ です。

(大阪桐蔭中)

2 ≪和差算≫ かおるさんの国語と算数のテストの点数の平均は 83 点で，国語は算数より 16 点低いそうです。このとき，算数のテストは ▢ 点です。 (大阪薫英女中)

3 ≪和差算≫ 連続した 3 つの偶数があり，それらの和は 78 です。このとき，連続した 3 つの偶数の中で一番小さい偶数は何ですか。（   ） (京都橘中)

4 ≪和差算≫ ある連続する 7 つの整数があります。これらの数をすべて足すと，1148 になりました。この連続する整数のうち，最も小さい数は ▢ です。 (京都先端科学大附中)

5 ≪和差算≫ あるテストを A，B，C の 3 人が受けました。A は B より 12 問多く正解し，B は C より 4 問多く正解しました。3 人の正解数の合計が 80 問であるとき，B の正解数は何問でしたか。

（   問） (大谷中－大阪－)

6 ≪和差算≫ A さんは B さんよりも 200 円多く所持金を持ち，B さんは C さんよりも 300 円多く所持金を持っています。A さん，B さん，C さんの所持金の合計は 3200 円です。A さんの所持金は何円ですか。（   円） (開明中)

7 ≪和差算≫ クリスマス会をするために，A さんがお菓子，B さんが飲み物，C さんがカードを買ってきました。3 人は最初同じ金額をもっていましたが，残金が同じになるように，B さんは A さんに 40 円，C さんは A さんに 250 円渡しました。お菓子と飲み物の合計金額は 3010 円でした。カードの代金は何円ですか。（   円） (三田学園中)

8 ≪消去算≫ みかん 3 個とりんご 1 個を買うと 280 円です。りんご 1 個の値段はみかん 1 個の値段より 40 円高いとき，みかん 1 個の値段は何円ですか。（　　　円）　　　　　　　　（浪速中）

9 ≪消去算≫ あるパン屋で，□□□□□ 円のメロンパンを 3 個と，メロンパンの 2 倍の値段のサンドウィッチ 2 個を買うとき，代金は 1050 円である。　　　　　　　　　　　　　　　（履正社中）

10 ≪消去算≫ ケーキ 3 個とプリン 2 個を買うと 3080 円です。ケーキ 4 個とプリン 6 個を買うと 5040 円です。ケーキ 1 個とプリン 1 個の値段はそれぞれ何円でしょう。　　　　　（松蔭中）
　　ケーキ（　　　円）　プリン（　　　円）

11 ≪消去算≫ 200 円を持って商店に行きました。ノート 1 冊とえんぴつ 1 本を買うと 160 円，ノート 1 冊と消しゴム 1 個を買うと 135 円，えんぴつ 1 本と消しゴム 1 個を買うと 115 円です。ノート 1 冊を買うとき，残るお金は何円ですか。（　　　円）　　　　　　　　　（四條畷学園中）

12 ≪消去算≫ 整数 A，B，C があり，A と B の和は 65，B と C の和は 76，C と A の和は 103 です。　　　　　　　　　　　　　　　　　　　　　　　　　　　　　　　　　（帝塚山学院中）
　(1) A と B と C の和はいくつですか。（　　　）
　(2) A，B，C のうち，1 番小さい整数と 1 番大きい整数の差はいくつですか。（　　　）

13 ≪消去算≫ ある水族館では，大人も子どもも休日の入場料が平日の 1 割増しになります。この水族館に大人 2 人と子ども 1 人が平日に行くと入場料の合計は 7500 円，大人 10 人と子ども 4 人が休日に行くと入場料の合計は 39600 円になります。休日の大人 1 人と子ども 1 人の入場料はそれぞれいくらですか。大人（　　　円）子ども（　　　円）　　　　　　　（清風中）

14 ≪差集め算・過不足算≫　子どもたちにペンを配ることにしました。4本ずつ配ると12本あまり，6本ずつ配ると2本たりませんでした。子どもの人数を求めなさい。(　　　　)　　　　　(啓明学院中)

15 ≪差集め算・過不足算≫　あるクラスで何枚かの折り紙を生徒に配るとき，1人に8枚ずつ配ると49枚足りなくなり，1人に6枚ずつ配ると19枚余りました。このとき，折り紙は全部で何枚ありますか。(　　　枚)　　　　　(関西大学中)

16 ≪差集め算・過不足算≫　生徒が長いすにすわるのに，1つのいすに5人ずつすわると26人がすわれませんでした。1つのいすに7人ずつすわると，2人がすわれませんでした。このとき，いすは ア   脚あり，生徒は イ   人です。　　　　　(雲雀丘学園中)

17 ≪差集め算・過不足算≫　何人かの子どもに色紙を配るのに，1人に6枚ずつ配ると，色紙が42枚余ります。また，1人に10枚ずつ配ると，1枚も色紙をもらっていない子どもが3人で，色紙が4枚余ります。このとき，色紙は   枚です。　　　　　(常翔学園中)

18 ≪差集め算・過不足算≫　6年生全員が長いすに座ります。1台の長いすに4人ずつ座ると，7人が座れません。また，1台の長いすに5人ずつ座ると，最後の長いすには3人が座り，2台の長いすがあまります。6年生は全部で何人いますか。(　　　人)　　　　　(聖心学園中)

19 ≪差集め算・過不足算≫　えんぴつが   本あります。何人かの子どもに1人8本ずつ配ると8本足りませんでした。子どもが10人増えたので，1人5本ずつ配ると35本余りました。　(甲南中)

20 ≪差集め算・過不足算≫　太郎君は1本の値段が   円のペンを5本買う予定でしたが，所持金が120円足りませんでした。代わりに，1本の値段が予定していたものより100円安いペンを7本と60円の消しゴムを1個買ったところ，ちょうど所持金を使い切りました。　　　(灘中)

21 ≪差集め算・過不足算≫　Aさん，Bさん，Cさんの3人がキャンプに行くことになりました。A さんはおかしを買い，Bさんは飲み物を買い，Cさんは駅からキャンプ場まで行くために乗ったタクシーの代金を支払いました。これらのすべての費用を3人で平等に払うために，AさんはBさんから500円もらい，BさんはCさんに200円払いました。おかしの代金は，飲み物の代金の3倍にタクシー代を加えた金額と等しかったそうです。Aさんが買ったおかしの代金を答えなさい。

（　　　　円）（関西大学北陽中）

22 ≪差集め算・過不足算≫　A君は，8月1日から算数の問題を1日に8問ずつ解き，8月31日までに合計248問解くことにしました。ところが，何日か経った後に旅行に行くことになり，旅行中は問題を解かず，帰ってきた翌日から再び問題を解くことになりました。旅行後は1日に14問ずつ解くことにすると，31日にも14問解いてすべて解き終わります。また，旅行後は1日に12問ずつ解くことにすると，31日に12問解いてもまだ16問が残ることになります。

旅行に行っていたのは何日間ですか。（　　　　日間）　　　　　（洛星中）

23 ≪つるかめ算≫　次の問いに答えなさい。

(1) 1個25円のりんごと，1個18円のみかんを合わせて27個買い，570円はらいました。りんごは何個買いましたか。（　　　個）　　　　　（上宮学園中）

(2) 1個50円のクッキーと1個30円のガムがある。クッキーとガムを合計で15個買うと590円であった。このとき，クッキーは　　　　個買ったこととなる。　　　　　（金蘭千里中）

24 ≪つるかめ算≫　1個80円のみかんと1個130円のりんごをあわせて15個買うと，代金は1600円でした。みかんとりんごをそれぞれ何個買ったでしょう。みかん（　　　個）　りんご（　　　個）

（松蔭中）

25 ≪つるかめ算≫　容器に一定の割合で水を入れる給水管と，一定の割合で水を出す排水管があります。排水管を閉じた状態でこの給水管を開くと，空の容器が30分で満水になり，給水管を閉じた状態で排水管を開くと，40分で満水の容器が空になります。排水管を開いてから給水管で空の容器に水を入れ始め，途中で排水管を閉じると満水になるまで39分かかりました。排水管を閉じたのは水を入れ始めてから何分後か答えなさい。（　　　　分後）　　　　　（立命館中）

26 ≪つるかめ算≫　あるケーキ屋が 1 個あたり原価 180 円のケーキを，定価 250 円で売りました。この店では，15 時以降はケーキを定価の 1 割引きで販売します。ある日の利益は 6900 円で，15 時までに売れた数は 15 時以降に売れた数の 1.5 倍でした。15 時までに売れた数は何個ですか。ただし，消費税は考えないものとします。（　　　個）

（京都橘中）

27 ≪つるかめ算≫　なみえさんは，国語と算数と理科の問題集を買いに，ある本屋へ行きました。あとの(1)～(3)の問いに答えなさい。

（初芝富田林中）

(1)　なみえさんが気に入った問題集が，国語で 4 冊，算数で 3 冊，理科で 3 冊ありました。この中から各教科 1 冊ずつ買うとすると，何通りの買い方がありますか。求めなさい。（　　　通り）

(2)　買い物を終えたとき，財布の中には 50 円玉，100 円玉，500 円玉が 2 枚ずつ合計 6 枚ありました。財布の中にあるお金を 4 枚使ってできる金額をすべて答えなさい。（　　　　　　　　　）

(3)　なみえさんは，家で 50 円玉，100 円玉，500 円玉だけで貯金をしています。今回の買い物を終えて財布の中に残っていた②のお金を合わせると，合計で 20 枚になり，金額は 4400 円になりました。500 円玉の枚数が 100 円玉の枚数より 2 枚多いとき，50 円玉は何枚ありますか。求めなさい。（　　　枚）

28 ≪つるかめ算≫　あきらさんは先月に，1 個 150 円のみかん，1 個 200 円のりんご，1 個 250 円のももをあわせて 31 個買ったところ，その合計金額は 6300 円であった。

　あきらさんは今月も，これらの果物をそれぞれ先月と同じ個数ずつ買ったところ，ももの値段は変わらなかったが，みかんが 1 個 180 円，りんごが 1 個 230 円に値上がりしていたので，合計金額は 6840 円であった。

　このとき，次の問いに答えなさい。

（明星中）

(1)　あきらさんが先月に買ったももの個数を求めなさい。（　　　個）

(2)　あきらさんが先月に買ったみかんの個数を求めなさい。（　　　個）

29 ≪集合算≫　全児童数が [　　　　] 人のクラスで，A，B の 2 問の小テストを行ったところ，A ができた児童は 19 人，B ができた児童は 23 人，A と B の両方ができた児童は 11 人，両方できなかった児童は 4 人でした。

（常翔学園中）

30 ≪集合算≫ 500人の児童のうち，カレーが好きな人が72％，ハンバーグが好きな人が86％，ハンバーグもカレーも好きではない人が11％いました。カレーもハンバーグも好きな人は何人いるか求めなさい。（　　　　人）

(大阪女学院中)

31 ≪集合算≫ ある中学校の生徒全員に，予防接種Aと予防接種Bをそれぞれ受けたかどうか調査したところ，Aを受けた生徒は全体の80％で，Aを受けた生徒のうちBも受けた生徒は68％でした。また，Bを受けた生徒のうちAも受けた生徒は85％でした。次の問いに答えなさい。

(智辯学園中)

(1) A，Bの両方を受けた生徒は全体の何％ですか。（　　　　％）

(2) Bを受けた生徒は全体の何％ですか。（　　　　％）

(3) Bだけ受けた生徒は36人でした。この中学校の生徒は何人ですか。また，AもBも受けていない生徒は何人ですか。中学校の生徒（　　　　人）　AもBも受けていない生徒（　　　　人）

32 ≪集合算≫ ある中学校で，肉と野菜の好ききらいについてアンケートをとったところ，次の結果が得られました。

㋐ 肉だけが好きな生徒と，野菜だけが好きな生徒と，両方とも好きな生徒の人数をあわせると380人になります。

㋑ 肉が好きな生徒の $\frac{1}{7}$ は野菜も好きです。

㋒ 野菜が好きな生徒の $\frac{9}{41}$ は肉も好きです。

(甲南中)

(1) 肉と野菜の両方とも好きな人数と，野菜だけが好きな人数の比を求めなさい。（　　　　）

(2) 肉と野菜の両方とも好きな人数を求めなさい。（　　　　人）

33 ≪集合算≫ 赤色または青色の四角形の紙と，赤色または青色の三角形の紙があわせて315枚あります。このうち，青色の紙が120枚，四角形の紙が111枚，赤色の三角形の紙が109枚あるとき，青色の四角形の紙は全部で何枚ありますか。（　　　　枚）

(京都橘中)

34 ≪年れい算≫ 次の問いに答えなさい。

(1) (1) Aさんは12才で，弟は5才です。2人の年れいの比が3：2になるのは□□□□年後です。

(京都先端科学大附中)

(2) Aさんは12才で，姉は15才です。2人の年れい比が2：3であったのは□□□□年前です。

(京都先端科学大附中)

35　≪年れい算≫　現在お母さんは 41 才，子どもは 13 才です。お母さんの年れいが，子どもの年れいの 2 倍となるのは何年後ですか。（　　　年後）　　　　　　　　　　　　　（大谷中－大阪－）

36　≪年れい算≫　いま父は 40 さいで，3 人の子どもは 6 さいと 10 さいと 12 さいです。3 人の子どもの年れいの合計が，父の年れいと等しくなるのは何年後か求めなさい。（　　　年後）　　　（滝川中）

37　≪年れい算≫　現在，父の年れいは 48 才，姉は 17 才，弟は 13 才です。　　　　　　　（関西創価中）
（1）　父の年れいと，姉と弟の年れいの和が等しくなるのは，何年後ですか。（　　　年後）
（2）　父と母の年れいの和と，姉と弟の年れいの和の比は，16：5 です。母の年れいは何才ですか。
　　　（　　　才）

38　≪年れい算≫　5 年前，私と弟の年令の和は，父の年令の 3 分の 1 でした。17 年後には，私と弟の年令の和は，父の年令と等しくなります。今，私は 12 才です。
　　現在，父は何才ですか。（　　　才）　　　　　　　　　　　　　　　　　　　　　　　（同志社中）

39　≪植木算≫　480m の道路沿いに 24m おきに木を植えました。木は全部で何本植えたか求めなさい。ただし，道路の両はしにも木は植えることにします。（　　　本）　　　　　　（プール学院中）

40　≪植木算≫　ある大通りに電灯を 5m 間隔で端から端まで立てていくと，ちょうど 17 本設置することができました。この大通りの長さは _____ m です。また，1 周 200m の池の周りに電灯を _____ m 間隔で立てていくとちょうど 25 本設置することができました。　　　　　　　（神戸海星女中）

41　≪植木算≫　まわりの長さが（　　　）m である池のまわりに木を植えるとき，5m 間隔と 3m 間隔では，必要な木の本数が 50 本違います。　　　　　　　　　　　　　　　（奈良学園登美ヶ丘中）

42 《ニュートン算》 9:00 開園の美術館があります。この美術館の窓口には，8:30 から毎分 6 人の割合で人が並びます。開園と同時に 1 つの窓口でチケットを販売したところ，行列がなくなるのに 30 分かかりました。開園と同時に 3 つの窓口でチケットを販売したら，何分で行列がなくなりますか。（　　　分）

(桃山学院中)

43 《ニュートン算》 ある牧草地では 1 日に生える草の量は一定で，牛 1 頭が 1 日に食べる草の量も一定である。牧草地に牛を放牧するとき，25 頭では 80 日で草を食べつくし，40 頭では 20 日で草を食べつくす。このとき，次の問いに答えなさい。ただし，牛を放牧するとき，初めに生えている草の量はいつも同じとする。

(金蘭千里中)

(1) 牛 1 頭が 1 日に食べる草の量を 1 とすると，1 日に生える草の量はいくらですか。（　　　　）

(2) 30 頭の牛では，何日で牧草を食べつくしますか。（　　　日）

(3) 7 日間何頭かの牛を放牧したのち，そのうち 10 頭の牛を小屋にいれて牧草地の草を食べられないようにすると，初めから 22 日で草は食べつくされた。初めに放牧した牛は何頭ですか。

（　　　頭）

44 《当選に関する問題》 ある学年で委員を決めるために選挙をしました。委員の定員は 3 名ですが候補者が 5 名おり，右の表は一部を開票した結果です。

(雲雀丘学園中)

候補者	得票数
A	52
B	40
C	31
D	21
E	14
未開票	15
計	173

(1) この時点で当選が確実であるのはだれですか。該当する人をすべて答え，またその理由を説明しなさい。

　　理由（　　　　　　　　　　　　　　　　　　　　　　　　　　　　　　）

　　答え（　　　　　　）

(2) あと何票とれば A は単独 1 位で当選できますか。（　　　票）

(3) D が確実に当選するためには，少なくともあと何票とらなければなりませんか。（　　　票）

45 《おまけに関する問題》 おかし 1 個とひきかえ券 1 枚が入っているふくろが 1 個 10 円でたくさん売られています。ひきかえ券は A と B の 2 種類があります。ひきかえ券 A 3 枚とひきかえ券 B 2 枚を集めると，このふくろ 1 個と交換できます。例えば，30 個ふくろを買い，ひきかえ券 A 15 枚とひきかえ券 B 15 枚が入っていたとすると，ふくろ 5 個と交換することができます。さらに，交換したふくろの中にひきかえ券 A 3 枚とひきかえ券 B 2 枚が入っていたとすると，ふくろ 1 個と交換することができるので，全部で 36 個のおかしが手に入り，ひきかえ券が 6 枚残ります。次の問いに答えなさい。

(智辯学園和歌山中)

(1) 1000 円でふくろを買うとき，もっとも多くていくつのおかしを手に入れられますか。

（　　　個）

(2) 1000 円でふくろを買い，ひきかえ券を新しいふくろと交換したとき，最後にひきかえ券が 16 枚残りました。おかしはいくつ手に入れられましたか。（　　　個）

1　《規則性の問題》　下のように，ある規則にしたがって文字が並んでいます。次の問いに答えましょう。

(松蔭中)

ABCDCBAABCDCBAABCDCBAAB……

(1) はじめから30番目の文字を答えましょう。（　　　）

(2) はじめから50番目までにAは何個あるでしょう。（　　　個）

(3) はじめから数えて10個目のDは，はじめから何番目でしょう。（　　　番目）

2　《規則性の問題》　次のようにある規則にしたがって，左からアルファベットが並んでいます。

(武庫川女子大附中)

MUKOJYOMUKOJYOMUKOJYOMUKOJYO……

(1) 左端から数えて223番目のアルファベットは何ですか。（　　　）

(2) 全部で158個のアルファベットが並んでいるとき，その中にOは何個ありますか。（　　　個）

(3) Oの個数が全部で41個で，右端のアルファベットがJになるように並べるとき，全体の真ん中にくるアルファベットは何ですか。（　　　）

3　《規則性の問題》　縦2cm，横3cmの長方形を次の図のように横一列に並べていきます。この長方形を50個並べてできる図形の周の長さは　　　　　　cm です。　　　　(関西大倉中)

4　《規則性の問題》　図のように，1辺の長さが3cmの正方形の紙をつなげてかざりをつくります。このとき，次の問いに答えなさい。ただし，のりしろ部分は1辺の長さが1cmの正方形とします。

(報徳学園中)

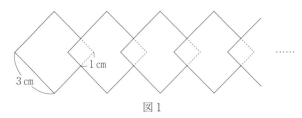

1 cm

3 cm

図1

(1) 正方形の紙を7枚つなげたとき，かざり全体の面積は何 cm² になりますか。（　　　cm²）

(2) かざり全体のまわりの長さが300cmになるのは，正方形の紙を何枚つなげたときですか。

（　　　枚）

⑤ ≪規則性の問題≫ 下の図のように，1辺に同じ個数の●が並ぶように正方形を作ります。次の問いに答えなさい。
(関大第一中)

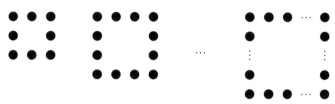

(1) 1辺に7個の●が並ぶとき，●は全部で何個必要ですか。（　　　個）

(2) 1つの正方形を作るのに，●が2024個必要になるとき，1辺に並ぶ●の個数は何個ですか。

（　　　個）

⑥ ≪規則性の問題≫ 右の図のように，石を正方形状に並べていきます。正方形を7個作るとき，石は何個必要ですか。（　　　個）　　（開智中）

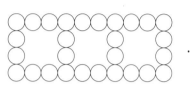

⑦ ≪規則性の問題≫ 下図のように，マッチぼうをある規則にしたがって並べていきます。このとき，次の問いに答えなさい。
(樟蔭中)

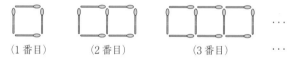

（1番目）　　（2番目）　　（3番目）　　…

(1) 5番目の図形には，マッチぼうは何本必要ですか。（　　　本）

(2) マッチぼう100本を使う図形は何番目ですか。（　　　番目）

⑧ ≪規則性の問題≫ マッチ棒を下の図のように並べていきます。2段の図形に使うマッチ棒は9本です。次の問いに答えなさい。
(同志社香里中)

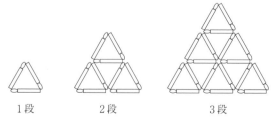

1段　　2段　　3段

(1) 5段の図形に使うマッチ棒は何本ですか。（　　　本）

(2) 10段の図形に使うマッチ棒は，9段の図形に使うマッチ棒より何本多いですか。（　　　本）

(3) マッチ棒を570本使うのは，何段の図形ですか。（　　　段）

9 ≪規則性の問題≫　下の図のように2種類の正三角形△，▼をある規則にしたがって並べていきます。次の問いに答えなさい。　　　　　　　　　　　　　　　　　　　（プール学院中）

(1) 5番目の図形に使われている△と▼は合わせて何個あるか求めなさい。（　　　個）

(2) 6番目の図形と7番目の図形に使われている▼の個数の差を求めなさい。（　　　個）

(3) 100番目の図形に使われている△は何個あるか求めなさい。（　　　個）

10 ≪規則性の問題≫　次の図のような規則に従ってボールを並べます。

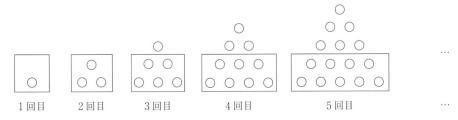

　　上の図のように，四角形にふくまれるボールの個数を「下のボールの個数」と呼び，それ以外のボールの個数を「上のボールの個数」と呼びます。例えば，4回目の図において下のボールの個数は7個，上のボールの個数は3個です。このとき，次の各問いに答えなさい。　　（京都先端科学大附中）

(1) 6回目の図において並んでいる全てのボールの個数を求めなさい。（　　　個）

(2) 下のボールの個数が19個になるのは何回目ですか。この問題は，式や考え方も書きなさい。

　　式や考え方（　　　　　　　　　　　　　　　　　　　　　　　　　　　　）

　　答（　　　回目）

(3) 上のボールの個数が55個になるのは何回目ですか。（　　　回目）

(4) 上のボールの個数が，21回目の全てのボールの個数と等しくなるのは何回目ですか。

　　　　　　　　　　　　　　　　　　　　　　　　　　　　　　（　　　回目）

(5) 2024回目の全てのボールの個数から，2023回目の上のボールの個数をひいた数は　　　　です。　　　　に当てはまる数を求めなさい。（　　　　）

11 ≪規則性の問題≫ 図1のように，1から9の番号が
書かれた9枚の板の上に，白色を上にしたオセロが並
んでいます。それぞれのオセロは，次のルールで裏がえ
すようにします。

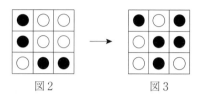

図1 番号の位置（左）とオセロの状態（右）

【ルール】

　ひとつのオセロを裏がえすと，それを含む縦と横の列にあるすべてのオセロも裏がえす。例えば，図2の「6」番にあるオセロを裏がえすと，図3のようになり，裏がえした回数は合計5回となる。

図2　　　　　図3

　このとき，次の問いに答えなさい。解答にも白色は「○」，黒色は「●」を用いることとします。

（常翔学園中）

(1) 図1を最初の状態として，「2→1→8」の順にオセロを裏がえしたとき，最後のオセロの状態を答えなさい。

(2) (1)のとき，オセロを全部で合計何回裏がえしたか答えなさい。（　　　回）

(3) 図1を最初の状態として，「1→3→5→7→9→1→　…　」の順に奇数番号にあるオセロを48回裏がえしたとき，最後のオセロの状態を答えなさい。

12 ≪規則性の問題≫ 次の問いに答えなさい。 （甲南中）

(1) 平面の上に，どこまでものびるまっすぐな線が3本あります。どの2本も平行でなく，3本が同じ点を通ることはありません。この3本の線によって交わる点は何個できますか。（　　　個）

(2) 平面の上に，どこまでものびるまっすぐな線が4本あります。どの2本も平行でなく，3本が同じ点を通ることはありません。この4本の線によって交わる点は何個できますか。（　　　個）

(3) 平面の上に，どこまでものびるまっすぐな線が5本あります。どの2本も平行でなく，3本が同じ点を通ることはありません。この5本の線によって交わる点は何個できますか。（　　　個）

(4) 平面の上に，どこまでものびるまっすぐな線が100本あります。どの2本も平行でなく，3本が同じ点を通ることはありません。この100本の線によって交わる点は何個できますか。

（　　　個）

13　≪条件を考える問題≫　毎日 10 円こう貨を 1 枚ずつ貯金箱に貯金していき，10 円こう貨が 5 枚になれば 50 円こう貨 1 枚と，50 円こう貨が 2 枚になれば 100 円こう貨 1 枚と，100 円こう貨が 5 枚になれば 500 円こう貨 1 枚と交換する。このとき，次の問いに答えなさい。　　　　　　　　　　　　（明星中）

(1)　10 円こう貨，50 円こう貨，100 円こう貨，500 円こう貨がちょうど 1 枚ずつになるのは，貯金を始めてから何日目ですか。（　　　　日目）

(2)　貯金を始めてから 366 日目には，10 円こう貨，50 円こう貨，100 円こう貨，500 円こう貨は，それぞれ何枚ずつありますか。

10 円こう貨（　　　　枚）　50 円こう貨（　　　　枚）　100 円こう貨（　　　　枚）

500 円こう貨（　　　　枚）

(3)　こう貨の合計枚数がはじめて 7 枚になるのは，貯金を始めてから何日目ですか。（　　　　日目）

14　≪条件を考える問題≫　異なる 5 つの整数を，小さい方から順に並べて，a, b, c, d, e とします。この 5 つの数について，次のことがわかっています。

①　となり合う 2 つの数の和は，158，187，201，212 です。

②　a は 3 で割り切れます。

このとき，次の問いに答えなさい。　　　　　　　　　　　　（淳心学院中）

(1)　$c - a =$ ［ ア ］，$d - b =$ ［ イ ］，$e - c =$ ［ ウ ］です。［ ア ］，［ イ ］，［ ウ ］にあてはまる数を答えなさい。ア（　　　　）イ（　　　　）ウ（　　　　）

(2)　b を 3 で割ったときの余りは ［ エ ］，c を 3 で割ったときの余りは ［ オ ］，d を 3 で割ったときの余りは ［ カ ］，e を 3 で割ったときの余りは ［ キ ］です。［ エ ］，［ オ ］，［ カ ］，［ キ ］にあてはまる数を答えなさい。エ（　　　　）オ（　　　　）カ（　　　　）キ（　　　　）

(3)　a, b, c, d, e の値を答えなさい。

$a = ($　　　　$)$　$b = ($　　　　$)$　$c = ($　　　　$)$　$d = ($　　　　$)$　$e = ($　　　　$)$

15 ≪条件を考える問題≫　よこの枚数がたての枚数よりも1枚だけ多くなるようにコインをすべて表向きにならべ，次のきまりにしたがってコインを裏返します。

〔きまり〕

はじめに一番左上のコインを裏返し，そこから順に，右，下，右，下，……と裏返します。一番右下のコインを裏返したところで終了します。

例えば，図1のようにたてに2枚，よこに3枚ならべた場合は4枚のコインを，図2のようにたてに4枚，よこに5枚ならべた場合は8枚のコインを裏返すことになります。

これについて，次の問いに答えなさい。

（上宮学園中）

図1

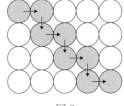
図2

○ 表
○ 裏

(1) はじめにたての枚数が10枚になるようにコインをならべ，きまりにしたがって最後までコインを裏返したとき，何枚のコインを裏返すことになりますか。（　　　枚）

(2) はじめによこの枚数が16枚になるようにコインをならべ，きまりにしたがって最後までコインを裏返したとき，表向きのコインは何枚ありますか。（　　　枚）

(3) はじめにたての枚数が ア 枚になるようにコインをならべ，きまりにしたがって最後までコインを裏返したとき，表向きのコインは462枚でした。 ア にあてはまる数を答えなさい。

（　　　　）

(4) はじめによこの枚数が イ 枚になるようにコインをならべ，きまりにしたがって最後までコインを裏返したとき，表向きのコインは裏向きのコインの枚数の15倍でした。 イ にあてはまる数を答えなさい。（　　　）

16 ≪条件を考える問題≫　右の図のように，1から40までの整数の書かれたカードが1枚ずつあり，1から40まで順に1が一番上になるように積みあがっています。これを山札と呼びます。この状態のとき，一番上のカードは1で，一番下のカードは40です。今から，山札の1番上のカードを取り除き，2番目のカードを1番下に移動させるという作業をくり返し行います。このとき，次の問題に答えなさい。

（神戸龍谷中）

(1) 山札から10枚取り除かれたとき，1番上のカードに書かれた数は何ですか。（　　　）

(2) 最初に取り除かれる偶数の書かれたカードは何ですか。（　　　）

(3) 一番最後まで山札に残るカードは何ですか。（　　　）

[17] 《推理の問題》　A さん，B さん，C さんが，次のルールにしたがって[1]～[100]までの整数が書かれたカードから D さんが引いたカードの数を当てるゲームをしています。

> ・3 人は，どの数が出るかをそれぞれ予想する。その後，D さんがカードを 1 枚引く。このカードに書かれている数を，「当たりの数」と呼ぶことにします。
>
> ・3 人がそれぞれ予想した数と，当たりの数の差を計算する。この差を「予想の差」と呼ぶことにします。
>
> ・予想の差が小さい人から順位が決まる。
>
> ・予想の差が等しい場合は，同じ順位とする。

　例えば，A さんが 30，B さんが 40，C さんが 60 と予想したときを考えます。

　当たりの数が 33 だったとき，3 人の予想の差はそれぞれ 3，7，27 となるので，A さんが 1 位，B さんが 2 位，C さんが 3 位となります。

　当たりの数が 35 だったとき，3 人の予想の差はそれぞれ 5，5，25 となるので，A さんと B さんが 1 位，C さんが 3 位となります。

　当たりの数が 45 だったとき，3 人の予想の差はそれぞれ 15，5，15 となるので，B さんが 1 位，A さんと C さんが 2 位となります。

　このとき，次の各問いに答えなさい。　　　　　　　　　　　　　　　　（京都先端科学大附中）

(1)　A さんが 35，B さんが 43，C さんが 72 と予想しました。

　①　当たりの数が 55 だったとき，3 人の順位を求めなさい。

　　　A（　　　位）B（　　　位）C（　　　位）

　②　当たりの数が 39 だったとき，3 人の順位を求めなさい。

　　　A（　　　位）B（　　　位）C（　　　位）

(2)　A さんが 35，B さんが 43，C さんが 72 と予想し，A さんが 1 位，B さんが 2 位，C さんが 3 位でした。このとき，当たりの数として当てはまるものは何通りあるか求めなさい。（　　　通り）

(3)　A さんが 35，B さんが 43，C さんが 72 と予想し，B さんが 1 位，C さんが 2 位，A さんが 3 位でした。このとき，当たりの数として当てはまるものは何通りあるか求めなさい。（　　　通り）

(4)　A さんが 20，B さんが 30，C さんが ［　　　］と予想し，当たりの数が 27 でした。その結果，C さんは 2 位でした。［　　　］に当てはまる数は何通りあるか求めなさい。（　　　通り）

[18] 《推理の問題》　A，B，C，D の 4 人が 50m 競走をしました。4 人の順位について，次の 3 つのことがわかりました。

　・A は 1 位ではなかった。　　・B は 4 位ではなかった。　　・C は A より遅かった。

　　このとき，次の文の［　　　］にあてはまる数を答えなさい。ア（　　　）　イ（　　　）

　　　　　　　　　　　　　　　　　　　　　　　　　　　　　　　　　　（帝塚山学院泉ヶ丘中）

　3 つのことから 4 人の順位として考えられるものは ［　ア　］ 通りあり，そのうち B が 1 位になるものは ［　イ　］ 通りあります。ただし，同じ順位の人はいないものとします。

19 ≪推理の問題≫　下の図のようなすごろくがあります。遊び方は，スタートのマスにコマを置き，サイコロを振り，次のルールにしたがって出た目の数だけ矢印の方向に進み，ゴールのマスを目指すこととします。

〈ルール〉

ア）「は」と書かれたマスでは必ず止まります。その後にサイコロを振り，1か4の目が出たら「A」と書かれたマスの方向に出た目の数だけ進み，3か6の目が出たら「に」と書かれたマスの方向に出た目の数だけ進みます。2か5の目が出たときは「は」のマスにとどまります。

イ）ゴールできるのは，「ゴール」と書かれたマスにちょうどコマが止まったときとします。それ以上進まなければいけないときは，「ゴール」のマスを通過し，コマを進めます。

　例えば，「を」と書かれたマスにコマが止まっているとき，サイコロを振り，2の目が出たらコマは「ゴール」のマスにちょうど止まりゴールすることができますが，4の目が出たら「ゴール」のマスを通り過ぎ，「ろ」と書かれたマスで止まることになります。また，6の目が出たらコマは「は」のマスで止まります。このとき，あとの問いに答えなさい。

(立命館中)

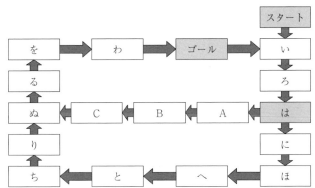

(1)　サイコロをちょうど3回振ってゴールできるようなサイコロの目の出方は何通りあるかを答えなさい。（　　　通り）

(2)　1回目にサイコロを振ったときに3の目が出ました。ここからあとサイコロをちょうど3回振ってゴールできるようなサイコロの目の出方は何通りあるかを答えなさい。（　　　通り）

(3)　サイコロをちょうど4回振ってゴールできるようなサイコロの目の出方は何通りあるかを答えなさい。（　　　通り）

(4)　1，3，4，6の中から2種類の数字だけが書かれたサイコロがたくさんあります。この中からけんじさんは1と3だけが書かれたサイコロをゆうきさんに渡し，ゆうきさんはある2種類の数字だけが書かれたサイコロをけんじさんに渡しました。お互い渡されたサイコロだけを使ってこのすごろくで遊ぶとき，けんじさんは絶対にゴールできないことにゲームの途中で気がつきました。けんじさんのサイコロに書かれた2種類の数字を答えなさい。

　　また，けんじさんがゴールできない理由も答えなさい。

　　答え（　　　と　　　）

　　理由（　　　　　　　　　　　　　　　　　　　　　　　　　　　　　　　）

11 場合の数

1 ≪ならべ方≫ Aさんが1，2，3，4の4つの数字をすべて1回ずつ使って，4けたのパスワードをつくろうとしています。つくることができるパスワードは全部で何通りですか。（　　通り）

(関西創価中)

2 ≪ならべ方≫ 0，1，2，3，4，5の6個の数字から異なる3個の数字をとって並べて，3けたの整数をつくります。このとき，5の倍数は何個ありますか。（　　個）　　　　　　　　(清教学園中)

3 ≪ならべ方≫ ⓪，①，②，③，④，⑤，⑥の7枚のカードのうち5枚を並べて5けたの整数を作ります。　　　　　　　　(清風南海中)

(1) 全部で何通りの整数ができますか。（　　通り）

(2) 全部で何通りの偶数ができますか。（　　通り）

4 ≪ならべ方≫ 数字が1つずつ書いてある6枚のカード①，①，②，③，④，⑤があります。この中から3枚を並べて3けたの整数を作ります。　　　　　　　　(三田学園中)

(1) 一の位が1の整数は全部で何通りありますか。（　　通り）

(2) 整数は全部で何通りありますか。（　　通り）

(3) 一の位が2になる整数をすべて足したとき，一の位はいくつになりますか。（　　　）

5 ≪ならべ方≫ A，B，C，D，Eの5人が1つずつプレゼントを持ちより，全員が自分の持ってきたプレゼント以外を受け取るように交換します。このとき，AがBの持ってきたプレゼントを受け取る交換の仕方は　　　　　　通りあります。　　　　　　　　(立命館守山中)

6 ≪ならべ方≫ Aさんは①，③，③，⑤のカードを，Bさんは②，②，③，④のカードをそれぞれ持っています。2人がそれぞれ自分のカードを並べて4桁の数を作ります。Aさんの数の千の位が5のとき，Aさんの数がBさんの数より大きくなるような2つの数の組は　　　　　　通りです。また，Aさんの数がBさんの数より大きくなるような2つの数の組は　　　　　　通りです。

(大阪星光学院中)

7 ≪ならべ方≫ A, B, C の 3 人が 1 回じゃんけんをします。あいこになる 3 人の手の出し方は全部で □ 通りあります。 (関西大倉中)

8 ≪ならべ方≫ 次の問いに答えなさい。 (金蘭千里中)

(1) 6 cm の縦線とそれに垂直な 1 cm の横線をいくつか使ってあみだくじを作る。

ただし，縦線は 1 cm 間隔で縦の位置をそろえて並べ，横線は，いずれか 2 つの縦線を結ぶように，1 本目は上から 1 cm の位置に，2 本目は上から 2 cm の位置に，3 本目は上から 3 cm の位置に，…くるように並べる。例えば，縦線 3 本，横線 3 本のあみだくじは図 1 のように 8 通り作れる。また，図 2 は，縦線 3 本，横線 4 本のあみだくじの一例である。

縦線 3 本，横線 4 本のあみだくじは何通り作れますか。（   通り）

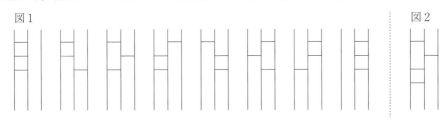

図 1   図 2

(2) 縦線 3 本で分けられた 2 つの区画 A, B に①，②，③，④の番号のついた 4 つのボールを入れる方法を考える。ただし，入れる順番は考えず，図 3, 4 は同じ入れ方と考える。また，ボールが入らない区画があってもよいものとする。図 5 のようにそれぞれのボールが A, B のどちらに入るかを考えることにより，入れ方が何通りあるか求めなさい。（   通り）

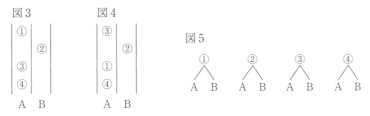

図 3   図 4   図 5

(3) 図 2 と図 3 の対応に着目して，(1)の縦線 4 本，横線 5 本のあみだくじが何通り作れるか答えなさい。（   通り）

9 ≪色のぬり分け≫ 右の図のような旗（はた）があります。旗の㋐㋑㋒㋓の場所（こと）を，となりあう場所は異なる色で塗るとき，次の(1)・(2)の問いに答えなさい。 (京都教大附桃山中)

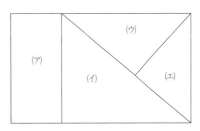

(1) 赤・青・緑・黄の 4 色をすべて使って塗り分ける方法は全部で何通りありますか。（   通り）

(2) 赤・青・緑・黄・黒の 5 色から何色か選び塗り分ける方法は全部で何通りありますか。（   通り）

10 ≪組み合わせ≫　1g，2g，3gのおもりがそれぞれたくさんあります。これらのおもりを組み合わせて，ちょうど8gにする方法は何通りありますか。ただし，使わないおもりがあってもかまいません。（　　　通り）

（関大第一中）

11 ≪組み合わせ≫　100円玉，50円玉，10円玉がたくさんあります。今，これらを使って270円をおつりがないように支払うとき，次の各問いに答えなさい。　　　（京都先端科学大附中）

(1) 100円玉を必ず使って支払うとき，支払い方は何通りあるか求めなさい。（　　　通り）

(2) 50円玉と10円玉の2種類を必ず使って支払うとき，支払い方は何通りあるか求めなさい。ただし，100円玉は使わないこととします。（　　　通り）

(3) 支払い方は全部で何通りあるか求めなさい。（　　　通り）

12 ≪組み合わせ≫　大小2つのサイコロを同時にふるとき，出た目をかけてぐう数になるのは 　　　　　 通りあります。　　　　　　　　　　　　　　　　　　　　　　　　　（甲南中）

13 ≪組み合わせ≫　赤色，青色，黄色のさいころがそれぞれ1つずつあります。この3つのさいころを同時に投げるとき，出た目の和が11になる目の出方は全部で何通りありますか。（　　　通り）

（関西大学中）

14 ≪組み合わせ≫　太郎さんと花子さんは，下の図のような，1マスに①から⑥までの数が書かれた紙を使ってゲームをすることにしました。

| スタート | ① | ② | ③ | ④ | ⑤ | ⑥ |

方法
1　それぞれ1回ずつさいころを振り，出た目の数を記録します。
2　まず，太郎さんが，自分が記録した数だけスタートからコマを動かします。そのあと，花子さんが，太郎さんがおいたコマの位置から自分が記録した数だけコマを動かします。このとき，コマが⑥まで進んだら，その次は①に戻って同じようにコマを動かします。

例えば，太郎さんが5，花子さんが3の目を出したとき，コマは⑤→②のように移動します。
このとき，2人の勝ち負けは次のように決まるものとします。

太郎さんが移動させたあとのコマの位置	花子さんが移動させたあとのコマの位置	勝ち負け
偶数	偶数	引き分け
偶数	奇数	太郎さんの勝ち
奇数	偶数	花子さんの勝ち
奇数	奇数	引き分け

このとき，次の問いに答えなさい。　　　　　　　　　　　　　　　　　　　　（京都橘中）

(1) 花子さんが移動させたあとのコマの位置が③のマスである場合は何通りありますか。

（　　　通り）

(2) 太郎さんが勝つ場合は何通りありますか。（　　　通り）

15 ≪組み合わせ≫ 右の図のように，2つの正方形アとイを組み合わせた図形がある。図の中の6つの点 A，B，C，D，E，F のうち，いくつかの点の上にご石を置いていく。ただし，1つの点の上に置けるご石の数は1個までとし，必ず6つの点のうち，どこかの点の上にはご石を置き，ご石は白いものだけを使うこととする。このとき，次の問いに答えなさい。 (明星中)

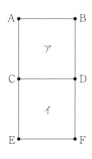

(1) ご石の数が1個のとき，ご石の置き方は全部で何通りありますか。

（　　　通り）

(2) ご石の数が2個のとき，ご石の置き方は全部で何通りありますか。（　　　通り）

次に，正方形ア，イのそれぞれの頂点の上に置かれたご石の数を例のように2つの数の組で表す。

> 例 ご石を点 A，B，C，F の上に置いたとき，正方形アには3個の頂点 A，B，C の上にご石があり，正方形イには2個の頂点 C，F の上にご石があるので，2つの数の組を(3, 2)と表す。

(3) 2つの数の組が次のように表されるとき，ご石の置き方はそれぞれ全部で何通りありますか。

① (1, 3) （　　　通り）

② (2, 2) （　　　通り）

(4) 2つの数の組は全部で何組ありますか。（　　　組）

16 ≪組み合わせ≫ 右の図のように，円周上に6個の点があります。このうち3点を結んで三角形を作るとき，全部で何個の三角形ができますか。（　　　個）

(清風中)

17 ≪道順≫　いくつかの正方形でできた道の，左下のスタート地点から右上のゴール地点までの最短経路は何通りあるかを考えます。正方形の道は下の図のように，縦に 2 つずつ増やします。

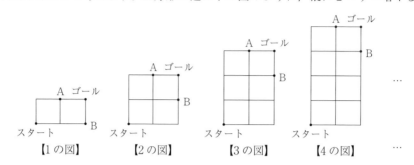

【1 の図】　　　【2 の図】　　　【3 の図】　　　【4 の図】

　ゴール地点の 1 つ左にある地点を点 A，1 つ下にある地点を点 B とすると，ゴールするためには必ず点 A または点 B を通ることになります。これをもとに，上の【1 の図】を考えると，点 A を通る経路は 2 通り，点 B を通る経路は 1 通りあるため，【1 の図】における最短経路は 3 通りだとわかります。このとき，次の各問いに答えなさい。　　　　　　　　　　　　（京都先端科学大附中）

(1) 【2 の図】を考えると，点 A を通る経路は ［(ア)　　　］通り，点 B を通る経路は ［(イ)　　　］通りあるため，【2 の図】における最短経路は ［(ウ)　　　］通りです。

(2) 【3 の図】を考えると，点 A を通る経路は ［(エ)　　　］通り，点 B を通る経路は ［(オ)　　　］通りあるため，【3 の図】における最短経路は ［(カ)　　　］通りです。

(3) 【4 の図】の最短経路は何通りあるか求めなさい。（　　　通り）

(4) 【9 の図】の最短経路は何通りあるか求めなさい。ただし，この問題は式や考え方も答えなさい。
　　式や考え方（　　　　　　　　　　　　　　　　　　　　　　　　　　　　　　　　　　）
　　答（　　　通り）

18 ≪道順≫　4 つの地点 A，B，C，P を結ぶ道があり，右の図は，それぞれの地点の間の道のりを表したものです。地点 P を出発し，A，B，C のどの地点も 1 度だけ通って P に帰ってくるまわり方を考えます。このとき，次の各問いに答えなさい。ただし，途中で地点 P を通るまわり方は考えないものとします。　　　（同志社女中）

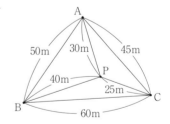

(1) まわり方は全部で何通りありますか。（　　　通り）

(2) 道のりが最も短くなるようにまわるとき，この道のりは何 m ですか。（　　　m）

A book for You
赤本バックナンバーのご案内

赤本バックナンバーを1年単位で印刷製本しお届けします！

弊社発行の「中学校別入試対策シリーズ（赤本）」の収録から外れた古い年度の過去問を1年単位でご購入いただくことができます。

「赤本バックナンバー」はamazon（アマゾン）の*プリント・オン・デマンドサービスによりご提供いたします。

定評のあるくわしい解答解説はもちろん赤本そのまま,解答用紙も付けてあります。

志望校の受験対策をさらに万全なものにするために,「赤本バックナンバー」をぜひご活用ください。

⚠ *プリント・オン・デマンドサービスとは,ご注文に応じて1冊から印刷製本し,お客様にお届けするサービスです。

ご購入の流れ

① 英俊社のウェブサイト https://book.eisyun.jp/ にアクセス

② トップページの「中学受験」 赤本バックナンバー をクリック

③ ご希望の学校・年度をクリックすると,amazon（アマゾン）のウェブサイトの該当書籍のページにジャンプ

④ amazon（アマゾン）のウェブサイトでご購入

⚠ 納期や配送,お支払い等,購入に関するお問い合わせは,amazon（アマゾン）のウェブサイトにてご確認ください。

⚠ 書籍の内容についてのお問い合わせは英俊社（06−7712−4373）まで。

⚠ 表中の×印の学校・年度は,著作権上の事情等により発刊いたしません。あしからずご了承ください。

※価格はすべて税込表示

近畿の中学（五十音順）

学校名	2019年度実施問題	2018年度実施問題	2017年度実施問題	2016年度実施問題	2015年度実施問題	2014年度実施問題	2013年度実施問題	2012年度実施問題	2011年度実施問題	2010年度実施問題	2009年度実施問題	2008年度実施問題	2007年度実施問題	2006年度実施問題	2005年度実施問題	2004年度実施問題	2003年度実施問題	2002年度実施問題
大阪教育大学附属池田中学校	赤本に収録	1,320円 44頁	1,210円 42頁	1,210円 42頁	1,210円 40頁	1,210円 40頁	1,210円 40頁	1,210円 42頁	1,210円 40頁	1,210円 42頁	1,210円 38頁	1,210円 40頁	1,210円 38頁	1,210円 38頁	1,210円 36頁	1,210円 36頁	1,210円 40頁	1,210円 40頁
大阪教育大学附属天王寺中学校	赤本に収録	1,320円 44頁	1,210円 38頁	1,210円 40頁	1,210円 40頁	1,210円 40頁	1,210円 40頁	1,320円 44頁	1,210円 44頁	1,210円 40頁	1,210円 42頁	1,210円 38頁	1,210円 38頁	1,210円 38頁	1,210円 38頁	1,210円 40頁	1,210円 40頁	
大阪教育大学附属平野中学校	赤本に収録	1,210円 42頁	1,320円 44頁	1,210円 36頁	1,210円 36頁	1,210円 34頁	1,210円 38頁	1,210円 38頁	1,210円 36頁	1,210円 34頁	1,210円 36頁	1,210円 36頁	1,210円 34頁	1,210円 32頁	1,210円 30頁	1,210円 26頁	1,210円 26頁	
大阪女学院中学校	1,430円 60頁	1,430円 62頁	1,430円 64頁	1,430円 58頁	1,430円 64頁	1,430円 62頁	1,430円 64頁	1,430円 60頁	1,430円 62頁	1,430円 60頁	1,430円 60頁	1,430円 56頁	1,430円 56頁	1,430円 58頁	1,430円 58頁			
大阪星光学院中学校	赤本に収録	1,320円 50頁	1,320円 48頁	1,320円 48頁	1,320円 46頁	1,320円 44頁	1,320円 44頁	1,320円 46頁	1,320円 46頁	1,320円 44頁	1,320円 44頁	1,210円 42頁	1,210円 42頁	1,320円 44頁	1,210円 40頁	1,210円 42頁		
大阪府立咲くやこの花中学校	赤本に収録	1,210円 36頁	1,210円 38頁	1,210円 38頁	1,210円 36頁	1,210円 36頁	1,430円 42頁	1,210円 62頁	1,320円 42頁	1,320円 46頁	1,320円 44頁	50頁						
大阪府立富田林中学校	赤本に収録	1,210円 38頁	1,210円 40頁															
大阪桐蔭中学校	1,980円 116頁	1,980円 122頁	2,090円 134頁	2,090円 134頁	1,870円 110頁	2,090円 130頁	2,090円 130頁	1,980円 122頁	1,980円 114頁	2,200円 138頁	1,650円 84頁	1,760円 90頁	1,650円 84頁	1,650円 80頁	1,650円 88頁	1,650円 84頁	1,650円 80頁	1,210円 38頁
大谷中学校〈大阪〉	1,430円 64頁	1,430円 62頁	1,320円 50頁	1,870円 102頁	1,870円 104頁	1,980円 112頁	1,980円 116頁	1,760円 98頁	1,760円 96頁	1,760円 96頁	1,760円 94頁	1,870円 100頁	1,760円 92頁					
開明中学校	1,650円 78頁	1,870円 106頁	1,870円 106頁	1,870円 110頁	1,870円 108頁	1,870円 104頁	1,870円 104頁	1,870円 102頁	1,870円 104頁	1,870円 102頁	1,870円 100頁	1,870円 102頁	1,870円 104頁	1,870円 104頁	1,760円 96頁	1,760円 96頁	1,870円 100頁	
関西創価中学校	1,210円 34頁	1,210円 34頁	1,210円 36頁	1,210円 32頁	1,210円 32頁	1,210円 34頁	1,210円 32頁	1,210円 32頁	1,210円 32頁									
関西大学中等部	1,760円 92頁	1,650円 84頁	1,650円 84頁	1,650円 80頁	1,320円 44頁	1,210円 42頁	1,320円 44頁	1,210円 42頁	1,320円 44頁	1,320円 44頁								
関西大学第一中学校	1,320円 48頁	1,320円 48頁	1,320円 48頁	1,320円 48頁	1,320円 44頁	1,320円 46頁	1,320円 44頁	1,320円 44頁	1,210円 44頁	1,320円 40頁	1,320円 44頁	1,210円 40頁	1,320円 44頁	1,210円 40頁	1,210円 40頁	1,210円 40頁	1,210円 40頁	
関西大学北陽中学校	1,760円 92頁	1,760円 90頁	1,650円 86頁	1,650円 84頁	1,650円 88頁	1,650円 84頁	1,650円 82頁	1,430円 64頁	1,430円 62頁	1,430円 60頁								
関西学院中学部	1,210円 42頁	1,210円 40頁	1,210円 40頁	1,210円 40頁	1,210円 36頁	1,210円 38頁	1,210円 36頁	1,210円 40頁	1,210円 40頁	1,210円 38頁	1,210円 36頁	1,210円 34頁	1,210円 36頁	1,210円 34頁	1,210円 36頁	1,210円 34頁	1,210円 36頁	1,210円 36頁
京都教育大学附属桃山中学校	1,210円 40頁	1,210円 38頁	1,210円 38頁	1,210円 36頁	1,210円 34頁	1,210円 36頁	1,210円 38頁	1,210円 38頁	1,210円 38頁	1,210円 38頁	1,210円 32頁	1,210円 40頁	1,210円 36頁	1,210円 36頁	1,210円 34頁	1,210円 42頁	1,210円 38頁	

※価格はすべて税込表示

学校名	2019年 実施問題	2018年 実施問題	2017年 実施問題	2016年 実施問題	2015年 実施問題	2014年 実施問題	2013年 実施問題	2012年 実施問題	2011年 実施問題	2010年 実施問題	2009年 実施問題	2008年 実施問題	2007年 実施問題	2006年 実施問題	2005年 実施問題	2004年 実施問題	2003年 実施問題	2002年 実施問題
京都女子中学校	1,540円	1,760円	1,760円	1,650円	1,650円	1,650円	1,650円	1,430円	1,430円	1,430円	1,430円	1,430円	1,430円	1,430円	1,430円	1,430円		
	68頁	92頁	90頁	86頁	86頁	80頁	84頁	62頁	60頁	62頁	60頁	58頁	58頁	56頁	56頁	56頁		
京都市立西京高校附属中学校	赤本に収録	1,210円	1,210円	1,210円	1,210円	1,210円	1,210円	1,210円	1,210円	1,210円	1,210円	1,210円	1,210円					
		36頁	38頁	38頁	40頁	34頁	32頁	32頁	34頁	26頁	24頁	24頁	24頁					
京都府立洛北高校附属中学校	赤本に収録	1,210円	1,210円	1,210円	1,210円	1,210円	1,210円	1,210円	1,210円	1,210円	1,210円	1,210円	1,210円					
		40頁	40頁	40頁	36頁	34頁	32頁	32頁	36頁	28頁	24頁	26頁	26頁					
近畿大学附属中学校	1,650円	1,650円	1,650円	1,650円	1,650円	1,650円	1,650円	1,650円	1,540円	1,650円	1,540円	1,540円	1,540円	1,540円	1,540円	1,540円		
	86頁	80頁	82頁	84頁	82頁	80頁	78頁	78頁	76頁	78頁	70頁	76頁	74頁	74頁	70頁	68頁		
金蘭千里中学校	1,650円	1,650円	1,540円	1,980円	1,980円	1,320円	1,430円	1,430円	1,320円	1,540円	1,540円	1,540円	1,540円	1,540円	1,540円	1,540円		
	78頁	80頁	74頁	116頁	116頁	48頁	58頁	56頁	50頁	72頁	76頁	74頁	70頁	66頁	72頁	72頁		
啓明学院中学校	1,320円	1,320円	1,320円	1,320円	1,320円	1,320円	1,320円	1,320円	1,320円	1,320円	1,320円	1,320円	1,210円	1,210円				
	44頁	46頁	46頁	46頁	48頁	44頁	44頁	46頁	46頁	44頁	44頁	42頁	42頁					
甲南中学校	1,430円	1,540円	1,540円	1,540円	1,540円													
	62頁	76頁	74頁	74頁	72頁													
甲南女子中学校	1,650円	1,540円	1,650円	1,650円	1,650円	1,540円	1,540円	1,540円	1,540円	1,540円	1,540円	1,540円	1,430円					
	84頁	76頁	82頁	78頁	80頁	74頁	72頁	72頁	72頁	70頁	74頁	72頁	56頁					
神戸海星女子学院中学校	1,540円	1,540円	1,540円	1,430円	1,430円	1,430円	1,430円	1,540円	1,540円	1,430円	1,320円	1,210円	1,210円					
	74頁	72頁	68頁	64頁	62頁	64頁	64頁	68頁	70頁	58頁	44頁	38頁	40頁					
神戸女学院中学部	赤本に収録	1,320円	1,320円	1,320円	1,320円	1,320円	1,320円	1,320円	1,210円	1,210円	1,210円	1,210円	1,210円	1,210円	1,210円	1,210円	1,210円	1,210円
		48頁	48頁	48頁	44頁	44頁	44頁	46頁	44頁	42頁	42頁	40頁	38頁	40頁	38頁	38頁	36頁	36頁
神戸大学附属中等教育学校	赤本に収録	1,320円	1,320円	1,320円	1,320円													
		50頁	52頁	46頁	44頁													
甲陽学院中学校	赤本に収録	1,320円	1,320円	1,320円	1,320円	1,320円	1,320円	1,320円	1,320円	1,320円	1,210円	1,210円	1,210円	1,210円	1,210円	1,210円	1,210円	1,210円
		50頁	46頁	44頁	44頁	44頁	44頁	44頁	44頁	44頁	42頁	42頁	42頁	42頁	40頁	42頁	42頁	40頁
三田学園中学校	1,540円	1,540円	1,430円	1,430円	1,430円	1,540円	1,430円	1,430円	1,430円	1,430円	1,430円	1,430円	1,430円	1,430円	1,430円	1,430円	1,210円	
	66頁	68頁	64頁	62頁	62頁	66頁	58頁	54頁	60頁	58頁	60頁	60頁	62頁	58頁	54頁	54頁	38頁	
滋賀県立中学校（河瀬・水口東・守山）	赤本に収録	1,210円	1,210円	1,210円	1,210円	1,210円	1,210円	1,210円	1,210円	1,210円	1,210円	1,210円	1,210円					
		24頁	24頁	24頁	24頁	24頁	24頁	24頁	24頁	24頁	24頁	24頁	24頁					
四天王寺中学校	1,320円	1,320円	1,320円	1,320円	1,320円	1,320円	1,320円	1,320円	1,320円	1,210円	1,320円	1,320円	1,320円	1,430円	×	1,430円	1,430円	1,430円
	52頁	46頁	50頁	50頁	50頁	48頁	44頁	48頁	46頁	42頁	44頁	46頁	48頁	62頁		56頁	56頁	54頁
淳心学院中学校	1,540円	1,540円	1,540円	1,430円	1,430円	1,430円	1,320円	1,320円	1,320円	1,320円	1,320円	1,320円	1,210円					
	66頁	70頁	66頁	62頁	62頁	60頁	44頁	44頁	44頁	44頁	44頁	46頁	42頁					
親和中学校	1,760円	1,870円	1,760円	1,540円	1,540円	1,540円	1,540円	1,540円	1,430円	1,430円	1,430円	1,430円	1,430円					
	94頁	108頁	94頁	76頁	74頁	76頁	74頁	74頁	56頁	54頁	54頁	54頁	56頁					
須磨学園中学校	1,980円	2,090円	2,090円	1,980円	2,090円	1,980円	1,980円	1,870円	1,980円	1,980円	1,980円	1,980円	1,980円	1,980円	1,980円	1,870円		
	118頁	124頁	134頁	120頁	124頁	112頁	114頁	110頁	116頁	122頁	122頁	118頁	120頁	116頁	114頁	104頁		
清教学園中学校	1,210円	1,540円	1,540円	1,540円	1,540円	1,540円	1,540円	1,540円	1,540円	1,540円	1,540円	1,540円	1,430円					
	38頁	72頁	70頁	70頁	72頁	70頁	66頁	68頁	68頁	70頁	68頁	68頁	64頁					
清風中学校	2,200円	2,090円	2,090円	2,200円	2,090円	2,090円	2,090円	2,090円	1,870円	1,980円	1,870円	1,870円	1,650円	1,540円	1,650円	1,540円		
	142頁	128頁	134頁	140頁	134頁	136頁	136頁	128頁	108頁	114頁	110頁	108頁	82頁	76頁	78頁	74頁		
清風南海中学校	赤本に収録	1,760円	1,760円	1,760円	1,760円	1,760円	1,760円	1,760円	1,760円	1,760円	1,760円	1,760円	1,760円	1,650円	1,650円	1,760円	1,650円	1,650円
		98頁	96頁	94頁	92頁	92頁	90頁	92頁	98頁	96頁	90頁	90頁	94頁	88頁	86頁	90頁	82頁	82頁
高槻中学校	1,870円	1,650円	1,650円	2,090円	1,980円	1,980円	2,090円	1,980円	1,540円	1,650円	1,540円	1,540円	1,540円	×	1,540円	×	1,540円	1,650円
	106頁	88頁	82頁	124頁	120頁	114頁	126頁	114頁	72頁	78頁	74頁	68頁	68頁		76頁		74頁	78頁
滝川中学校	1,760円	2,090円	1,870円	1,870円	1,760円													
	96頁	128頁	104頁	100頁	98頁													
智辯学園和歌山中学校	1,650円	1,650円	1,540円	1,540円	1,540円	1,540円	1,540円	1,540円	1,430円	1,540円	1,540円	1,540円	1,320円					
	80頁	80頁	74頁	72頁	72頁	70頁	74頁	74頁	64頁	74頁	76頁	70頁	46頁					
帝塚山中学校	2,090円	2,310円	2,310円	2,310円	2,310円	2,090円	2,090円	2,090円	2,090円	2,310円	2,090円	2,090円	2,200円	2,310円	1,540円	1,430円	1,430円	
	124頁	156頁	156頁	154頁	152頁	124頁	130頁	148頁	154頁	148頁	150頁	152頁	140頁	156頁	66頁	62頁	60頁	
帝塚山学院中学校	1,210円	1,210円	1,210円	1,210円	1,210円	1,210円	1,210円	1,210円	1,210円	1,210円	1,210円	1,210円	1,210円					
	42頁	38頁	36頁	36頁	38頁	36頁	36頁	34頁	36頁	34頁	34頁	34頁	36頁					
帝塚山学院泉ヶ丘中学校	1,320円	1,320円	1,210円	1,760円	1,650円	1,650円	1,650円	1,650円	1,320円	1,210円	1,210円	1,210円	1,210円					
	50頁	46頁	42頁	92頁	84頁	84頁	82頁	86頁	50頁	42頁	42頁	42頁	42頁					
同志社中学校	1,320円	1,320円	1,210円	1,210円	1,210円	1,210円	1,210円	1,210円	1,210円	1,210円	1,210円	1,210円	1,210円	1,210円	1,210円	1,210円	1,210円	1,210円
	48頁	44頁	40頁	40頁	40頁	40頁	40頁	40頁	42頁	40頁	40頁	40頁	42頁	40頁	38頁	40頁	38頁	36頁
同志社香里中学校	1,650円	1,650円	1,540円	1,650円	1,650円	1,650円	1,650円	1,650円	×	×	1,210円	1,210円	1,210円	1,210円	1,210円	1,210円	1,210円	
	86頁	78頁	76頁	78頁	80頁	78頁	80頁	78頁			38頁	38頁	40頁	40頁	38頁	42頁	40頁	
同志社国際中学校	1,320円	1,320円	1,320円	1,320円	1,320円	1,320円	1,210円	1,210円	1,210円	1,210円	1,210円	1,210円	1,210円					
	52頁	52頁	48頁	46頁	44頁	42頁	36頁	34頁	36頁	34頁	34頁	32頁	34頁					
同志社女子中学校	1,760円	1,760円	1,760円	1,760円	1,650円	1,650円	1,650円	1,650円	1,320円	1,320円	1,210円	1,210円	1,210円	1,210円	1,210円	×	1,320円	1,320円
	96頁	98頁	96頁	92頁	84頁	86頁	82頁	86頁	46頁	46頁	46頁	42頁	42頁	40頁	42頁		44頁	44頁

※価格はすべて税込表示

学校名	2019年 実施問題	2018年 実施問題	2017年 実施問題	2016年 実施問題	2015年 実施問題	2014年 実施問題	2013年 実施問題	2012年 実施問題	2011年 実施問題	2010年 実施問題	2009年 実施問題	2008年 実施問題	2007年 実施問題	2006年 実施問題	2005年 実施問題	2004年 実施問題	2003年 実施問題	2002年 実施問題
東大寺学園中学校	赤本に収録	1,430円 58頁	1,430円 58頁	1,430円 54頁	1,430円 54頁	1,320円 56頁	1,320円 50頁	1,320円 52頁	1,320円 52頁	1,320円 48頁	1,320円 46頁	1,320円 44頁	1,320円 46頁	1,320円 48頁	1,210円 42頁	1,320円 46頁	1,320円 44頁	1,320円 46頁
灘中学校	赤本に収録	1,320円 48頁	1,320円 48頁	1,320円 52頁	1,320円 48頁	1,320円 46頁	1,320円 46頁	1,320円 44頁	1,320円 44頁	1,320円 46頁	1,320円 46頁	1,320円 46頁	1,210円 42頁	1,320円 46頁	1,320円 46頁	1,320円 46頁	1,320円 46頁	
奈良学園中学校	2,090円 132頁	1,980円 120頁	1,980円 120頁	1,980円 112頁	1,980円 116頁	1,870円 110頁	1,980円 114頁	1,870円 110頁	1,870円 108頁	1,870円 104頁	1,870円 106頁	1,870円 104頁	1,870円 102頁	1,870円 100頁	1,540円 68頁	1,540円 66頁		
奈良学園登美ヶ丘中学校	1,540円 70頁	1,540円 70頁	1,540円 68頁	1,650円 86頁	1,650円 80頁	1,650円 86頁	2,090円 126頁	2,090円 126頁	1,980円 120頁	1,870円 104頁	1,760円 98頁	1,760円 96頁						
奈良教育大学附属中学校	1,320円 44頁	1,210円 42頁	1,210円 38頁	1,210円 36頁	1,210円 38頁	1,210円 38頁	1,210円 36頁	1,210円 38頁	1,210円 36頁	1,210円 38頁	1,210円 36頁	1,210円 38頁	1,210円 38頁	1,210円 36頁	1,210円 38頁	1,210円 38頁	1,210円 38頁	
奈良女子大学附属中等教育学校	1,210円 24頁	1,210円 24頁	1,210円 24頁	1,210円 24頁	1,210円 24頁	1,210円 24頁	1,210円 24頁	1,210円 24頁	1,210円 24頁	1,210円 24頁	1,210円 24頁	1,210円 24頁	1,210円 24頁					
西大和学園中学校	赤本に収録	2,200円 136頁	2,200円 140頁	1,430円 58頁	1,870円 100頁	1,760円 98頁	1,430円 54頁	1,430円 54頁	1,650円 84頁	1,650円 86頁	×	1,650円 80頁	×	1,650円 84頁	1,320円 48頁	1,320円 44頁	1,320円 46頁	1,320円 46頁
白陵中学校	赤本に収録	1,210円 36頁	1,210円 38頁	1,210円 36頁	1,210円 38頁	1,210円 36頁	1,210円 38頁	1,210円 36頁	1,210円 38頁	1,210円 36頁	1,210円 36頁	1,210円 34頁	1,210円 36頁	1,210円 34頁	1,210円 36頁	1,210円 34頁	1,210円 34頁	1,210円 34頁
東山中学校	1,320円 48頁	1,320円 50頁	1,320円 44頁	1,320円 46頁	1,320円 48頁													
雲雀丘学園中学校	1,650円 78頁	1,650円 80頁	1,650円 80頁	1,650円 78頁	1,430円 60頁	1,210円 32頁	1,210円 30頁	1,210円 30頁	1,210円 32頁	1,210円 30頁	1,210円 28頁	1,210円 28頁	1,210円 26頁	1,210円 26頁	1,210円 26頁	1,210円 26頁	1,210円 28頁	
武庫川女子大学附属中学校	1,650円 88頁	1,650円 78頁	1,650円 80頁	1,760円 90頁	1,650円 88頁	1,760円 92頁	1,760円 94頁	1,760円 96頁	1,760円 90頁	1,760円 94頁	1,650円 88頁	1,430円 56頁	1,430円 56頁					
明星中学校	1,980円 118頁	1,980円 116頁	1,980円 122頁	1,980円 116頁	1,980円 112頁	1,980円 112頁	1,980円 118頁	1,760円 92頁	1,650円 86頁	1,650円 86頁	1,650円 86頁	1,650円 86頁	1,650円 86頁	1,650円 80頁	1,650円 84頁	×	1,650円 84頁	
桃山学院中学校	1,540円 74頁	1,650円 82頁	1,650円 80頁	1,540円 76頁	1,650円 78頁	1,650円 78頁	1,540円 74頁	1,540円 74頁	1,650円 78頁	1,540円 72頁	1,540円 68頁							
洛星中学校	赤本に収録	1,760円 98頁	1,870円 100頁	1,760円 96頁	1,760円 96頁	1,760円 92頁	1,870円 100頁	1,870円 102頁	1,760円 96頁	1,760円 96頁	1,760円 94頁	1,760円 96頁	1,760円 94頁	1,760円 94頁	1,650円 84頁	1,650円 82頁	1,650円 82頁	1,650円 84頁
洛南高等学校附属中学校	赤本に収録	1,430円 56頁	1,430円 56頁	1,430円 54頁	1,320円 52頁	1,320円 52頁	1,430円 54頁	1,430円 56頁	1,320円 52頁	1,430円 54頁	1,320円 50頁	1,320円 48頁	1,320円 52頁	1,320円 48頁	×	1,430円 60頁	1,430円 60頁	1,430円 58頁
立命館中学校	1,650円 82頁	1,650円 82頁	1,650円 78頁	1,650円 86頁	1,650円 80頁	1,540円 76頁	1,540円 72頁	1,540円 74頁	1,540円 72頁	1,540円 70頁	1,540円 66頁	1,540円 70頁	×	1,430円 58頁	1,430円 54頁			
立命館宇治中学校	1,650円 86頁	1,650円 82頁	1,650円 80頁	1,650円 78頁	1,540円 76頁	1,540円 76頁	1,540円 68頁	1,540円 72頁	1,540円 74頁	1,540円 74頁	1,540円 72頁	1,320円 52頁	1,320円 52頁	1,320円 52頁	1,320円 52頁	1,320円 52頁		
立命館守山中学校	1,650円 80頁	1,430円 64頁	1,540円 66頁	1,430円 64頁	1,430円 62頁	1,430円 60頁	1,430円 60頁	1,430円 58頁	1,430円 58頁	1,430円 56頁	1,430円 58頁	1,430円 64頁	1,430円 54頁					
六甲学院中学校	1,430円 58頁	1,430円 56頁	1,430円 56頁	1,430円 60頁	1,430円 56頁	1,320円 52頁	1,430円 56頁	1,320円 52頁	1,430円 54頁	1,430円 56頁	×	1,320円 50頁	1,430円 58頁	1,320円 50頁	1,320円 46頁	1,320円 52頁	1,320円 50頁	
和歌山県立中学校（向陽・古佐田丘・田辺・桐蔭・日高高附中）	1,210円 34頁	1,760円 90頁	1,760円 90頁	1,650円 86頁	1,650円 80頁	1,650円 88頁	1,540円 70頁	1,650円 98頁	1,760円 108頁	1,870円 88頁	1,650円 78頁	1,650円 74頁	1,540円					
愛知中学校	1,320円 48頁	1,320円 44頁	1,320円 46頁	1,320円 44頁	1,320円 42頁	1,210円 38頁	1,320円 34頁	1,210円 38頁	1,210円 38頁	1,210円 36頁	1,210円 36頁	1,210円 36頁	1,210円 34頁	1,210円 32頁	1,210円 30頁	1,210円 32頁	1,210円 28頁	
愛知工業大学名電中学校	1,320円 46頁	1,650円 86頁	1,980円 122頁	1,650円 82頁	1,650円 86頁													
愛知淑徳中学校	1,430円 54頁	1,320円 48頁	1,320円 46頁	1,320円 46頁	1,320円 44頁	1,210円 42頁	1,320円 46頁	1,320円 44頁	1,320円 44頁	1,320円 44頁	1,210円 42頁	1,210円 42頁	1,210円 40頁					
海陽中等教育学校	赤本に収録	1,760円 90頁	2,090円 132頁	2,090円 126頁	1,980円 122頁	1,980円 116頁	1,980円 112頁	1,980円 112頁	1,980円 112頁	1,540円 74頁	1,430円 64頁	1,760円 96頁	1,870円 110頁	1,870円 100頁				
金城学院中学校	1,320円 46頁	1,320円 44頁	1,210円 40頁	1,210円 42頁	1,210円 42頁	1,210円 38頁	1,210円 40頁	1,210円 42頁	1,210円 42頁	1,210円 38頁	1,210円 40頁	1,210円 40頁	1,210円 38頁	1,210円 36頁	1,210円 36頁	1,210円 24頁		
滝中学校	1,320円 48頁	1,320円 48頁	1,320円 46頁	1,320円 44頁	1,210円 40頁	1,210円 42頁	1,210円 40頁	1,210円 40頁	1,210円 42頁	1,210円 40頁	1,210円 40頁	1,210円 38頁	1,210円 42頁	1,210円 42頁	1,210円 40頁	1,210円 34頁	1,210円 36頁	
東海中学校	1,320円 50頁	1,320円 48頁	1,210円 38頁	1,320円 44頁	1,210円 42頁	1,320円 44頁	1,320円 44頁	1,210円 44頁	1,320円 44頁	1,210円 40頁	1,210円 44頁	1,210円 40頁	1,210円 40頁	1,210円 38頁	1,210円 36頁	1,210円 40頁		
名古屋中学校	1,430円 56頁	1,320円 52頁	1,320円 50頁	1,320円 48頁	1,320円 50頁	1,320円 44頁	1,320円 44頁	1,210円 40頁	1,210円 40頁	1,210円 40頁	1,210円 36頁	1,210円 34頁	1,210円 40頁					
南山中学校女子部	1,430円 56頁	1,320円 50頁	1,320円 52頁	1,320円 50頁	1,320円 48頁	1,320円 46頁	1,320円 48頁	1,320円 46頁	1,320円 44頁	1,320円 42頁	1,320円 44頁	1,320円 46頁	1,210円 46頁	1,210円 44頁	1,210円 42頁			
南山中学校男子部	1,320円 52頁	1,320円 50頁	1,320円 50頁	1,320円 46頁	1,210円 42頁	1,320円 46頁	1,320円 46頁	1,320円 44頁	1,320円 46頁	1,320円 46頁	1,210円 42頁	×	1,210円 40頁	1,210円 38頁	1,210円 40頁	1,210円 36頁		

愛知の中学（五十音順）

4

解 答

きんきの中入（標準編）

25受

1．数の計算

★問題 P．3～24 ★

1 (2) 与式 = 666 + 222 − 88 = 888 − 88 = 800

(3) 与式 = 108 + 657 − 756 = 765 − 756 = 9

(4) 与式 = (2023 + 2230 + 2302)
　　　　 − (2032 + 2203 + 2320)
　　　 = 6555 − 6555 = 0

(5) 与式 = 168 − 18 + 252 − 152 + 346 − 46
　　　　 + 483 − 383
　　　 = 150 + 100 + 300 + 100 = 650

答 (1) 56　(2) 800　(3) 9　(4) 0　(5) 650

2 (2) 与式 = 12 × 2 = 24

(3) 与式 = (91 ÷ 13) × (121 ÷ 11) = 7 × 11 = 77

(4) 与式 = $12 × \dfrac{1}{10} × \dfrac{1}{5} = \dfrac{6}{25}$

(5) 与式 = $\dfrac{8 × 78 × 133}{19 × 8 × 3 × 7} = 26$

答 (1) 62916　(2) 24　(3) 77　(4) $\dfrac{6}{25}$　(5) 26

3 (1) 与式 = 32 − 13 = 19

(2) 与式 = 180 − 150 = 30

(3) 与式 = 30 − 3 = 27

(4) 与式 = 36 − 1 + 5 = 40

(5) 与式 = 42 − 4 = 38

(6) 与式 = 78 − 52 + 13 = 39

(7) 与式 = 63 − 54 + 12 = 21

(8) 与式 = 72 + 28 − 8 = 92

(9) 与式 = 17 + 9 × 3 = 17 + 27 = 44

(10) 与式 = 323 − 114 = 209

答 (1) 19　(2) 30　(3) 27　(4) 40　(5) 38　(6) 39
　　(7) 21　(8) 92　(9) 44　(10) 209

4 (1) 与式 = 3 × 4 − 5 = 7

(2) 与式 = 32 − 4 = 28

(3) 与式 = 20 + 24 ÷ (22 − 10) = 20 + 24 ÷ 12
　　　 = 20 + 2 = 22

(4) 与式 = 24 + 87 ÷ 3 = 24 + 29 = 53

(5) 与式 = 111 + 5 × (39 − 6) = 111 + 5 × 33
　　　 = 111 + 165 = 276

(6) 与式 = 50 − (18 − 3) ÷ 5 = 50 − 3 = 47

(7) 与式 = 12 + (39 − 21) ÷ 6 = 12 + 18 ÷ 6

　　　 = 12 + 3 = 15

(8) 与式 = (20 − 18) × 75 − 13 = 2 × 75 − 13
　　　 = 150 − 13 = 137

(9) 与式 = (253 − 13 + 10) × 4 = 250 × 4 = 1000

(10) 与式 = 132 − 112 + (44 − 26)
　　　 = 132 − 112 + 18 = 38

答 (1) 7　(2) 28　(3) 22　(4) 53　(5) 276　(6) 47
　　(7) 15　(8) 137　(9) 1000　(10) 38

5 (1) 与式 = 7 × 5 × 10 ÷ 2 = 175

(2) 与式 = 12 ÷ 5 × 15 − 2 × 3 = 36 − 6 = 30

(3) 与式 = 24 − 7 − (2 + 6) = 24 − 7 − 8 = 9

(4) 与式 = 15 − 7 × 8 ÷ 7 + 63 × 8 × 4
　　　 = 15 − 8 + 2016 = 2023

(5) 与式 = 2 × 2 + 3 × 2 + 4 × 2 + 5 × 2
　　　　 + 6 × 2
　　　 = (2 + 3 + 4 + 5 + 6) × 2 = 20 × 2
　　　 = 40

(6) 与式 = 275 − (256 − 38 ÷ 2)
　　　 = 275 − (256 − 19) = 275 − 237 = 38

(7) 与式 = 203 − 201 + 3 × (7 − 6) = 2 + 3 = 5

(8) 与式 = 119 − 60 ÷ {85 − (104 − 27)} × 10
　　　 = 119 − 60 ÷ (85 − 77) × 10
　　　 = 119 − 60 ÷ 8 × 10 = 119 − 75 = 44

(9) 与式 = 7 × (8 − 4) − (6 − 12 ÷ 4) × 2
　　　 = 7 × 4 − (6 − 3) × 2 = 28 − 3 × 2
　　　 = 28 − 6 = 22

(10) 与式 = 15 + 2 − 2 × (17 − 5 × 3)
　　　 = 17 − 2 × (17 − 15) = 17 − 2 × 2
　　　 = 17 − 4 = 13

答 (1) 175　(2) 30　(3) 9　(4) 2023　(5) 40　(6) 38
　　(7) 5　(8) 44　(9) 22　(10) 13

6 (2) 与式 = 2.45 − 1 = 1.45

(3) 与式 = 3.21 − 2.13 + 2.31 − 3.21
　　　 = 3.39 − 3.21 = 0.18

答 (1) 12.8　(2) 1.45　(3) 0.18

7 (2) 与式 = 0.21 ÷ 0.3 × 0.8 = 0.7 × 0.8 = 0.56

(3) 与式 = $240 × 14 × \dfrac{1}{28} = 120$

答 (1) 2.024　(2) 0.56　(3) 120

− 1 −

8 (1) 与式 $= 5.8 + 3.5 = 9.3$

(2) 与式 $= 8.3 - 0.65 = 7.65$

(3) 与式 $= 12 - 9.2 = 2.8$

(4) 与式 $= 60 - 18 = 42$

答 (1) 9.3　(2) 7.65　(3) 2.8　(4) 42

9 (1) 与式 $= 7 + 3 = 10$

(2) 与式 $= 1 + \dfrac{5}{4} \times 4 - 4.37 = 1 + 5 - 4.37$

$= 1.63$

(3) 与式 $= 42 - 31.5 + 6.3 = 16.8$

(4) 与式 $= 4.5 + 4.32 - 0.72 = 8.1$

(5) 与式 $= 1.7 - 0.8 = 0.9$

(6) 与式 $= 12.4 - 3 \times 3.3 = 12.4 - 9.9 = 2.5$

(7) 与式 $= 5.1 \times 4.9 = 24.99$

(8) 与式 $= 2.8 \times 1.65 = 4.62$

(9) 与式 $= 35.7 \div (10.5 - 0.3) = 35.7 \div 10.2$

$= 3.5$

(10) 与式 $= 2.6 - (10.2 - 8.6) = 2.6 - 1.6 = 1$

答 (1) 10　(2) 1.63　(3) 16.8　(4) 8.1　(5) 0.9

(6) 2.5　(7) 24.99　(8) 4.62　(9) 3.5　(10) 1

10 (1) 与式 $= 2.2 \times 0.8 \div 0.4 = 2.2 \times (0.8 \div 0.4)$

$= 2.2 \times 2 = 4.4$

(2) 与式 $= 76.8 \div 6 = 12.8$

(3) 与式 $= (4.1 + 5.89) \div 2.7 = 9.99 \div 2.7 = 3.7$

(4) 与式 $= 20.23 \div (1.15 + 0.04) = 20.23 \div 1.19$

$= 17$

(5) 与式 $= 0.4 \times (1 - 0.04 + 0.032) \div 0.04 + 0.08$

$= 0.4 \times 0.992 \div 0.04 + 0.08$

$= 9.92 + 0.08 = 10$

(6) 与式 $= (0.38 + 0.2) \div (0.75 - 0.46)$

$= 0.58 \div 0.29 = 2$

(7) 与式 $= (44 \div 4 - 6) \times 1.2 = (11 - 6) \times 1.2$

$= 5 \times 1.2 = 6$

(8) 与式 $= 13 - (5.5 \div 0.55 - 0.7)$

$= 13 - (10 - 0.7) = 13 - 9.3 = 3.7$

答 (1) 4.4　(2) 12.8　(3) 3.7　(4) 17　(5) 10　(6) 2

(7) 6　(8) 3.7

11 (1) 余りの小数点の位置に注意する。

(2) もとの数は，$42 \times 7394 + 29$ で，

$42 = 6 \times 7$，$7394 = 2 \times 3697$ より，

42×7394 は，$6 \times 2 = 12$ の倍数。

よって，もとの数を 12 で割ったときの余りは，

29 を 12 で割ったときの余りと同じなので，

$29 \div 12 = 2$ 余り 5 より，5。

答 (1)（商）18.4　（余り）0.17　(2) 5

12 (1) 与式 $= \dfrac{6}{42} + \dfrac{9}{42} + \dfrac{10}{42} = \dfrac{25}{42}$

(2) 与式 $= \dfrac{10}{18} + \dfrac{15}{18} - \dfrac{9}{18} = \dfrac{16}{18} = \dfrac{8}{9}$

(3) 与式 $= \dfrac{8}{16} - \dfrac{4}{16} + \dfrac{2}{16} - \dfrac{1}{16} = \dfrac{5}{16}$

(4) 与式 $= \dfrac{1235}{40} + \dfrac{8336}{40} - \dfrac{2020}{40} = \dfrac{7551}{40}$

(5) 与式 $= \dfrac{9}{4} - \dfrac{6}{4} + \dfrac{3}{4} = \dfrac{6}{4} = \dfrac{3}{2}$

(6) 与式 $= \dfrac{8}{7} - \dfrac{12}{35} = \dfrac{40}{35} - \dfrac{12}{35} = \dfrac{4}{5}$

(7) 与式 $= \dfrac{1}{2} - \dfrac{1}{2} + \dfrac{1}{2} - \dfrac{1}{2} + \dfrac{1}{4} - \dfrac{1}{4}$

$+ \dfrac{1}{4} + \dfrac{1}{8} - \dfrac{1}{8} + \dfrac{1}{16}$

$= \dfrac{1}{4} + \dfrac{1}{16} = \dfrac{5}{16}$

答 (1) $\dfrac{25}{42}$　(2) $\dfrac{8}{9}$　(3) $\dfrac{5}{16}$　(4) $\dfrac{7551}{40}$　(5) $\dfrac{3}{2}$

(6) $\dfrac{4}{5}$　(7) $\dfrac{5}{16}$

13 (1) 与式 $= 5 \times 3 \times \dfrac{6}{5} = 18$

(2) 与式 $= \dfrac{7}{2} \times \dfrac{5}{4} \times \dfrac{12}{7} = \dfrac{15}{2}$

(3) 与式 $= \dfrac{25}{12} \times \dfrac{21}{5} \times \dfrac{9}{14} = \dfrac{45}{8}$

答 (1) 18　(2) $\dfrac{15}{2}$　(3) $\dfrac{45}{8}$

14 (1) 与式 $= \dfrac{16}{15} \times \dfrac{5}{4} - \dfrac{5}{6} = \dfrac{4}{3} - \dfrac{5}{6}$

$= \dfrac{8}{6} - \dfrac{5}{6} = \dfrac{1}{2}$

(2) 与式 $= \dfrac{49}{15} - \dfrac{17}{6} = \dfrac{98}{30} - \dfrac{85}{30} = \dfrac{13}{30}$

(3) 与式 $= \dfrac{43}{2} - \dfrac{35}{2} = \dfrac{8}{2} = 4$

(4) 与式 $= \dfrac{13}{12} \times \dfrac{3}{5} + \dfrac{12}{5} \times \dfrac{13}{12}$

$= \dfrac{13}{12} \times \left(\dfrac{3}{5} + \dfrac{12}{5} \right) = \dfrac{13}{12} \times 3 = \dfrac{13}{4}$

(5) 与式 $= 3 - 14 \times \dfrac{3}{7} \times \dfrac{3}{8} = 3 - \dfrac{9}{4} = \dfrac{3}{4}$

(6) 与式 $= \dfrac{21}{8} \times \dfrac{2}{3} \times \dfrac{9}{14} - \dfrac{1}{2} = \dfrac{9}{8} - \dfrac{4}{8} = \dfrac{5}{8}$

(7) 与式 $= \dfrac{9}{14} \times \dfrac{8}{5} \times \dfrac{35}{27} + \dfrac{1}{6} = \dfrac{4}{3} + \dfrac{1}{6} = \dfrac{3}{2}$

(8) 与式 $= \dfrac{1}{4} + \dfrac{2}{3} - \dfrac{1}{2} = \dfrac{5}{12}$

(9) 与式 $= \dfrac{9 \times 10 - 6 \times 9 - 5 \times 6}{5 \times 6 \times 9 \times 10}$

$= \dfrac{90 - 54 - 30}{5 \times 6 \times 9 \times 10} = \dfrac{6}{5 \times 6 \times 9 \times 10}$

$= \dfrac{1}{450}$

(10) 与式 $= 1 + \dfrac{4}{1 + \dfrac{3}{\dfrac{3}{2}}} = 1 + \dfrac{4}{1 + 2} = 1 + \dfrac{4}{3}$

$= \dfrac{7}{3}$

答 (1) $\dfrac{1}{2}$ (2) $\dfrac{13}{30}$ (3) 4 (4) $\dfrac{13}{4}$ (5) $\dfrac{3}{4}$ (6) $\dfrac{5}{8}$

(7) $\dfrac{3}{2}$ (8) $\dfrac{5}{12}$ (9) $\dfrac{1}{450}$ (10) $\dfrac{7}{3}$

15 (1) 与式 $= \dfrac{9}{8} \times \dfrac{4}{7} = \dfrac{9}{14}$

(2) 与式 $= \dfrac{25}{24} \times \dfrac{3}{50} = \dfrac{1}{16}$

(3) 与式 $= \left(\dfrac{75}{30} - \dfrac{18}{30} - \dfrac{50}{30} \right) \times \dfrac{15}{14} = \dfrac{7}{30} \times \dfrac{15}{14}$

$= \dfrac{1}{4}$

(4) 与式 $= 8\dfrac{1}{6} - \dfrac{1}{36} \times 6 = 8\dfrac{1}{6} - \dfrac{1}{6} = 8$

(5) 与式 $= \dfrac{47}{14} - \dfrac{4}{9} \div \left(\dfrac{28}{24} - \dfrac{21}{24} \right)$

$= \dfrac{47}{14} - \dfrac{4}{9} \times \dfrac{24}{7} = \dfrac{47}{14} - \dfrac{32}{21}$

$= \dfrac{141}{42} - \dfrac{64}{42} = \dfrac{11}{6}$

(6) 与式 $= \left(\dfrac{1}{6} + \dfrac{7}{3} \right) \times \dfrac{9}{5} - \dfrac{9}{4} \div \dfrac{3}{2}$

$= \dfrac{5}{2} \times \dfrac{9}{5} - \dfrac{9}{4} \times \dfrac{2}{3} = \dfrac{9}{2} - \dfrac{3}{2} = 3$

(7) 与式 $= \left(\dfrac{4}{6} + \dfrac{3}{6} \right) \div \left(\dfrac{4}{6} - \dfrac{3}{6} \right) = \dfrac{7}{6} \div \dfrac{1}{6}$

$= \dfrac{7}{6} \times 6 = 7$

(8) 与式 $= \left(\dfrac{20}{6} - \dfrac{15}{6} \right) \div \left(\dfrac{5}{6} + \dfrac{3}{4} \times \dfrac{5}{3} \right)$

$= \dfrac{5}{6} \div \left(\dfrac{10}{12} + \dfrac{15}{12} \right) = \dfrac{5}{6} \div \dfrac{25}{12}$

$= \dfrac{5}{6} \times \dfrac{12}{25} = \dfrac{2}{5}$

(9) 与式 $= \dfrac{3}{4} \times \left(\dfrac{8}{3} \div 2 + \dfrac{4}{3} \right)$

$= \dfrac{3}{4} \times \left(\dfrac{4}{3} + \dfrac{4}{3} \right) = \dfrac{3}{4} \times \dfrac{8}{3} = 2$

(10) 与式 $= \left(\dfrac{30}{11} \times \dfrac{11}{30} + \dfrac{4}{7} \right) \div \dfrac{1}{2} - 3$

$= \dfrac{11}{7} \times 2 - 3 = \dfrac{22}{7} - 3 = \dfrac{1}{7}$

答 (1) $\dfrac{9}{14}$ (2) $\dfrac{1}{16}$ (3) $\dfrac{1}{4}$ (4) 8 (5) $\dfrac{11}{6}$ (6) 3

(7) 7 (8) $\dfrac{2}{5}$ (9) 2 (10) $\dfrac{1}{7}$

16 (1) 与式 $= \dfrac{5}{8} + \dfrac{23}{10} - \dfrac{1}{5} = \dfrac{25}{40} + \dfrac{92}{40} - \dfrac{8}{40}$

$= \dfrac{109}{40}$

(2) 与式 $= \left(\dfrac{3}{2} - \dfrac{4}{5} \right) + \left(\dfrac{4}{3} - \dfrac{5}{6} \right) - \dfrac{6}{7}$

$= \dfrac{7}{10} + \dfrac{1}{2} - \dfrac{6}{7} = \dfrac{12}{35}$

答 (1) $\dfrac{109}{40}$ (2) $\dfrac{12}{35}$

17 (1) 与式 $= \dfrac{15}{4} \times \dfrac{3}{2} \div \dfrac{5}{4} = \dfrac{9}{2}$

(2) 与式 $= 2023 \times \dfrac{10}{7} \times \dfrac{1}{17} = 170$

答 (1) $\dfrac{9}{2}$ (2) 170

18 (1) 与式 $= \dfrac{111}{2} \div \dfrac{11}{2} - \dfrac{14}{5} \times \dfrac{20}{11}$

$= \dfrac{111}{2} \times \dfrac{2}{11} - \dfrac{56}{11} = \dfrac{111}{11} - \dfrac{56}{11} = 5$

(2) 与式 $= \dfrac{13}{8} + \dfrac{3}{4} \div \dfrac{2}{3} = \dfrac{13}{8} + \dfrac{9}{8} = \dfrac{11}{4}$

(3) 与式 $= \dfrac{8}{5} \times \dfrac{11}{3} - \dfrac{13}{6} \times \dfrac{1}{13} = \dfrac{88}{15} - \dfrac{1}{6}$

$= \dfrac{176}{30} - \dfrac{5}{30} = \dfrac{57}{10}$

(4) 与式 $= \dfrac{9}{20} \times \dfrac{4}{9} - \dfrac{1}{30} \div \dfrac{1}{5} + \dfrac{4}{5} \times \dfrac{2}{3}$

$= \dfrac{1}{5} - \dfrac{1}{6} + \dfrac{8}{15} = \dfrac{17}{30}$

(5) 与式 $= 64 \times \dfrac{1}{4} + 15 \times 3 - 36$

$= 16 + 45 - 36 = 25$

(6) 与式 $= \dfrac{7}{3} \div \dfrac{2}{5} \times \dfrac{6}{11} \div \dfrac{7}{10} \div \dfrac{25}{11} \times \dfrac{9}{2}$

$= \dfrac{7}{3} \times \dfrac{5}{2} \times \dfrac{6}{11} \times \dfrac{10}{7} \times \dfrac{11}{25} \times \dfrac{9}{2} = 9$

答 (1) 5 (2) $\dfrac{11}{4}$ (3) $\dfrac{57}{10}$ (4) $\dfrac{17}{30}$ (5) 25 (6) 9

19 (1) 与式 $= \dfrac{111}{100} \times \left(\dfrac{28}{15} - \dfrac{6}{5} \right) \div \dfrac{37}{100}$

$= \dfrac{111}{100} \times \dfrac{2}{3} \div \dfrac{37}{100} = 2$

(2) 与式 $= \left(\dfrac{14}{27} \times \dfrac{5}{7} - \dfrac{1}{3} \right) \times \dfrac{27}{5}$

$= \left(\dfrac{10}{27} - \dfrac{9}{27} \right) \times \dfrac{27}{5} = \dfrac{1}{27} \times \dfrac{27}{5} = \dfrac{1}{5}$

(3) 与式 $= \left(\dfrac{2024}{2025} \times \dfrac{81}{8} - 7 \right) \times \dfrac{4}{13} = \dfrac{78}{25} \times \dfrac{4}{13}$

$= \dfrac{24}{25}$

(4) 与式 $= \dfrac{14}{5} \times \left(\dfrac{51}{20} \times \dfrac{5}{3} - \dfrac{11}{4} + \dfrac{12}{7} \right)$

$= \dfrac{14}{5} \times \left(\dfrac{17}{4} - \dfrac{11}{4} + \dfrac{12}{7} \right)$

$= \dfrac{14}{5} \times \left(\dfrac{3}{2} + \dfrac{12}{7} \right) = \dfrac{14}{5} \times \dfrac{45}{14} = 9$

(5) 与式 $= (12 - 2) \times \dfrac{2}{5} = 10 \times \dfrac{2}{5} = 4$

(6) 与式 $= \dfrac{1}{5} - \dfrac{2}{13} \times \left(\dfrac{7}{15} - \dfrac{1}{4} \right) \div \dfrac{5}{6}$

$= \dfrac{1}{5} - \dfrac{2}{13} \times \dfrac{13}{60} \times \dfrac{6}{5} = \dfrac{1}{5} - \dfrac{1}{25}$

$= \dfrac{4}{25}$

(7) 与式 $= \dfrac{13}{45} \div \left(\dfrac{17}{40} - \dfrac{9}{25} \right) - \dfrac{17}{6}$

$= \dfrac{13}{45} \div \dfrac{13}{200} - \dfrac{17}{6} = \dfrac{40}{9} - \dfrac{17}{6} = \dfrac{29}{18}$

(8) 与式 $= \dfrac{9}{10} \times 2 - \left(\dfrac{49}{35} - \dfrac{25}{35} \right) \times \dfrac{3}{4}$

$= \dfrac{9}{5} - \dfrac{24}{35} \times \dfrac{3}{4} = \dfrac{9}{5} - \dfrac{18}{35}$

$= \dfrac{63}{35} - \dfrac{18}{35} = \dfrac{9}{7}$

(9) 与式 $= \left\{ 12 \div \left(4 \div \dfrac{122}{15} \right) \times \dfrac{16}{5} \right\} \div \dfrac{16}{25}$

$= \left(12 \div \dfrac{30}{61} \times \dfrac{16}{5} \right) \div \dfrac{16}{25}$

$= \dfrac{2 \times 61 \times 16}{25} \div \dfrac{16}{25} = 122$

(10) 与式 $= \dfrac{1}{8} \times \dfrac{1}{5} \div \left(\dfrac{11}{5} + \dfrac{1}{2} \times \dfrac{24}{5} \right) \times \dfrac{1}{11}$

$= \dfrac{1}{40} \div \left(\dfrac{11}{5} + \dfrac{12}{5} \right) \times \dfrac{1}{11}$

$= \dfrac{1}{40} \div \dfrac{23}{5} \times \dfrac{1}{11} = \dfrac{1}{2024}$

答 (1) 2　(2) $\dfrac{1}{5}$　(3) $\dfrac{24}{25}$　(4) 9　(5) 4　(6) $\dfrac{4}{25}$

(7) $\dfrac{29}{18}$　(8) $\dfrac{9}{7}$　(9) 122　(10) $\dfrac{1}{2024}$

20 (1) 与式 $= (61 + 517) + (137 + 441) + (213 + 365)$

$+ 289$

$= 578 + 578 + 578 + 289$

$= 578 \times 3 + 289 = 289 \times 6 + 289$

$= 289 \times (6 + 1) = 289 \times 7 = 2023$

(2) 与式 $= (1000 - 988) + (997 - 985)$

$+ (994 - 982) + (991 - 979)$

$= 12 + 12 + 12 + 12 = 48$

(3) 2 から 200 までの偶数が，

200 ÷ 2 = 100 (個) あるから，

与式 $= (2 + 200) \times 100 \div 2 = 10100$

(4) 与式 $= 27 \times (19 + 81) = 27 \times 100 = 2700$

(5) 与式 $= 17 \times 4 \times 25 + 25 \times 25 \times 4 \times 4 \times 17$

$= 17 \times 100 + 17 \times 100 \times 100$

$= 1700 + 170000 = 171700$

(6) 与式 $= 11 \times 20 \times 5 + 11 \times 30 - 11 \times 5 \times 4$

$= 11 \times 100 + 11 \times 30 - 11 \times 20$

$= 11 \times (100 + 30 - 20) = 11 \times 110$

$= 1210$

(7) $11 \times 15 = 165$ より，

与式 $= 165 \times (19 + 81) - 100 \times 71$

$= (165 - 71) \times 100 = 94 \times 100 = 9400$

(8) 与式 $= 25 \times 3 + 25 \times 9 + 25 \times 3 \times 5$

$+ 25 \times 13$

$= 25 \times (3 + 9 + 15 + 13) = 25 \times 40$

$= 1000$

(9) 与式 $= (734 + 1) \times 735 - 734 \times (735 + 1)$

$= 734 \times 735 + 735 - 734 \times 735 - 734$

$= 735 - 734 = 1$

(10) 与式 $= (745 - 2) \times 420 + 745 \times 265$

$+ (745 + 2) \times 315$

$= 745 \times 420 - 2 \times 420 + 745 \times 265 +$

$745 \times 315 + 2 \times 315$

$= 745 \times (420 + 265 + 315) - 840 + 630$

$= 745 \times 1000 - 840 + 630 = 744790$

答 (1) 2023　(2) 48　(3) 10100　(4) 2700

(5) 171700　(6) 1210　(7) 9400　(8) 1000

(9) 1　(10) 744790

21 (1) 与式 $= 3.5 \times (1.6 + 1.4) = 3.5 \times 3 = 10.5$

(2) 与式 $= 35 \times 3.45 - 6 \times 3.45 + 21 \times 3.45$
$= (35 - 6 + 21) \times 3.45 = 50 \times 3.45$
$= 172.5$

(3) 与式 $= 1.1 \times 16 + 1.1 \times 25 - 1.1 \times 36$
$= 1.1 \times (16 + 25 - 36) = 1.1 \times 5 = 5.5$

(4) 与式 $= 1.07 \times 3 \times 12 + 1.07 \times 4 \times 17$
$\qquad - 1.07 \times 24$
$= 1.07 \times (36 + 68 - 24)$
$= 1.07 \times 80$
$= 85.6$

(5) 与式 $= 5.06 \times 6.2 + 5.06 \times 100 \times 0.6$
$\qquad - 5.06 \times 20 \times 1.31$
$= 5.06 \times 6.2 + 5.06 \times 60 - 5.06 \times 26.2$
$= 5.06 \times (6.2 + 60 - 26.2)$
$= 5.06 \times 40$
$= 202.4$

(6) 与式 $= \left(\dfrac{170}{70 \times 170} - \dfrac{70}{70 \times 170} \right) \times 2023$
$= \dfrac{100}{70 \times 170} \times 2023$
$= \dfrac{1}{7 \times 17} \times 7 \times 17 \times 17 = 17$

(7) 与式 $= 120 \times \dfrac{1}{6} + 120 \times \dfrac{1}{5} - 120 \times \dfrac{1}{4}$
$\qquad + \dfrac{1}{3} \times 60 + \dfrac{1}{4} \times 60 - \dfrac{1}{5} \times 60$
$= 20 + 24 - 30 + 20 + 15 - 12 = 37$

(8) 与式 $= 11 \times 12 \times (13 - 10) \times \dfrac{1}{4}$
$= 11 \times 12 \times 3 \times \dfrac{1}{4} = 99$

(9) 与式 $= \left\{ \left(\dfrac{1}{2} - \dfrac{1}{3} \right) \times (2 \times 3) \right\}$
$\qquad \times \left\{ \left(\dfrac{1}{3} - \dfrac{1}{4} \right) \times (3 \times 4) \right\}$
$\qquad \times \left\{ \left(\dfrac{1}{4} - \dfrac{1}{5} \right) \times (4 \times 5) \right\}$
$\qquad \times \left\{ \left(\dfrac{1}{5} - \dfrac{1}{6} \right) \times (5 \times 6) \right\}$
$= \left\{ \dfrac{3 - 2}{2 \times 3} \times (2 \times 3) \right\}$
$\qquad \times \left\{ \dfrac{4 - 3}{3 \times 4} \times (3 \times 4) \right\}$
$\qquad \times \left\{ \dfrac{5 - 1}{4 \times 5} \times (4 \times 5) \right\}$

$\qquad \times \left\{ \dfrac{6 - 1}{5 \times 6} \times (5 \times 6) \right\}$
$= 1 \times 1 \times 1 \times 1 = 1$

(10) 与式 $= \left(\dfrac{3}{2} - \dfrac{4}{3} + \dfrac{5}{4} - \dfrac{6}{5} \right) \times 120$
$= \dfrac{3}{2} \times 120 - \dfrac{4}{3} \times 120 + \dfrac{5}{4} \times 120$
$\qquad - \dfrac{6}{5} \times 120$
$= 180 - 160 + 150 - 144 = 26$

答 (1) 10.5 (2) 172.5 (3) 5.5 (4) 85.6
(5) 202.4 (6) 17 (7) 37 (8) 99 (9) 1 (10) 26

22 (1) 与式 $= \left(1 - \dfrac{1}{2} \right) + \left(\dfrac{1}{2} - \dfrac{1}{3} \right) + \left(\dfrac{1}{3} - \dfrac{1}{4} \right)$
$\qquad + \left(\dfrac{1}{4} - \dfrac{1}{5} \right)$
$= 1 - \dfrac{1}{5} = \dfrac{4}{5}$

(2) 与式 $= \left(\dfrac{1}{2} - \dfrac{1}{3} \right) + \left(\dfrac{1}{3} - \dfrac{1}{4} \right) + \left(\dfrac{1}{4} - \dfrac{1}{5} \right)$
$\qquad + \left(\dfrac{1}{5} - \dfrac{1}{6} \right) + \left(\dfrac{1}{6} - \dfrac{1}{7} \right)$
$= \dfrac{1}{2} - \dfrac{1}{7} = \dfrac{5}{14}$

(3) 与式 $= \left(\dfrac{1}{5} - \dfrac{1}{8} \right) + \left(\dfrac{1}{8} - \dfrac{1}{11} \right) + \left(\dfrac{1}{11} - \dfrac{1}{14} \right)$
$= \dfrac{1}{5} - \dfrac{1}{14} = \dfrac{14}{70} - \dfrac{5}{70} = \dfrac{9}{70}$

(4) 与式 $= \dfrac{2}{2 \times 4} + \dfrac{2}{4 \times 6} + \dfrac{2}{6 \times 8} + \dfrac{2}{8 \times 10}$
$\qquad + \dfrac{2}{10 \times 12}$
$= \dfrac{1}{2} - \dfrac{1}{4} + \dfrac{1}{4} - \dfrac{1}{6} + \dfrac{1}{6} - \dfrac{1}{8} + \dfrac{1}{8}$
$\qquad - \dfrac{1}{10} + \dfrac{1}{10} - \dfrac{1}{12}$
$= \dfrac{1}{2} - \dfrac{1}{12} = \dfrac{5}{12}$

答 (1) $\dfrac{4}{5}$ (2) $\dfrac{5}{14}$ (3) $\dfrac{9}{70}$ (4) $\dfrac{5}{12}$

23 (1) $469 \div \boxed{} = 4 + 7 \times 9 = 67$ より，
$\boxed{} = 469 \div 67 = 7$

(2) $\boxed{} \times 3 = 26 - 5 = 21$
よって，$\boxed{} = 21 \div 3 = 7$

(3) $(2 + \boxed{}) \div 3 = 17 - 2 = 15$ より，
$2 + \boxed{} = 15 \times 3 = 45$
よって，$\boxed{} = 45 - 2 = 43$

(4) $(\boxed{} \times 4 + 16) \times 3 = 69 + 51 = 120$ より，

$\boxed{} \times 4 + 16 = 120 \div 3 = 40$ だから，

$\boxed{} \times 4 = 40 - 16 = 24$

よって，$\boxed{} = 24 \div 4 = 6$

(5) $51 - 45 \div (5 + \boxed{}) = 138 \div 3 = 46$ より，

$45 \div (5 + \boxed{}) = 51 - 46 = 5$ なので，

$5 + \boxed{} = 45 \div 5 = 9$

よって，$\boxed{} = 9 - 5 = 4$

(6) $2024 \div (32 - 45 \div \boxed{}) - 33 = 11 \times 5$

$= 55$ より，

$2024 \div (32 - 45 \div \boxed{}) = 55 + 33 = 88$

したがって，

$32 - 45 \div \boxed{} = 2024 \div 88 = 23$ より，

$45 \div \boxed{} = 32 - 23 = 9$

よって，$\boxed{} = 45 \div 9 = 5$

答 (1) 7　(2) 7　(3) 43　(4) 6　(5) 4　(6) 5

24 (1) $4.92 + 12.23 = 17.15$ で，

$7 \times 7 \times \boxed{} = 49 \times \boxed{}$ だから，

$\boxed{} = 17.15 \div 49 = 0.35$

(2) $(3 \times \boxed{} - 0.4) \div 2 = 5 - 0.7 = 4.3$ より，

$3 \times \boxed{} - 0.4 = 4.3 \times 2 = 8.6$

よって，$3 \times \boxed{} = 8.6 + 0.4 = 9$ より，

$\boxed{} = 9 \div 3 = 3$

答 (1) 0.35　(2) 3

25 (1) $\boxed{} \div \dfrac{1}{4} = \dfrac{5}{6} + \dfrac{1}{2} = \dfrac{4}{3}$

よって，$\boxed{} = \dfrac{4}{3} \times \dfrac{1}{4} = \dfrac{1}{3}$

(2) $\dfrac{1}{3} \div \boxed{} = \dfrac{1}{4} \times \dfrac{8}{7} = \dfrac{2}{7}$ より，

$\boxed{} = \dfrac{1}{3} \div \dfrac{2}{7} = \dfrac{7}{6}$

(3) $\dfrac{49}{3} - \dfrac{2}{5} \times \boxed{} = 13$ より，

$\dfrac{2}{5} \times \boxed{} = \dfrac{49}{3} - 13 = \dfrac{10}{3}$

よって，$\boxed{} = \dfrac{10}{3} \div \dfrac{2}{5} = \dfrac{25}{3}$

(4) $\boxed{} \times \left(\dfrac{1}{2} + \dfrac{1}{3} + \dfrac{1}{4} + \dfrac{1}{5} + \dfrac{1}{6} \right) = 29$ より，

$\boxed{} \times \dfrac{87}{60} = 29$

よって，$\boxed{} = 29 \div \dfrac{87}{60} = 20$

(5) $13 - \boxed{} = 6 \div \dfrac{2}{3} = 6 \times \dfrac{3}{2} = 9$

よって，$\boxed{} = 13 - 9 = 4$

(6) $\dfrac{1}{2} \div \left(\boxed{} - \dfrac{4}{3} \right) \times \dfrac{5}{6} = \dfrac{9}{10} - \dfrac{7}{8}$

$= \dfrac{1}{40}$ より，

$\dfrac{1}{2} \div \left(\boxed{} - \dfrac{4}{3} \right) = \dfrac{1}{40} \div \dfrac{5}{6}$

$= \dfrac{3}{100}$ だから，

$\boxed{} - \dfrac{4}{3} = \dfrac{1}{2} \div \dfrac{3}{100} = \dfrac{50}{3}$

よって，$\boxed{} = \dfrac{50}{3} + \dfrac{4}{3} = 18$

(7) $\dfrac{1}{2} - \left(\boxed{} - \dfrac{1}{24} \right) = \dfrac{5}{12}$ より，

$\boxed{} - \dfrac{1}{24} = \dfrac{1}{2} - \dfrac{5}{12} = \dfrac{1}{12}$

よって，$\boxed{} = \dfrac{1}{12} + \dfrac{1}{24} = \dfrac{1}{8}$

(8) $(1 + 8) \times 9 \times \boxed{} = 2025$ より，

$81 \times \boxed{} = 2025$

よって，$\boxed{} = 2025 \div 81 = 25$

答 (1) $\dfrac{1}{3}$　(2) $\dfrac{7}{6}$　(3) $\dfrac{25}{3}$　(4) 20　(5) 4　(6) 18

(7) $\dfrac{1}{8}$　(8) 25

26 (1) $3 - 5 \times \boxed{} = \dfrac{1}{2} \div \dfrac{3}{10} = \dfrac{5}{3}$ より，

$5 \times \boxed{} = 3 - \dfrac{5}{3} = \dfrac{4}{3}$

よって，$\boxed{} = \dfrac{4}{3} \div 5 = \dfrac{4}{15}$

(2) $\boxed{} \times \dfrac{3}{4} - 2 = 15 \div 5 = 3$ より，

$\boxed{} \times \dfrac{3}{4} = 3 + 2 = 5$

よって，$\boxed{} = 5 \div \dfrac{3}{4} = \dfrac{20}{3}$

(3) $2\dfrac{1}{2} - \boxed{} \div \dfrac{3}{7} = 1\dfrac{1}{3} \div 1\dfrac{3}{4} = \dfrac{16}{21}$ より，

$\boxed{} \div \dfrac{3}{7} = 2\dfrac{1}{2} - \dfrac{16}{21} = \dfrac{73}{42}$

よって，$\boxed{} = \dfrac{73}{42} \times \dfrac{3}{7} = \dfrac{73}{98}$

(4) $\frac{1}{5} \div \left(\frac{\boxed{}}{2} - \frac{2}{3}\right) = \frac{2}{5} - \frac{4}{25} = \frac{6}{25}$ より，

$\frac{\boxed{}}{2} - \frac{2}{3} = \frac{1}{5} \div \frac{6}{25} = \frac{5}{6}$

よって，$\frac{\boxed{}}{2} = \frac{5}{6} + \frac{2}{3} = \frac{3}{2}$ より，

$\boxed{} = 3$

(5) $\frac{9}{10} + \frac{22 - \boxed{}}{5} = 15 \div \frac{10}{3} = 15 \times \frac{3}{10}$

$= \frac{9}{2}$ より，

$\frac{22 - \boxed{}}{5} = \frac{9}{2} - \frac{9}{10} = \frac{45}{10} - \frac{9}{10}$

$= \frac{18}{5}$ なので，$22 - \boxed{} = 18$

よって，$\boxed{} = 22 - 18 = 4$

(6) $\left(\frac{1}{12} + \boxed{}\right) \times \frac{1}{2} = 6 - 3 = 3$ より，

$\frac{1}{12} + \boxed{} = 3 \div \frac{1}{2} = 3 \times 2 = 6$ なので，

$\boxed{} = 6 - \frac{1}{12} = \frac{71}{12}$

(7) $\frac{1}{6} + 14 \times \left(\boxed{} - \frac{1}{3}\right) = 2 - \frac{1}{2} = \frac{3}{2}$

より，

$14 \times \left(\boxed{} - \frac{1}{3}\right) = \frac{3}{2} - \frac{1}{6} = \frac{4}{3}$

よって，$\boxed{} - \frac{1}{3} = \frac{4}{3} \div 14 = \frac{2}{21}$ より，

$\boxed{} = \frac{2}{21} + \frac{1}{3} = \frac{3}{7}$

答 (1) $\frac{4}{15}$ (2) $\frac{20}{3}$ (3) $\frac{73}{98}$ (4) 3 (5) 4 (6) $\frac{71}{12}$

(7) $\frac{3}{7}$

27 (1) $\frac{14}{5} \div \frac{7}{4} - \frac{8}{5} \times \boxed{} = \frac{4}{3}$ より，

$\frac{8}{5} - \frac{8}{5} \times \boxed{} = \frac{4}{3}$ だから，

$\frac{8}{5} \times \boxed{} = \frac{8}{5} - \frac{4}{3} = \frac{4}{15}$

よって，$\boxed{} = \frac{4}{15} \div \frac{8}{5} = \frac{1}{6}$

(2) $4 + \frac{1}{\boxed{}} = 10 \div 2.4 = 10 \div \frac{12}{5}$

$= 10 \times \frac{5}{12} = \frac{25}{6}$ より，

$\frac{1}{\boxed{}} = \frac{25}{6} - 4 = \frac{1}{6}$　よって，$\boxed{} = 6$

(3) $\frac{0.125 \times 40}{8 \times 0.25} = \frac{5}{2}$ より，

$6 \div \frac{8}{4 + \boxed{}} = 10 - \frac{5}{2} = \frac{15}{2}$

したがって，

$\frac{8}{4 + \boxed{}} = 6 \div \frac{15}{2} = 6 \times \frac{2}{15} = \frac{4}{5} = \frac{8}{10}$

よって，$4 + \boxed{} = 10$ より，

$\boxed{} = 10 - 4 = 6$

答 (1) $\frac{1}{6}$　(2) 6　(3) 6

28 (1) $\left(\frac{26}{5} - \boxed{}\right) \div \frac{3}{10} = 7 - \frac{5}{3} = \frac{16}{3}$ より，

$\frac{26}{5} - \boxed{} = \frac{16}{3} \times \frac{3}{10} = \frac{8}{5}$ なので，

$\boxed{} = \frac{26}{5} - \frac{8}{5} = \frac{18}{5}$

(2) $\frac{4}{7} \times (0.7 - \boxed{}) = 1 - \frac{5}{7} = \frac{2}{7}$ より，

$0.7 - \boxed{} = \frac{2}{7} \div \frac{4}{7} = \frac{2}{7} \times \frac{7}{4}$

$= \frac{1}{2}$ だから，

$\boxed{} = 0.7 - \frac{1}{2} = 0.7 - 0.5 = 0.2$

(3) $\frac{4}{3} - \frac{1}{25} - \frac{7}{5} \times \boxed{} = \frac{2}{15} \times \frac{31}{5}$

$= \frac{62}{75}$ より，

$\frac{7}{5} \times \boxed{} = \frac{97}{75} - \frac{62}{75} = \frac{7}{15}$

よって，$\boxed{} = \frac{7}{15} \div \frac{7}{5} = \frac{1}{3}$

(4) $\left(\frac{2}{3} - \boxed{}\right) \div \frac{10}{9} \times \frac{8}{15} = \frac{3}{40} + \frac{1}{8}$

$= \frac{1}{5}$ より，

$\frac{2}{3} - \boxed{} = \frac{1}{5} \div \frac{8}{15} \times \frac{10}{9} = \frac{5}{12}$

よって，$\boxed{} = \frac{2}{3} - \frac{5}{12} = \frac{1}{4}$

(5) $2.25 + \frac{2}{3} = \frac{9}{4} + \frac{2}{3} = \frac{35}{12}$, $1\frac{1}{6} + 0.5$

$= \frac{7}{6} + \frac{1}{2} = \frac{5}{3}$ より，

$\frac{35}{12} \div \boxed{} = \frac{5}{3} \div \frac{14}{5} = \frac{25}{42}$

よって，$\boxed{} = \frac{35}{12} \div \frac{25}{42} = \frac{49}{10}$

(6) $\dfrac{8}{3} \div \dfrac{20}{9} \times \left(\dfrac{6}{5} - \dfrac{4}{3} \div \boxed{} \right)$

$= \dfrac{1}{20} + 0.34 = \dfrac{39}{100}$ より,

$\dfrac{6}{5} - \dfrac{4}{3} \div \boxed{} = \dfrac{39}{100} \times \dfrac{20}{9} \div \dfrac{8}{3} = \dfrac{13}{40}$

よって, $\dfrac{4}{3} \div \boxed{} = \dfrac{6}{5} - \dfrac{13}{40} = \dfrac{7}{8}$ より,

$\boxed{} = \dfrac{4}{3} \div \dfrac{7}{8} = \dfrac{32}{21}$

(7) $4 \times \left(\dfrac{1}{16} \div \boxed{} \times 6 - \dfrac{1}{20} \right) = \dfrac{16}{5} - 1$

$= \dfrac{11}{5}$ より,

$\dfrac{1}{16} \div \boxed{} \times 6 - \dfrac{1}{20} = \dfrac{11}{5} \div 4 = \dfrac{11}{20}$ だから,

$\dfrac{1}{16} \div \boxed{} \times 6 = \dfrac{11}{20} + \dfrac{1}{20} = \dfrac{3}{5}$ より,

$\dfrac{1}{16} \div \boxed{} = \dfrac{3}{5} \div 6 = \dfrac{1}{10}$

よって, $\boxed{} = \dfrac{1}{16} \div \dfrac{1}{10} = \dfrac{5}{8}$

(8) $10 - \dfrac{34}{5} \times \left(\dfrac{7}{4} - \boxed{} \right) = \dfrac{18}{5} \div \dfrac{9}{8}$

$= \dfrac{16}{5}$ より,

$\dfrac{34}{5} \times \left(\dfrac{7}{4} - \boxed{} \right) = 10 - \dfrac{16}{5} = \dfrac{34}{5}$ だから,

$\dfrac{7}{4} - \boxed{} = \dfrac{34}{5} \div \dfrac{34}{5} = 1$

よって, $\boxed{} = \dfrac{7}{4} - 1 = \dfrac{3}{4}$

(9) $\dfrac{9}{5} \times \dfrac{7}{2} - \left(\dfrac{7}{6} + \boxed{} \right) \times \dfrac{9}{10} = 5 \times \dfrac{39}{50}$

$= \dfrac{39}{10}$ より,

$\left(\dfrac{7}{6} + \boxed{} \right) \times \dfrac{9}{10} = \dfrac{63}{10} - \dfrac{39}{10} = \dfrac{12}{5}$ だから,

$\dfrac{7}{6} + \boxed{} = \dfrac{12}{5} \div \dfrac{9}{10} = \dfrac{8}{3}$

よって, $\boxed{} = \dfrac{8}{3} - \dfrac{7}{6} = \dfrac{3}{2}$

(10) $18 \div 8\dfrac{1}{4} = 18 \times \dfrac{4}{33} = \dfrac{24}{11}$ より,

$8 + \left(\boxed{} - \dfrac{5}{8} \right) \times \dfrac{24}{11} = 89 \div 11$

$= \dfrac{89}{11}$ だから,

$\left(\boxed{} - \dfrac{5}{8} \right) \times \dfrac{24}{11} = \dfrac{89}{11} - 8 = \dfrac{1}{11}$

よって, $\boxed{} - \dfrac{5}{8} = \dfrac{1}{11} \div \dfrac{24}{11} = \dfrac{1}{24}$ だから,

$\boxed{} = \dfrac{1}{24} + \dfrac{5}{8} = \dfrac{2}{3}$

答 (1) $\dfrac{18}{5}$　(2) 0.2　(3) $\dfrac{1}{3}$　(4) $\dfrac{1}{4}$　(5) $\dfrac{49}{10}$

(6) $\dfrac{32}{21}$　(7) $\dfrac{5}{8}$　(8) $\dfrac{3}{4}$　(9) $\dfrac{3}{2}$　(10) $\dfrac{2}{3}$

29 (1) 一の位を四捨五入して850になる整数の範囲
は, 845以上855未満。よって, 845。

(2) 十の位を四捨五入するから,
いちばん小さい数は7750,
いちばん大きい整数は7849である。

(3) $2023 - 0.5 = 2022.5$ 以上,
$2023 + 0.5 = 2023.5$ 未満。

答 (1) 845　(2) (順に) 7750, 7849
(3) (順に) 2022.5, 2023.5

30 (1) 百の位の数を四捨五入すると2000になる整数
のうち, 最も大きな数は2499。
これを3で割った商は, $2499 \div 3 = 833$

(2) $\dfrac{あ}{97} = あ \div 97$ が0.15以上0.25未満なので,

あは, $0.15 \times 97 = 14.55$ 以上,
$0.25 \times 97 = 24.25$ 未満。よって,
15から24までの, $24 - 15 + 1 = 10$ (個)

答 (1) 833　(2) 10

31 一の位の数が3であることに注目すると,
$41 \times 3 = 123$, $47 \times 9 = 423$,
$49 \times 7 = 343$ が考えられる。
$423 = 47 \times 9$ より, 求める積は, $47 \times 19 = 893$

答 イ

32 $8 \times 3 = 24$ で, $8 \times 3 - 6 = 24$ だから,
アは×で, イは−。

答 ア. ×　イ. −

33 $6 + 5 + 4 + 3 \boxed{} 2 + 1$
$= 2023 \div 7 \div (9 + 8) = 17$ より,
$3 \boxed{} 2 = 17 - (6 + 5 + 4 + 1) = 1$
よって, $\boxed{}$ に入るのは, −。

答 −

34 $4 + 4 = 8$, $4 \div 4 = 1$ なので,
$8 - 1 = 7$ にできる。
よって, $4 + 4 - 4 \div 4 = 7$ か,
$4 - 4 \div 4 + 4 = 7$ のいずれか。

答 (左から順に) ＋, −, ÷ (または) −, ÷, ＋

35 ある数を 8 倍してから 12 をひいた数は,

13 × 9 + 7 = 124 だから,

ある数は, (124 + 12) ÷ 8 = 17

答 17

36 ある数を □ とすると, まちがえた計算より,

$\square \div \dfrac{9}{8} = \dfrac{16}{27}$ だから,

$\square = \dfrac{16}{27} \times \dfrac{9}{8} = \dfrac{2}{3}$

よって, 正しい答えは, $\dfrac{2}{3} \div \dfrac{8}{9} = \dfrac{3}{4}$

答 $\dfrac{3}{4}$

37 ある 3 けたの整数を 17 で割った商と余りがどちらも同じ整数 □ になったとすると,

この 3 けたの整数は,

$\square \times 17 + \square = \square \times 18$ と表すこと

ができる。

よって, このような 3 けたの整数のうち,

最も小さい数は, 100 ÷ 18 = 5 余り 10 より,

18 × 6 = 108

答 108

38 1 × 2 × 3 × 4 × 5 × 6 × 7 × 8 × 9

= 1 × 2 × 3 × (2 × 2) × 5 × (2 × 3) × 7

　× (2 × 2 × 2) × (3 × 3) より,

2 を 7 回, 3 を 4 回, 5 を 1 回, 7 を 1 回かけあわせた数。

かけあわせる回数を偶数にすればよいので,

求める数は, 2 × 5 × 7 = 70

70 をかけると, 2 を 8 回, 3 を 4 回, 5 を 2 回, 7 を 2 回かけあわせた数になるので,

(2 × 2 × 2 × 2) × (3 × 3) × 5 × 7 = 5040 を 2 回

かけあわせた数になる。

答 70

39 ある整数の 5 倍は, 40 + 11 = 51 より大きいので,

ある整数は, 51 ÷ 5 = 10.2 より大きい。

また, ある整数の 2 倍は,

26 − 3 = 23 より小さいので,

ある整数は, 23 ÷ 2 = 11.5 より小さい。よって,

10.2 より大きく 11.5 より小さい整数だから, 11。

答 11

40 2 ★ 3 = 2 × 2 + 3 × 3 = 13 より,

13 ★ 10 = 13 × 13 + 10 × 10 = 269

答 269

41 (2 * 8) = (2 + 8) ÷ 2 = 5 だから,

5 * (3 * □ * 16) = 7.5

よって,

(3 * □ * 16) = 7.5 × 2 − 5 = 10 より,

□ = 10 × 3 − (3 + 16) = 11

答 11

42 $3 ★ 9 = (3 + 9) \div (3 \div 9) = 12 \div \dfrac{1}{3} = 36$

また, $5 ★ 4 = (5 + 4) \div (5 \div 4) = 9 \div \dfrac{5}{4} = \dfrac{36}{5}$

よって, 求める数は, $36 \div \dfrac{36}{5} = 5$

答 5

43 85 − 7 = 78 の約数のうち, 7 より大きい数を答えればよい。よって, 13, 26, 39, 78。

答 13, 26, 39, 78

44 (1) 53 ÷ 7 = 7 あまり 4 より, 53 ◎ 7 = 4

(2) 37 ÷ 13 = 2 あまり 11,

59 ÷ 8 = 7 あまり 3 より,

37 ◎ 13 = 11, 59 ◎ 8 = 3

よって, 11 ÷ 3 = 3 あまり 2 より,

求める答えは 2。

(3) 12 の倍数に 8 を加えた数のうち, 一番小さい 3 けたの整数を考えればよい。

よって, 100 ÷ 12 = 8 あまり 4 より,

求める数は, 12 × 8 + 8 = 104

答 (1) 4 (2) 2 (3) 104

45 10 ÷ 7 = 1 あまり 3 より, 〔10〕= 3

20 ÷ 7 = 2 あまり 6 より, 〔20〕= 6

30 ÷ 7 = 4 あまり 2 より, 〔30〕= 2

以下同様に, 〔40〕= 5, 〔50〕= 1, 〔60〕= 4,

〔70〕= 0, 〔80〕= 3, 〔90〕= 6, 〔100〕= 2 となる。

よって,

〔〔10〕+〔20〕+〔30〕+〔40〕+〔50〕+〔60〕+〔70〕

　+〔80〕+〔90〕+〔100〕〕

=〔3 + 6 + 2 + 5 + 1 + 4 + 0 + 3 + 6 + 2〕

=〔32〕となるから,

32 ÷ 7 = 4 あまり 4 より, 4。

答 4

46 (1)　$[15] = 15 \times 17 = 255$

(2)　2024 を素数のかけ算の式で表すと，

$2024 = 2 \times 2 \times 2 \times 11 \times 23$ なので，

できるだけ近い 2 つの整数のかけ算で表すと，

$(2 \times 2 \times 11) \times (2 \times 23) = 44 \times 46$ となり，

かけられる数とかける数の差は 2 になる。

よって，

$[a] = a \times (a + 2) = 44 \times 46 = 2024$ なので，

$a = 44$

(3)　a か $(a + 2)$ が 35 の倍数になれば $[a]$ も 35 の倍

数になるので，これにあてはまる a は，

$35 - 2 = 33$，35，$70 - 2 = 68$，70 の 4 個。

これ以外に，$35 = 5 \times 7$ より，

一方が 5 の倍数，もう一方が 7 の倍数であれば

積は 35 の倍数になる。

5 の倍数の一の位の数は 0 か 5 なので，

7 の倍数のうち一の位が，

$5 - 2 = 3$，$10 - 2 = 8$ であれば，

その 7 の倍数が a にあてはまり，

$5 + 2 = 7$，$0 + 2 = 2$ であれば，

その 7 の倍数にかけ合わせる 5 の倍数が a にあて

はまる。

100 以下の 7 の倍数のうち一の位の数が

2，3，7，8 のどれかであるものは，

7，28，42，63，77，98 の 6 個だから，

a にあてはまる数は，$7 - 2 = 5$，28，

$42 - 2 = 40$，63，$77 - 2 = 75$，98 の 6 個。

よって，$[a]$ が 35 の倍数となる a は，

$4 + 6 = 10$（個）

答　(1) 255　(2) 44　(3) 10（個）

47 (1)　20 の約数は，1，2，4，5，10，20 なので，

$《20》= 1 + 2 + 4 + 5 + 10 + 20 = 42$

23 の約数は 1，23 なので，

$《23》= 1 + 23 = 24$

よって，$《20》+《23》= 42 + 24 = 66$

(2)　77 の約数は，1，7，11，77 の 4 個なので，

$《77》= 1 + 7 + 11 + 77 = 96$，$[77] = 4$

よって，$《77》÷[77] = 96 \div 4 = 24$

(3)　$[\boxed{}] = 2$ となるとき，$\boxed{}$ は素数であ

り，その約数は 1 とその数自身の 2 個。

よって，$《\boxed{}》= 80$ より，

$1 + \boxed{} = 80$ なので，$\boxed{} = 80 - 1 = 79$

答　(1) 66　(2) 24　(3) 79

48 (1)　A は 75 以上 84 以下の整数なので，

$84 - 75 + 1 = 10$（通り）

(2)　B は 15 以上 24 以下の整数。

$[A] + [B] = 80 + 20 = 100$ より，

A + B を一の位で四捨五入した数が 100 になる

ので，A + B は 95 から 104 まで。

これにあてはまるのは，

A = 75 のとき，B は 20 から 24 までの 5 通り。

A = 76 のとき，B は 19 から 24 までの 6 通り。

A = 77 のとき，B は 18 から 24 までの 7 通り。

A = 78 のとき，B は 17 から 24 までの 8 通り。

A = 79 のとき，B は 16 から 24 までの 9 通り。

A = 80 のとき，B は 15 から 24 までの 10 通り。

A = 81 のとき，B は 15 から 23 までの 9 通り。

A = 82 のとき，B は 15 から 22 までの 8 通り。

A = 83 のとき，B は 15 から 21 までの 7 通り。

A = 84 のとき，B は 15 から 20 までの 6 通り。

よって，A，B にあてはまる組み合わせは全部で，

$5 + 6 + 7 + 8 + 9 + 10 + 9 + 8 + 7 + 6$

$= 75$（通り）

答　(1) 10 通り　(2) 75 通り

2．数の性質

★問題 P．25〜39 ★

1 (1) 1, 2, 3, 4, 6, 8, 12, 16, 24, 48 の 10 個。

(2) 1, 2, 3, 4, 6, 8, 9, 12, 18, 24, 36, 72 の
12 個。

答 (1) 10 (2) 12

2 2024 を素数の積で表すと，

$2 \times 2 \times 2 \times 11 \times 23$ となる。

よって，2024 の約数は小さい順に，

1, 2, $2 \times 2 = 4$, $2 \times 2 \times 2 = 8$, 11, …, 2024

となるから，小さい方から 5 番目の約数は 11。

答 11

3 約数が 3 個の整数は，同じ素数を 2 個かけ合わせ
た数。

$2 \times 2 = 4$, $3 \times 3 = 9$, $5 \times 5 = 25$, $7 \times 7 = 49$,

$11 \times 11 = 121$ より，1 から 100 までの整数のうち，

このような数は 4, 9, 25, 49 の 4 個。

答 4（個）

4 (1) $42 = 14 \times 3$, $70 = 14 \times 5$, $112 = 14 \times 8$ より，

最大公約数は 14。

(2) $72 = 36 \times 2$, $108 = 36 \times 3$ より，

最大公約数は 36。よって，公約数は，

1, 2, 3, 4, 6, 9, 12, 18, 36 の 9 個。

(3) 45 と 60 の最大公約数は 15 だから，

公約数は 15 の約数である 1, 3, 5, 15 の 4 個。

よって，$1 + 3 + 5 + 15 = 24$

答 (1) 14 (2) 9（個） (3) 24

5 36 と 54 をそれぞれ素数のかけ算の式で表すと，

$36 = 2 \times 2 \times 3 \times 3$, $54 = 2 \times 3 \times 3 \times 3$ なので，

$36 ☆ 54 = 2 \times 3 \times 3 = 18$

また，

90 と 150 をそれぞれ素数のかけ算の式で表すと，

$90 = 2 \times 3 \times 3 \times 5$, $150 = 2 \times 3 \times 5 \times 5$ なので，

$90 ☆ 150 = 2 \times 3 \times 5 = 30$

よって，18 と 30 をそれぞれ素数のかけ算の式で表
すと，$18 = 2 \times 3 \times 3$, $30 = 2 \times 3 \times 5$ なので，

$(36 ☆ 54) ☆ (90 ☆ 150) = 18 ☆ 30 = 2 \times 3 = 6$

答 ア．18 イ．6

6 配る人数が 60 と 48 の公約数ならあまりなく配る
ことができるので，配ることができる最大人数は 60
と 48 の最大公約数。

$60 = 2 \times 2 \times 3 \times 5$ と，

$48 = 2 \times 2 \times 2 \times 2 \times 3$ の最大公約数は，

$2 \times 2 \times 3 = 12$ なので，

最大で 12 人に配ることができる。

答 12（人）

7 整数 A は，$128 - 16 = 112$ と，

$196 - 28 = 168$ の公約数で 28 より大きい。

112 と 168 の最大公約数は 56 で，

56 の約数は大きい順に 56, 28, …なので，

求める整数は，56。

答 56

8 $53 - 5 = 48$ と，$63 - 3 = 60$ と，

$88 - 4 = 84$ の最大公約数は 12。

12 の約数のうち，5 より大きい数は，6 と 12。

答 6, 12

9 (1) 12 の約数は，1, 2, 3, 4, 6, 12 で，

18 の約数は，1, 2, 3, 6, 9, 18 だから，

最大公約数は 6。よって，アは 6。

121 の約数は，1, 11, 121 で，

132 の約数は，1, 2, 3, 4, 6, 11, 12, 22, 33,

44, 66, 132 だから，

最大公約数は 11。よって，イは 11。

$18 - 12 = 6$, $132 - 121 = 11$ より，

2 つの数字のひき算の答えになっているから，

ウはひき算。

$2024 - 2002 = 22$ より，エは 22。

299 より小さくなるまでひき算をくり返すと，

$2024 - 299 = 1725$, $1725 - 299 = 1426$,

$1426 - 299 = 1127$, $1127 - 299 = 828$,

$828 - 299 = 529$, $529 - 299 = 230$ より，

オは 230。

$299 - 230 = 69$ だから，カは 69。

(2) 299 と 2024 の最大公約数を□とすると，

299 も 2024 も□で割り切れるので，

2024 から 299 をひいていって残る 230 も，

299 と 230 の差である 69 も，□で割り切れる。

よって，299 と 2024 の最大公約数は，

69 と 299 の最大公約数と同じになる。

69 の約数は，1, 3, 23, 69 で，

このうち 299 を割り切れるものは 1 と 23 だから，

299 と 2024 の最大公約数は 23。

答 (1)ア．6 イ．11 ウ．ひき算 エ．22

オ．230 カ．69

(2) 23

10 (1) 　100 ÷ 4 = 25（個）

(2) 　1 から 200 までに，

200 ÷ 7 = 28 あまり 4 より，28 個あり，

1 から 99 までに，

99 ÷ 7 = 14 あまり 1 より，14 個ある。

よって，28 − 14 = 14（個）

答 (1) 25（個）　(2) 14（個）

11 (1) 　100 ÷ 8 = 12 あまり 4 より，

100 より小さい数では，8 × 11 + 6 = 94

100 より大きい数では，8 × 12 + 6 = 102

よって，求める数は 102。

(2) 　4 の倍数よりも 3 大きい数となるから，

2 けたの数で最大の 4 の倍数は，

99 ÷ 4 = 24 あまり 3 より，4 × 24 = 96

よって，求める整数は，96 + 3 = 99

答 (1) 102　(2) 99

12 (1) 　素数のかけ算の式で表すと，

9 = 3 × 3，12 = 2 × 2 × 3 なので，

9 と 12 の最小公倍数は，

2 × 2 × 3 × 3 = 36

(2) 　117 = 3 × 3 × 13，

126 = 2 × 3 × 3 × 7 なので，

最小公倍数は，2 × 3 × 3 × 7 × 13 = 1638

答 (1) 36　(2) 1638

13 (1) 　6 でも 9 でも割りきれる数は 6 と 9 の最小公倍

数である 18 の倍数なので，

200 ÷ 18 = 11 あまり 2 より，11 個。

(2) 　1 から 100 までの整数は 100 個，

1 から 49 までの整数は 49 個あるので，

50 から 100 までの整数は，100 − 49 = 51（個）

3 と 7 の最小公倍数は 21 なので，

3 でも 7 でもわり切れる数は 21 の倍数。

100 ÷ 21 = 4 あまり 16 より，

1 から 100 までの整数に 21 の倍数は 4 個あり，

49 ÷ 21 = 2 あまり 7 より，

1 から 49 までの整数に 21 の倍数は 2 個あるので，

50 から 100 までの整数のうち 3 でも 7 でもわり

切れる数は，4 − 2 = 2（個）

答 (1) 11　(2) ア．51　イ．2

14 (1) 　2 でも 3 でも割り切れる数は 6 の倍数だから，

100 ÷ 6 = 16 余り 4 より，16 個。

(2) 　1 から 50 までの整数の中で，

4 でわり切れる数は，

50 ÷ 4 = 12 余り 2 より，12 個。

6 でわり切れる数は，

50 ÷ 6 = 8 余り 2 より，8 個。

また，

4 と 6 の最小公倍数である 12 でわり切れる数は，

50 ÷ 12 = 4 余り 2 より，4 個。

よって，4 か 6 でわり切れる数は，

12 + 8 − 4 = 16（個）

この 16 個以外の数は 4 でも 6 でもわり切れない

数だから，その個数は，50 − 16 = 34（個）

答 (1) 16　(2) 34

15 (1) 　3 と 4 の最小公倍数は 12。

99 ÷ 12 = 8 あまり 3 より，

求める数は，96 + 1 = 97

(2) 　4 と 6 の最小公倍数は 12 なので，

もっとも小さい数は，12 × 1 + 3 = 15

よって，

15，27，39，51，63，75，87，99 の 8 個。

答 (1) 97　(2) 8（個）

16 (1) 　1 から 100 までに，

100 ÷ 3 = 33 余り 1 より，33 個あり，

1 から 49 までには，

49 ÷ 3 = 16 余り 1 より，16 個あるから，

33 − 16 = 17（個）

(2) 　1 から 100 までに，

(100 − 3) ÷ 7 = 13 余り 6 より，13 個あり，

1 から 49 までには，

(49 − 3) ÷ 7 = 6 余り 4 より，6 個あるから，

13 − 6 = 7（個）

(3) 　3 と 7 の最小公倍数は 21 なので，

100 までの 21 の倍数は，21，42，63，84 より，

63 と 84。

答 (1) 17（個）　(2) 7（個）　(3) 63，84

17 (1) 　15 = 3 × 5 と，

18 = 2 × 3 × 3 の最小公倍数は，

2 × 3 × 3 × 5 = 90 なので，

できる正方形の 1 辺は 90cm。

このとき，タイルは，縦に，90 ÷ 15 = 6（枚），

横に，90 ÷ 18 = 5（枚）並ぶので，

必要なタイルは，6 × 5 = 30（枚）

(2) 　3 と，4 = 2 × 2 と，6 = 2 × 3 の最小公倍数は，

2 × 2 × 3 = 12 なので，

できる立方体の 1 辺の長さは 12cm。

このとき，直方体の積み木は，

たてに，$12 \div 3 = 4$（個），横に，$12 \div 4 = 3$（個），

高さに，$12 \div 6 = 2$（個）並ぶので，

必要な直方体の積み木は，$4 \times 3 \times 2 = 24$（個）

答 (1) 30　(2) 24（個）

18　8と12の最小公倍数は24なので，

24分ごとに同時に発車する。

午前7時から午後11時までは，

$23 - 7 = 16$（時間）$= 960$（分）なので，

$960 \div 24 + 1 = 41$（回）

答 41

19　$4 = 2 \times 2$と，$6 = 2 \times 3$の最小公倍数は，

$2 \times 2 \times 3 = 12$なので，

12日ごとに2人とも図書館に行く。

1週間は7日で，7と，

$12 = 2 \times 2 \times 3$の最小公倍数は，

$2 \times 2 \times 3 \times 7 = 84$なので，この次に，

月曜日に2人とも図書館に行くのは84日後。

答 84（日後）

20 (1)　$4 + 2 = 6$（秒間）のうち4秒間点灯するので，

$60 \times \dfrac{4}{6} = 40$（秒）

(2)　$100 \div 6 = 16$あまり4より，

赤色のランプは100秒後にちょうど消灯したところで，その1秒後も消灯している。

青色のランプは，

$1 + 3 = 4$（秒間）のうちうしろの3秒間点灯するので，$100 \div 4 = 25$より，

100秒後にちょうど消灯したところで，その1秒後に点灯する。

よって，どちらも点灯していない。

(3)　6と4の最小公倍数である12秒間を考えると，同時に点灯しているのは，1秒後から4秒後，6秒後から8秒後，9秒後から10秒後の，

$3 + 2 + 1 = 6$（秒間）

2分20秒$= 140$秒なので，

$140 \div 12 = 11$あまり8より，

求める時間は，$6 \times 11 + 3 + 2 = 71$（秒）

答 (1) 40（秒）　(2) どちらも点灯していない

(3) 71（秒）

21 (1)①　$52 = 2 \times 2 \times 13$，$78 = 2 \times 3 \times 13$より，

52と78の最小公倍数は，

$2 \times 2 \times 3 \times 13 = 156$だから，

できる正方形の1辺の長さは156cmである。

よって，たての方向に，$156 \div 52 = 3$（枚），

横の方向に，$156 \div 78 = 2$（枚）並ぶから，

長方形の紙の枚数は，$3 \times 2 = 6$（枚）

②　52と78の最大公約数は，$2 \times 13 = 26$だから，できる正方形の1辺の長さは26cm。

(2)①　右図Ⅰのように，アとイの2つの長方形に分ける。

図Ⅰ

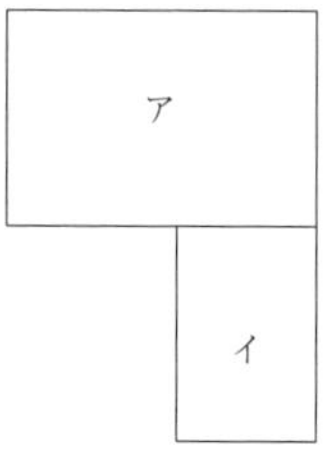

アの部分は，たて，

$264 - 132 = 132$（cm），

横198cmの長方形で，

132と198の最大公約数は66だから，この部分の正方形のタイルの1辺の長さは66の約数。

イの部分は，たて132cm，

横，$198 - 110 = 88$（cm）の長方形で，

132と88の最大公約数は44だから，

この部分の正方形のタイルの1辺の長さは44の約数。アの部分とイの部分の正方形のタイルの大きさは同じだから，敷きつめるタイルの1辺の長さは，66と44の公約数である22の約数で，使用するタイルを最も少なくするには，タイルの1辺の長さは可能な限り長くすればよいので，22cm。

②　①より，右図Ⅱのように，正方形のタイルは，一番長い部分で，

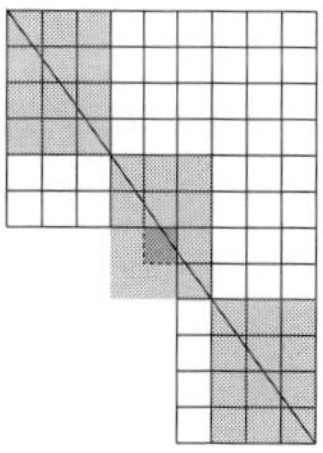

図Ⅱ

たての方向に，

$264 \div 22 = 12$（枚），

横の方向に，

$198 \div 22 = 9$（枚）並ぶ。

$198 : 264 = 3 : 4$だから，

直線ABは正方形がたてに4枚，横に3枚並んだ長方形を通る通り方を3回くり返すことになる。

正方形がたてに4枚，横に3枚並んだ長方形を1回通ると，正方形のタイル6枚を通ることになるが，濃いかげをつけた正方形はないので，

直線ABが通るタイルの枚数は，

$6 \times 3 - 1 = 17$（枚）

答 (1)① ア．6　② イ．26

(2)① ウ．22　② エ．17

22 (1) 3の倍数より1小さく，4の倍数より1小さく，

5の倍数より1小さい整数なので，

3と4と5の公倍数より1小さい整数となる。

3と4と5の最小公倍数は60だから，

求める整数は，60 − 1 = 59

(2) 3で割っても4で割っても2余る整数は，

3と4の最小公倍数の12で割ると2余る。

このような3けたの整数のうち，最小のものは，

(100 − 2) ÷ 12 = 8余り2より，

12 × 9 + 2 = 110

また，3で割っても4で割っても5で割っても2

余る整数は，3と4と5の最小公倍数の60で割

ると2余る。このような3けたの整数のうち，

最大のものは，(999 − 2) ÷ 60 = 16余り37より，

60 × 16 + 2 = 962

答 (1) 59 (2) ア．110 イ．962

23 最大公約数が14なので，

ある整数は，14 × ☐ と表せる。

また，294 = 14 × 21なので，

14 × ☐ × 21 = 588より，

☐ = 588 ÷ 21 ÷ 14 = 2

よって，ある数は，14 × 2 = 28

答 28

24 素数は，2以上で，1とその数自身しか約数をも

たない数だから，いちばん小さい素数は2である。

また，20以下の素数は，

2，3，5，7，11，13，17，19の8個。

答 (順に) 2，8

25 (1) 5つの整数のまん中の数を ☐ とする。

連続する5つの整数は，☐ − 2，☐ − 1，

☐，☐ + 1，☐ + 2と表せるので，

これらの和は ☐ の5倍。

よって，45 ÷ 5 = 9より，

求める数の和の形は，7 + 8 + 9 + 10 + 11

(2) (1)と同様に考えて，72 ÷ 9 = 8

(3) 連続する整数の数が偶数のときは，まん中の2

つの整数の平均を ☐ として考えればよい。

よって，2個のとき，99 ÷ 2 = 49.5より，

99 = 49 + 50

4個のとき，99 ÷ 4 = 24.75より，

作ることができない。

6個のとき，99 ÷ 6 = 16.5より，

99 = 14 + 15 + 16 + 17 + 18 + 19

同様に考えていくと，8個以上のときは作ること

ができない。

連続する整数の数が奇数のときは，1より大きい

99の約数を考えればよい。

よって，3個のとき，99 ÷ 3 = 33より，

99 = 32 + 33 + 34

9個のとき，99 ÷ 9 = 11より，

99 = 7 + 8 + 9 + 10 + 11 + 12 + 13 + 14

    + 15

11個のとき，99 ÷ 11 = 9より，

99 = 4 + 5 + 6 + 7 + 8 + 9 + 10 + 11 + 12

    + 13 + 14

33個，99個では作ることはできない。

よって，全部で5通りとなり，

最も小さい整数は4。

答 (1) 7 (+) 8 (+) 9 (+) 10 (+) 11 (2) 8

(3) 5 (通り) (最も小さい整数は，) 4

26 割る数の差は，26 − 24 = 2で，

余りの差は，15 − 5 = 10

よって，商はどちらも，10 ÷ 2 = 5なので，

求める数は，24 × 5 + 15 = 135

答 135

27 2023 × 2023 = 4092529なので，

9，9，5，4，2，2，0のかかれた7枚のカードを並

べて7桁の数を作る。

上4桁が9954のものは，

下3桁が220，202，022の3個。

上4桁が9952のものは，

下3桁が420，402，240，204，042，024の6個。

10番目に大きい数は，

9952024の次に大きい数なので，

上4桁が9950，下3桁が422で，9950422。

答 9950422

28 アより，3けたの整数ABCは奇数だから，

一の位のCは奇数だとわかる。

エより，CはBの3倍だから，

(B，C)の組は，(1，3)か(3，9)になる。

イより，A × B × Cの積が5の倍数だから，

(B，C)の組がどちらであっても，Aが5だとわかる。

ウより，CはAより大きいから，

(B，C)は(3，9)に決まる。

よって，3けたの整数ABCは539。

答 539

29　$20 \times 20 \times 20 = 8000$，

$30 \times 30 \times 30 = 27000$ より，

この連続する3つの整数は20から30までのどれか

と考えられる。

19656を素数のかけ算の式で表すと，

$19656 = 2 \times 2 \times 2 \times 3 \times 3 \times 3 \times 7 \times 13$ で，

これらのうち13を使って20から30までの数を作

ると，できる数は，$2 \times 13 = 26$ のみ。

残りの2，2，3，3，3，7をかけ合わせて26の前後

24から28までの2つの数を作ると，

できる数は，$3 \times 3 \times 3 = 27$ と，$2 \times 2 \times 7 = 28$

よって，

この連続する3つの整数は26，27，28なので，

真ん中の整数は27。

答 27

30 (1)　3で割ると1余る2桁の整数は小さい順に

10，13，16，19，22，25，28，…なので，

①と③にあてはまる最小の数は28で，以後，

3と7の最小公倍数21ずつ大きくなるので，

28，$28 + 21 = 49$，$49 + 21 = 70$，

$70 + 21 = 91$

これらの整数のうち，

②にもあてはまる数は28，49。

(2)　(1)より，①と③のみにあてはまる数は70，91。

③にあてはまる数のうち，②にもあてはまる数は，

14，28，35，49，56なので，

②と③にのみあてはまる数は14，35，56。

①にあてはまる数のうち，②にもあてはまる数は，

大きい順に，79，67，…と続くので，

3つの条件のうち2つだけにあてはまる数を大き

い順に2個書くと，91，79。

答 (1) 28，49　(2) 91，79

31　5人の合計点は，$6 \times 5 = 30$（点）なので，

A，B，C3人の合計点は，$30 - 4 - 7 = 19$（点）

Cの発言から，

（Bの点数）×（Bの点数）＝（Aの点数）×（Cの点数）

10点満点のテストで，BはAより高い点数なので，

$6 \times 6 = 4 \times 9$，$4 \times 4 = 2 \times 8$，$3 \times 3 = 1 \times 9$，

$2 \times 2 = 1 \times 4$ の4通りが考えられる。

3人の合計点が19点になるのは，

$6 \times 6 = 4 \times 9$ のときのみ。

よって，Aは4点に決まる。

答 4（点）

32　右図のように，

整数を1行に3個ずつ，1から順に並

べた表を使って考える。

この表のある整数を3と8を足し合わ

せて作ることができると，その整数の

真下に並ぶ整数もさらに3を足してい

けばすべて作ることができる。

よって，3，8，$8 + 8 = 16$ の真下に並

ぶ整数はすべて作ることができるから，

作ることができない最大の整数は13。

1	2	3
4	5	6
7	8	9
10	11	12
13	14	15
16	17	18
19	20	21
22	23	24
⋮	⋮	⋮

答 13

33　$150 \times 7 = 1050$（円）より，A君は1050円未満で，

$40 \times 16 = 640$（円）より，B君は640円未満。

よって，求める金額は，

$(1050 - 1) + (640 - 1) = 1049 + 639$

$= 1688$（円）

答 1688

34 (1)　7番目は，$3 + 7 = 10$，8番目は，$10 + 8 = 18$，

9番目は，$18 - 9 = 9$，10番目は，$9 + 10 = 19$

よって，11番目は，$19 + 11 = 30$

(2)　$1 + 3 + 0 + 4 + 9 + 3 + 10 + 18 + 9 + 19$

$+ 30$

$= 106$

(3)　3番目が0，6番目が3（$= 0 + 3$），

9番目が9（$= 0 + 3 + 6$），

12番目は18（$= 0 + 3 + 6 + 9$），…のように，

番目の数が3の倍数のとき，0に3の倍数を順に

加えた数になっている。

$111 \div 3 = 37$ より，111番目の数は3の倍数を，

$3 \times (37 - 1) = 108$ まで加えた数。

よって，求める数は，

$0 + 3 + 6 + \cdots + 108 = (0 + 108) \times 37 \div 2$

$= 1998$

(4)　N番目の数は3の倍数（0をふくむ）か，

3の倍数より1大きい数である。

答 (1) 30　(2) 106　(3) 1998

(4) 数の列に出てくる数は，3の倍数（0をふく

む）か，3の倍数より1大きい数になっている。

$11111 \div 3 = 3703$ あまり2より，11111は3

の倍数より2大きい数だから，11111が出て

くることはない。

35 (1)　$40 \div 3 = 13$ 余り 1 より，

　　　　1 回の操作後の数は，$40 + 2 = 42$

　　　　$42 \div 3 = 14$ より，2 回目の操作後の数は 14。

　　　　$14 \div 3 = 4$ 余り 2 より，

　　　　3 回目の操作後の数は，$14 + 1 = 15$

　　　　$15 \div 3 = 5$ より，4 回目の操作後の数は 5。

　　　　$5 \div 3 = 1$ 余り 2 より，

　　　　5 回目の操作後の数は，$5 + 1 = 6$

　　　　$6 \div 3 = 2$ より，6 回目の操作後の数は 2。

　　　　$2 \div 3 = 0$ 余り 2 より，

　　　　7 回目の操作後の数は，$2 + 1 = 3$

　　　　$3 \div 3 = 1$ より，8 回目の操作後の数は 1 で終了。

　　　　よって，操作が終了するまでの回数は 8 回。

　　(2)　1 回の操作で 3 の倍数 A になる数は

　　　　$A \times 3$，$A - 2$，$A - 1$ の 3 通り。（ただし，A が

　　　　3 のとき，$3 - 2 = 1$ となるので，$A - 2$ はあて

　　　　はまらない。）

　　　　3 の倍数以外の B になる数は $B \times 3$ の 1 通り。

　　　　1 回の操作で終了する数は，$1 \times 3 = 3$ の 1 通り。

　　　　2 回の操作で終了する数は，

　　　　$3 \times 3 = 9$ と，$3 - 1 = 2$ の 2 通り。

　　　　3 回の操作で終了する数は，3 の倍数が，

　　　　$9 \times 3 = 27$ と，$2 \times 3 = 6$ の 2 通りで，

　　　　3 の倍数以外が，

　　　　$9 - 2 = 7$ と，$9 - 1 = 8$ の 2 通りで，

　　　　合わせて，$2 + 2 = 4$（通り）

　　　　同様に考えていくと，

　　　　4 回で終了する数は，3 の倍数が 4 通り，

　　　　3 の倍数以外が，3 回の操作で終了する数が 3 の

　　　　倍数である 27 と 9 の 2 通りに対して，

　　　　それぞれ $A - 2$，$A - 1$ の 2 通りがあるので

　　　　$2 \times 2 = 4$（通り）で，

　　　　合わせて，$4 + 4 = 8$（通り）

　　　　5 回で終了する数は，3 の倍数が 8 通り，

　　　　3 の倍数以外が，$4 \times 2 = 8$（通り）で，

　　　　合わせて，$8 + 8 = 16$（通り）

　　　　6 回で終了する数は，3 の倍数が 16 通り，

　　　　3 の倍数以外が，$8 \times 2 = 16$（通り）で，

　　　　合わせて，$16 + 16 = 32$（通り）

　　答　(1) 8 回　(2) 32 個

36 (1)　一の位の数は，3 をかけるごとに，3，9，7，1

　　　　の周期となるので，$2024 \div 4 = 506$ より，

　　　　求める答えは周期の最後の数なので，1。

　　(2)　7，$7 \times 7 = 49$，$9 \times 7 = 63$，$3 \times 7 = 21$，

　　　　$1 \times 7 = 7$，…より，7 をかけるごとに，

　　　　一の位は，7，9，3，1 の周期になっているから，

　　　　求める数は，$10 \div 4 = 2$ あまり 2 より，

　　　　周期の 2 番目なので，9。

　　答　(1) 1　(2) 9

37　十の位は，1，2，3，4，5，6，7，8，9，0 の周期

　　となっているから，$24 \div 10 = 2$ 余り 4 より，4。

　　答　4

38 (1)　$50 \div 7 = 7$ あまり 1 より，

　　　　1 から 50 までに 7 の倍数は 7 個あり，

　　　　$7 \times 7 = 49$ の倍数は 49 の 1 個あるので，

　　　　1 から 50 までのかけ算の式を素数のかけ算の式

　　　　で表すと，7 が，$7 + 1 = 8$（個）

　　　　よって，この積を 7 で割ったときに割り切ること

　　　　ができる回数は 8 回。

　　(2)　素数のかけ算の式で表したときの 3 の個数だけ

　　　　3 で割り切れる。

　　　　1 から 50 までに，3 の倍数は，

　　　　$50 \div 3 = 16$ あまり 2 より，16 個あり，

　　　　$3 \times 3 = 9$ の倍数は，

　　　　$50 \div 9 = 5$ あまり 5 より，5 個あり，

　　　　$3 \times 3 \times 3 = 27$ の倍数は，

　　　　$50 \div 27 = 1$ あまり 23 より，1 個あるので，

　　　　1 から 50 までのかけ算を素数のかけ算の式で表

　　　　すと，3 は，$16 + 5 + 1 = 22$（個）

　　　　よって，3 で 22 回割り切れる。

　　答　(1) 8（回）　(2) 22（回）

39　A から始めて，1 ずつ大きい整数を足したときの

　　最後の整数を C とすると，

　　$(A + C) \times B \div 2 = 2024$ となる。

　　B は奇数だから，2024 は B で割り切れ，

　　$2024 = 2 \times 2 \times 2 \times 11 \times 23$ より，

　　2024 を割り切ることのできる 3 以上 25 以下の奇数

　　は 11 と 23 しかないから，B にあてはまる数は 11

　　または 23。

　　$B = 11$ のとき，

　　$(A + A + 10) \times 11 \div 2 = 2024$ より，

　　$A \times 2 + 10 = 368$　よって，$A = 179$

　　また，$B = 23$ のとき，

　　$(A + A + 22) \times 23 \div 2 = 2024$ より，

　　$A \times 2 + 22 = 176$　よって，$A = 77$

　　答　$((A, B) =) (179, 11)$，$(77, 23)$

40 それぞれの正方形が表す数は右図

128	32	8	2
64	16	4	1

のようになっている。

よって，$(16 + 4 + 2 + 1) \times$

$(32 + 8 + 2 + 1) = 23 \times 43 = 989$

答 989

41(1) $\dfrac{3}{8} = 0.375$，$\dfrac{5}{13} = 5 \div 13$

$= 0.38\cdots$ より，

0.4，$\dfrac{3}{8}$，$\dfrac{5}{13}$ の中で2番目に大きな数は，$\dfrac{5}{13}$。

(2) $1 - \dfrac{6}{7} = \dfrac{1}{7} = \dfrac{165}{1155}$，$\dfrac{12}{11} - 1 = \dfrac{1}{11} = \dfrac{105}{1155}$，

$1 - \dfrac{14}{15} = \dfrac{1}{15} = \dfrac{77}{1155}$，

$1 - \dfrac{19}{21} = \dfrac{2}{21} = \dfrac{110}{1155}$ より，$\dfrac{14}{15}$。

(3) $\dfrac{6}{5} = 1.2$，$1\dfrac{1}{4} = 1.25$，1.1 のうち，

一番大きい数と一番小さい数の差は，

$1.25 - 1.1 = 0.15 = \dfrac{3}{20}$

答 (1) $\dfrac{5}{13}$ (2) $\dfrac{14}{15}$ (3) $\dfrac{3}{20}$

42 分母，分子が2だけで約分できればよい。

つまり，分子は2の倍数のうち6の倍数ではない数

なので，$\dfrac{2}{6}$，$\dfrac{4}{6}$，$\dfrac{8}{6}$，$\dfrac{10}{6}$，$\dfrac{14}{6}$，$\dfrac{16}{6}$，$\dfrac{20}{6}$，$\dfrac{22}{6}$，$\dfrac{26}{6}$，

$\dfrac{28}{6}$ の10個。

答 10

43 素数のかけ算の式で表すと，

$72 = 2 \times 2 \times 2 \times 3 \times 3$ なので，

分子が2か3の倍数であれば約分ができる。

1から72までに2の倍数は，$72 \div 2 = 36$（個），

3の倍数は，$72 \div 3 = 24$（個）あり，

これらには，$2 \times 3 = 6$ の倍数である，

$72 \div 6 = 12$（個）が共通しているので，

約分できる分数は，$36 + 24 - 12 = 48$（個）で，

約分できない分数は，$72 - 48 = 24$（個）

答 24

44(1) $\dfrac{1}{4} = \dfrac{6}{24}$ より大きく，$\dfrac{1}{3} = \dfrac{8}{24}$ より小さい数

で分母が24の分数だから，$\dfrac{7}{24}$。

(2) 分子を80にそろえると，$\dfrac{8}{9} = \dfrac{80}{90}$，$\dfrac{10}{11} = \dfrac{80}{88}$

なので，この間にある分子が80の分数は $\dfrac{80}{89}$ で，

約分はできない。

答 (1) $\dfrac{7}{24}$ (2) 89

45 $\dfrac{7}{8} = \dfrac{7 \times 13}{8 \times 13} = \dfrac{91}{104}$ より，

$\dfrac{7}{8}$ を分母が13の分数で表すと，

分子は，$91 \div 8 = 11.375$ になるので，分母が13の

分数のうち $\dfrac{7}{8}$ にもっとも近い分数は $\dfrac{11}{13}$。

答 $\dfrac{11}{13}$

46 分子を30にそろえると，$\dfrac{30}{50} < \dfrac{30}{\boxed{}} < \dfrac{30}{48}$ より，

$\boxed{} = 49$

答 49

47(1) 分子と分母の和が12になる真分数は，

$\dfrac{1}{11}$，$\dfrac{2}{10}$，$\dfrac{3}{9}$，$\dfrac{4}{8}$，$\dfrac{5}{7}$。

このうち，約分できないものは，$\dfrac{1}{11}$ と $\dfrac{5}{7}$。

(2) $\dfrac{20}{23}$ の分母と分子の和は，$23 + 20 = 43$ なので，

分母と分子を，$301 \div 43 = 7$（倍）すればよい。

よって，もとの分数は，$\dfrac{20 \times 7}{23 \times 7} = \dfrac{140}{161}$

(3) $\dfrac{4}{13}$ の分子と分母の差は，$13 - 4 = 9$ なので，

分母，分子を，$72 \div 9 = 8$（倍）すればよい。

よって，求める分母は，$13 \times 8 = 104$

答 (1) $\dfrac{1}{11}$，$\dfrac{5}{7}$ (2) $\dfrac{140}{161}$ (3) 104

48(1) $\dfrac{2}{3}$ をかけると整数になる整数は，

3の倍数なので，

1から9までの整数には，3，6，9の3個ある。

(2) $\dfrac{30}{77}$ でわるのは，$\dfrac{77}{30}$ をかけるのと同じだから，

$\dfrac{44}{45}$ をかけても $\dfrac{77}{30}$ をかけても整数になる分数の

うち，最も小さい分数を考える。

求める分数の分子は45と30の最小公倍数の90，

分母は44と77の最大公約数11だから，

求める分数は $\dfrac{90}{11}$。

答 (1) 3 (2) $\dfrac{90}{11}$

49 (1)　$85 = 5 \times 17$ より，分子の 1 から 84 までで，

5 の倍数の個数と 17 の倍数の個数の和から，

5 と 17 の最小公倍数 85 の倍数をひけばよい。

よって，1 から 84 までに 85 の倍数はないので，

$84 \div 5 = 16$ 余り 4，

$84 \div 17 = 4$ 余り 16 より，$16 + 4 = 20$（個）

(2)　$\dfrac{1}{5} = \dfrac{17}{85}$ より大きく，

$\dfrac{9}{17} = \dfrac{45}{85}$ より小さい分数だから，

分子が 18 から 44 までで，5 の倍数と 17 の倍数

を求める。

よって，5 の倍数は，20，25，30，35，40 の 5 個と，

17 の倍数は，34 の 1 個あるから，$5 + 1 = 6$（個）

答　(1) 20（個）　(2) 6（個）

50　$\dfrac{1}{3} = \dfrac{5}{15}$，$\dfrac{4}{15} \div 2 = \dfrac{2}{15}$ で，

$\dfrac{2}{15}$ は $\dfrac{1}{8}$ より大きく $\dfrac{1}{7}$ より小さいから，

アには 4 以上 7 以下の整数が入ることがわかる。

アに 4 から順に整数を入れてイが整数になるかを調

べると，

$\dfrac{4}{15} - \dfrac{1}{4} = \dfrac{1}{60}$ より，ア $= 4$，イ $= 60$

$\dfrac{4}{15} - \dfrac{1}{5} = \dfrac{1}{15}$ より，ア $= 5$，イ $= 15$

$\dfrac{4}{15} - \dfrac{1}{6} = \dfrac{1}{10}$ より，ア $= 6$，イ $= 10$

答　ア．4，イ．60　ア．5，イ．15

　　　　ア．6，イ．10

51 (1)ア．2022 が 2 でも，3 でも割り切れるので，

それより 1 大きい 2023 は 2 で割っても，

3 で割っても余りは 1。

(2)イ．$\dfrac{1}{8} = 1 \div 8 = 0.125$

ウ．$1 \div 11 = 0.090909\cdots$ となり，

0 と 9 の 2 個の数がこの順でくり返す。

エ．$2，4 = 2 \times 2，5，8 = 2 \times 2 \times 2$，

$10 = 2 \times 5$ より，

分子が 1 で，くり返しにならないのは，

分母が 2 または 5 をいくつかかけあわせた数に

なっている。

(3)　分母を素数か，素数のかけ算の式で表すと，

⊛は，$15 = 3 \times 5$

○いは，17。

⊛は，$25 = 5 \times 5$

○えは，$40 = 2 \times 2 \times 2 \times 5$

○おは，47。

小数にすると小数点以下で何個かの数がくり返さ

れる分子が 1 の分数は，

分母が 2 または 5 をいくつかかけあわせた数に

なっていないものなので，⊛，○い，○お。

(4)　$\dfrac{1}{13}$ を小数にすると，

小数第 1 位から $|0，7，6，9，2，3|$ の 6 個の数

がくり返す。

$2023 \div 6 = 337$ あまり 1 より，

小数第 2023 位の数は，

このくり返しの 1 番目の数である 0。

答　(1) ア．1　(2) イ．0.125　ウ．9　エ．5

　　　　(3) ⊛，○い，○お　(4) 0

52　$1 \div 7 = 0.142857142\cdots$ より，

1，4，2，8，5，7 の 6 つの数字がくり返される。

よって，$2024 \div 6 = 337$ あまり 2 より，

求める数は 4。

答　4

53 (1)　$\dfrac{4}{7} = 4 \div 7 = 0.571428571428\cdots$ となり，

小数第 1 位から $|5，7，1，4，2，8|$ の 6 個の数

字がくり返し並ぶ。

よって，$7 = 6 + 1$ より，小数第 7 位の数字は，

このくり返しの 1 番目の数字の 5。

(2)　$2024 \div 6 = 337$ 余り 2 より，

小数第 2024 位の数字は，

このくり返しの 2 番目の数字の 7。

(3)　$|5，7，1，4，2，8|$ の 1 組の数の和は，

$5 + 7 + 1 + 4 + 2 + 8 = 27$

小数第 1 位から小数第 2024 位までに現れる数字

は，この組が 337 組と余り 2 個（5 と 7）なので，

その和は，$27 \times 337 + 5 + 7 = 9111$

答　(1) 5　(2) 7　(3) 9111

54　並んでいる数は，1 つ左の数より 3 ずつ大きくなっ

ている。

よって，10 番目の数は，$1 + 3 \times (10 - 1) = 28$

また，1 番目から 10 番目の数の和は，

$(1 + 28) \times 10 \div 2 = 145$

答　（順に）28，145

55 1，2（＝1×2），4（＝2×2），8（＝4×2），
   16（＝8×2），…のように，順に2倍している。
   よって，16×2＝32，32×2＝64，
   64×2＝128より，8番目。
   答 8

56 1，3，2，3，2，5の6個の数がくり返されるので，
   2023÷6＝337あまり1より，求める数は，1。
   答 1

57 (1) 1，2，3，4，5の5個の数がくり返し並んでいる。
      よって，15÷5＝3より，15番目の数は5。
   (2) 5個の数が4回くり返された後に4が出てくる
      のは，5×4＋4＝24（番目）
   (3) 5個の数の和は，1＋2＋3＋4＋5＝15
      50÷5＝10より，
      5個の数が10回くり返されるので，
      15×10＝150
   答 (1) 5 (2) 24（番目） (3) 150

58 (1) 2＋4＋6＋8＋10＋12＝42，
      2＋4＋6＋8＋10＋12＋14＝56より，
      求める数は，14。
   (2) 14が，50－42＝8個あるので，
      求める数の和は，
      2×2＋4×4＋6×6＋8×8＋10×10
        ＋12×12＋14×8
      ＝4＋16＋36＋64＋100＋144＋112＝476
   答 (1) 14 (2) 476

59 (1) ｛1｝，｛1，3｝，｛1，3，5｝，｛1，3，5，7｝，…
      と組にしていくと，
      ○組目には奇数が小さい順に○個並ぶ。
      25＝1＋2＋3＋4＋5＋6＋4より，
      最初から数えて25番目は，7組目の4番目。
      7組目は1，3，5，7，…となるから4番目は7。
   (2) 7は4組目から各組の4番目に現れるので，
      6回目の7は，4＋6－1＝9（組目）の4番目。
      8組目までに並ぶ数は，
      1＋2＋3＋4＋5＋6＋7＋8＝36（個）なの
      で，6回目に現れる7は，
      最初から数えて，36＋4＝40（番目）
   答 ① 7 ② 40（番目）

60 (1) 最初から18番目は200なので，19番目が201。
      よって，20番目は202。
   (2) 百の位の数が1のとき，
      十の位の数の決め方は3通り，

一の位の数の決め方も3通りなので，
   3×3＝9（個）
同様に，百の位の数が2ときも9個。
   よって，9×2＝18（個）
(3) 百の位の数が1のとき，
   100×9＋1＋2＋10＋11＋12＋20＋21
     ＋22＝900＋99
   ＝999
また，百の位の数が変わっても下2けたの数の和
は変わらないので，
   百の位の数が2のとき，200×9＋99＝1899
   よって，求める数の和は，999＋1899＝2898
(4) 最初から8番目までに2は6回使われている。
   また，百の位の数が1である3けたの数も6回，
   百の位の数が2である3けたの数では，
   9＋6＝15（回）使われている。
   したがって，最初から，8＋18＝26（番目）まで
   に使われている2の回数は，
   6＋6＋15＝27（回）
   27番目の数は1000で，千の位の数が1の数は，
   3×3×3＝27（個）あるので，
   26＋27＝53（番目）の数は1222より，
   最初から53番目までに使われている2の回数は，
   27＋27＝54（回）
   よって，53番目の1222，52番目の1221，51番
   目の1220に使われている2の回数をひくと，
   54－3－2－2＝47（回）
   答 (1) 202 (2) 18（個） (3) 2898 (4) 47（回）

61 (1) 素数のかけ算の式で表すと，
   45＝3×3×5なので，
   分子が3か5の倍数なら約分できる。
   1より小さいので，分子は1から44までで，
   1から44までに3の倍数は，
   44÷3＝14あまり2より14個あり，
   5の倍数は，44÷5＝8あまり4より8個ある。
   これらには3と5の最小公倍数15の倍数が，
   44÷15＝2あまり14より2個共通しているの
   で，約分できる分数は，14＋8－2＝20（個）
   分子が3の倍数であるものは，
   3＋6＋9＋…＋36＋39＋42
   ＝（3＋42）＋（6＋39）＋（9＋36）＋…より，
   足すと分子が45になる組が，
   14÷2＝7（組）あるので，

すべて足すと，$1 \times 7 = 7$

同様に，分子が5の倍数であるものは，

足すと分子が45になる組が，

$8 \div 2 = 4$（組）あるので，

すべて足すと，$1 \times 4 = 4$

これらには，$\dfrac{15}{45} + \dfrac{30}{45} = 1$ が共通しているので，

約分できる分数をすべて足すと，$7 + 4 - 1 = 10$

(2) (1)より，【図1】で $\dfrac{44}{45}$ までに約分できる分数は

20個あるから，

約分できない分数は，$44 - 20 = 24$（個）ある。

よって，【図2】で1より大きい分数が並ぶのは最初から数えて，$24 + 1 = 25$（番目）

次に，1から91までに3の倍数は，

$91 \div 3 = 30$ あまり1より30個，

5の倍数は，$91 \div 5 = 18$ あまり1より18個，

15の倍数は，

$91 \div 15 = 6$ あまり1より6個あるから，

【図1】で $\dfrac{91}{45}$ までに約分できる分数は，

$30 + 18 - 6 = 42$（個）ある。

したがって，【図2】で $\dfrac{91}{45}$ は最初から数えて，

$91 - 42 = 49$（番目）

次に，1から2024までに3の倍数は，

$2024 \div 3 = 674$ あまり2より674個，

5の倍数は，$2024 \div 5 = 404$ あまり4より404個，

15の倍数は，

$2024 \div 15 = 134$ あまり14より134個あるから，

【図1】で $\dfrac{2024}{45}$ までに約分できる分数は，

$674 + 404 - 134 = 944$（個）ある。

よって，【図2】で $\dfrac{2024}{45}$ は最初から数えて，

$2024 - 944 = 1080$（番目）

答 (1) ア．20　イ．10

(2) ウ．25　エ．49　オ．1080

62 (1) 2から小さい順に偶数が並んでいる。

上から○段目には○個の偶数が並ぶので，

上から10段目，左から10番目までに並ぶ偶数は，

$1 + 2 + 3 + \cdots + 10 = (1 + 11) \times 10 \div 2$

$= 55$（個）

よって，上から10段目，左から10番目の数は，

2から始まる偶数の55番目なので，$2 \times 55 = 110$

(2) $66 \div 2 = 33$ より，

66は，2から始まる偶数の33番目。

上から9段目までに並ぶ偶数は，

$55 - 10 = 45$（個），

上から8段目までに並ぶ偶数は，

$45 - 9 = 36$（個），

上から7段目までに並ぶ偶数は，

$36 - 8 = 28$（個）なので，

66は，上から8段目，左から，$33 - 28 = 5$（番目）

(3) 上から9段目までには45個の偶数が並ぶので，

上から9段目，左から9番目の数は，

$2 \times 45 = 90$

1段目から9段目までには2から90までの45個の偶数が並んでいるので，その和は，

$2 + 4 + 6 + \cdots + 90 = (2 + 90) \times 45 \div 2$

$= 2070$

答 (1) 110　(2) 8（段目，）5（番目）　(3) 2070

63 (1) 偶数段目の第1列の数は，

$8 = 4 \times 2$，$16 = 4 \times 4$，$24 = 4 \times 6$，…のように，4と段数をかけ合わせた数になっている。

よって，第12段の第1列の数は，

$4 \times 12 = 48$ なので，

第13段の第2列の数は，$48 + 2 = 50$

(2) $333 \div 4 = 83$ あまり1より，

第84段の数であることが分かる。

第84段の第1列は，$4 \times 84 = 336$ なので，

333は第84段の第4列。

答 (1) 50　(2) （第）84（段の第）4（列）

3．単位と量

★問題 P．40〜47★

1 (1) $60000000 \div 100 = 600000$ (m)

よって，$600000 \div 1000 = 600$ (km)

(2) $1\,ha = 10000m^2$ なので，

$2.6 \times 10000 = 26000$ (m^2)

(3) $1\,L = 1000mL$ なので，

$250mL$ は，$250 \div 1000 = 0.25$ (L)

答 (1) 600　(2) 26000　(3) 0.25

2 (1) 与式 $= 1400m + 180m + 230m = 1810m$

(2) $1\,km^2 = 1000 \times 1000 = 1000000$ (m^2)，

$1\,m^2 = 100 \times 100 = 10000$ (cm^2) なので，

与式 $= 1800m^2 + 310m^2 + 400m^2 = 2510m^2$

(3) $3960L$ は，$3960 \div 1000 = 3.96$ (m^3) で，

$73260000cm^3$ は，

$73260000 \div 1000000 = 73.26$ (m^3) なので，

$\boxed{}\,m^3 + 3.96m^3 = 73.26m^3$

よって，

$\boxed{}\,m^3 = 73.26m^3 - 3.96m^3 = 69.3m^3$

(4) 与式 $= 300kg - 14.7kg - 25.8kg = 259.5kg$

答 (1) 1810　(2) 2510　(3) 69.3　(4) 259.5

3 (1) 1 ヤードは，$12 \times 3 = 36$ (インチ) なので，

5 ヤード 1 フィート 8 インチは，

$36 \times 5 + 12 + 8 = 200$ (インチ)

よって，求める長さは，

$2.54 \times 200 = 508$ (cm) より，5 m 8 cm。

(2) $127 \div 2.54 = 50$ (インチ) なので，

$50 \div 12 = 4$ あまり 2，$4 \div 3 = 1$ あまり 1 より，

1 ヤード 1 フィート 2 インチ。

答 (1) 5 (m) 8 (cm)

(2) 1 (ヤード) 1 (フィート) 2 (インチ)

4 (1) $45 \div 60 = \dfrac{3}{4}$ (分)

(2) $2024 - 44 = 1980$ (秒)

$1980 \div 60 = 33$ (分)

よって，2024 秒は，33 分 44 秒。

(3) 23456 秒は，$23456 \div 60 = 390$ あまり 56 より，

390 分と 56 秒。

390 分は，$390 \div 60 = 6$ あまり 30 より，

6 時間と 30 分。

よって，6 時間 30 分 56 秒。

答 (1) $\dfrac{3}{4}$　(2) 33　(3) 6 (時間) 30 (分) 56 (秒)

5 (1) 1 時間は 60 分，

1 日は，$60 \times 24 = 1440$ (分) なので，

1 週間は，$1440 \times 7 = 10080$ (分)

(2) $2 \times 3600 + 38 \times 60 + 37$

$= 7200 + 2280 + 37 = 9517$ (秒)

(3) $\dfrac{187}{600} \times 60 = 18.7$ (分)

また，$0.7 \times 60 = 42$ より，

求める時間は，18 分 42 秒。

答 (1) 10080　(2) 9517　(3) (ア) 18　(イ) 42

6 (1) 2 分 15 秒 + 3 分 52 秒 = 5 分 67 秒 = 6 分 7 秒

(2) 2 日 10 時間 48 分

$= 2 \times 24 \times 60 + 10 \times 60 + 48 = 58 \times 60 + 48$

$= 3528$ (分)　よって，$3528 \div 14 = 252$ (分) で，

$252 \div 60 = 4$ あまり 12 より，4 時間 12 分。

(3) $2023 \div 60 = 33$ あまり 43 より，

2023 秒 = 33 分 43 秒なので，

午後 5 時 42 分 48 秒 + 33 分 43 秒

= 午後 5 時 75 分 91 秒 = 午後 6 時 16 分 31 秒

(4) 与式 = 2 週間 1 日 4 時間 49 分 32 秒

　　　　 − 2 週間 1 日 4 時間 47 分 52 秒

　　　　 = 1 分 40 秒 = 100 秒

答 (1) (順に) 6，7　(2) (順に) 4，12

(3) 6，16，31　(4) 100

7 (1) 8 月 1 日は 5 月 1 日から，

$(31 - 1) + 30 + 31 + 1 = 92$ (日後)

よって，$92 \div 7 = 13$ あまり 1 より，

13 週間と 1 日後なので，月曜日。

(2) 1 月 1 日から 5 月 17 日まで，

$31 + 29 + 31 + 30 + 17 = 138$ (日) あるので，

$138 \div 7 = 19$ あまり 5 より，

求める曜日は，土曜日。

答 (1) 月 (曜日)　(2) 土 (曜日)

8 2023 年は 1 月 1 日が日曜日なので，

$365 \div 7 = 52$ あまり 1 より，

日曜日は，$52 + 1 = 53$ (回)

2023 年 1 月 1 日から 3 月 31 日までは，

$31 + 28 + 31 = 90$ (日) で，

$90 \div 7 = 12$ あまり 6 より，

日曜日が，$12 + 1 = 13$ (回) ある。

よって，2023 年 4 月 1 日から 2023 年 12 月 31 日までに日曜日は，$53 - 13 = 40$ (回)

答 40

⑨　3月1日から12月31日までは，

31 + 30 + 31 + 30 + 31 + 31 + 30 + 31 + 30

+ 31

= 306（日）で，

306 ÷ 7 = 43 あまり 5 より，これは 43 週間と 5 日。

12月31日からもどっていくと，

曜日は 日，土，金，木，水，火，月 をくり返す。

1週間に水曜日は1回あり，残りの5日は，日，土，

金，木，水で，水曜日が1回あるので，

3月31日から12月31日までに水曜日は，

1 × 43 + 1 = 44（回）

答 44

⑩　1年の日数を7で割ったあまりの合計が7の倍数

になればよい。

365 ÷ 7 = 52 あまり 1, 366 ÷ 7 = 52 あまり 2 より，

1 + 2 + 1 + 1 + 1 + 2 + 1 + 1 + 1 + 2 + 1 = 14

よって，2033年の次の年だから，西暦2034年。

答（西暦）2034（年）

⑪　1オーストラリアドルは，$96 \div 128 = \frac{3}{4}$（ユーロ）

よって，$40 \times \frac{3}{4} = 30$（ユーロ）

答 30（ユーロ）

⑫　392199 ÷ 36.09 = 10867.2… より，

小数第1位を四捨五入して，10867人。

答 10867（人）

⑬　それぞれの値を求めると，

A市は，67398 ÷ 86.4 = 780.0…，

B町は，31691 ÷ 21.1 = 1501.9…，

C村は，3508 ÷ 672.4 = 5.2…

よって，求める人口密度は1500人。

答 1500（人）

⑭(1)　$\frac{5}{12} \div 3\frac{3}{4} = \frac{1}{9}$（L）

(2)　1Lのガソリンで，

225 ÷ 15 = 15（km）走るので，

15 × 27 = 405（km）

答(1) $\frac{1}{9}$（L）　(2) 405（km）

⑮(1)　1人分の牛肉は，300 ÷ 4 = 75（g）

よって，求める重さは，75 × 50 = 3750（g）

(2)　1dLのペンキでぬれるのは，

$\frac{3}{5} \div \frac{2}{3} = \frac{9}{10}$（m²）

よって，$\frac{9}{10} \times 5 = \frac{9}{2}$（m²）

答(1) 3750　(2) $\frac{9}{2}$

⑯(1)　1mあたりの重さが，28 ÷ 4 = 7（g）なので，

11mの重さは，7 × 11 = 77（g）

(2)　1mの重さは，$1\frac{7}{18} \div 5 = \frac{5}{18}$（kg）だから，

7mの重さは，$\frac{5}{18} \times 7 = \frac{35}{18}$（kg）

答(1) 77　(2) $\frac{35}{18}$

⑰　100 ÷ 1000 = 0.1, 12 ÷ 60 = 0.2 より，

同時に水を入れると1秒間に，

0.1 + 0.2 = 0.3（L）の水がたまる。

よって，0.3 × 90 = 27（L）

答 27

⑱(1)　Aが走った道のりは，

60 × 3 = 180（km）なので，

使ったガソリンは，180 ÷ 20 = 9（L）で，

ガソリン代は，180 × 9 = 1620（円）

(2)　使ったガソリンは全部で，

1710 ÷ 180 = 9.5（L）

Bが走った道のりは，40 × 1.5 = 60（km）で，

使ったガソリンは，60 ÷ 30 = 2（L）なので，

Aが使ったガソリンは，9.5 - 2 = 7.5（L）

よって，Aが走った道のりが，

20 × 7.5 = 150（km）なので，

Aが走った時間は，150 ÷ 60 = 2.5（時間）

答(1) 1620（円）　(2) 2.5（時間）

⑲　1年前と現在の1kmあたりのガソリン代の比は，

$\frac{2400}{440} : \frac{2550}{374} = \frac{60}{11} : \frac{75}{11} = 4 : 5$ だから，

$5 \div 4 = \frac{5}{4}$（倍）

答 $\frac{5}{4}$（倍）

⑳　2人の時計は1日に，

6 + 10 = 16（秒）の差ができるので，

差が1分になるまでの時間は，

$1 \times 60 \div 16 = 3\frac{3}{4}$（日）で，

$24 \times \frac{3}{4} = 18$（時間）より，3日18時間。

よって，2人の時計の時刻の差が1分になるのは，

1月1日午前9時 + 3日18時間

＝ 1 月 5 日午前 3 時

答 5（日）午前 3（時）

21 (1)　購入したジャガイモの個数は，

3000 ÷ 150 ＝ 20（個）

にんじんの本数は，1800 ÷ 150 ＝ 12（本）

よって，代金は，

200 ×（20 ÷ 5）＋ 150 ×（12 ÷ 3）＝ 1400（円）

(2)　ジャガイモはカレーライス，

3000 ÷ 30 ＝ 100（食分），

にんじんはカレーライス，

1800 ÷ 20 ＝ 90（食分）あるから，

カレーライスを 90 食作ると，ジャガイモが，

3000 － 30 × 90 ＝ 300（g）余る。

(3)　ジャガイモとにんじんをすべて使い切って，カ

レーライスを□食，肉じゃがを○食作るとすると，

㋐…30 ×□＋ 80 ×○＝ 3000，

㋑…20 ×□＋ 40 ×○＝ 1800 となる。

㋑を 2 倍すると，40 ×□＋ 80 ×○＝ 3600 となり，

これと㋐を比べた差が，

(40 － 30) ×□＝ 3600 － 3000 より，

10 ×□＝ 600

よって，□＝ 600 ÷ 10 ＝ 60 より，

カレーライスが 60 食分，肉じゃがが，

(3000 － 30 × 60) ÷ 80 ＝ 15（食分）できる。

(4)　カレーライスと肉じゃがを 3：1 の割合で作る

とき，必要なジャガイモとにんじんの重さの比は，

(30 × 3 ＋ 80 × 1)：(20 × 3 ＋ 40 × 1)

＝ 17：10

追加するにんじんの重さを△g とすると，

追加するジャガイモの重さは，(△× 2)(g) となり，

(3000 ＋△× 2)：(1800 ＋△) ＝ 17：10 となる。

よって，

$3000 ＋△× 2 ＝ (1800 ＋△) × \dfrac{17}{10}$

＝ 3060 ＋△× 1.7 より，

△×(2 － 1.7) ＝ 3060 － 3000

よって，△× 0.3 ＝ 60 より，△＝ 60 ÷ 0.3 ＝ 200

したがって，

追加するジャガイモは，200 × 2 ＝ 400（g）

答 (1) 1400（円）

　　　(2) ジャガイモ（が）300（g 余る）

　　　(3)（カレーライス）60（食分）

　　　　　（肉じゃが）15（食分）

(4) 400（g）

22　A さんが払ったのは，280 × 3 ＝ 840（円），

B さんが払ったのは，420 ＋ 500 ＝ 920（円）だから，

1 人が払う金額を，

(840 ＋ 920 ＋ 1000) ÷ 3 ＝ 920（円）にすればよい。

よって，920 － 840 ＝ 80（円）

答 80（円）

23 (1)　8 月 31 日に売れた個数を 100 個とすると，

9 月 1 日に売れた個数は，100 ＋ 9 ＝ 109（個）

同様に順に調べていくと，

9 月 2 日は 104 個，9 月 3 日は 114 個，

9 月 4 日は 107 個，9 月 5 日は 102 個，

9 月 6 日は 105 個，9 月 7 日は 101 個になる。

よって，

売れた個数が 1 番少なかったのは，9 月 7 日。

(2)　109 － 101 ＝ 8（個）少ない。

(3)　7 日間の平均は，

(109 ＋ 104 ＋ 114 ＋ 107 ＋ 102 ＋ 105 ＋ 101)

　　÷ 7

＝ 106（個）

よって，107 － 106 ＝ 1（個）少ない。

答 (1)（9 月）7（日）　(2) 8 個少ない

　　　(3) 1 個少ない

24 (1)　4 科目の点数の合計は，74.5 × 4 ＝ 298（点）

よって，算数の点数は，

298 －(65 ＋ 74 ＋ 86) ＝ 73（点）

(2)　5 人の合計点は，72 × 5 ＝ 360（点）

よって，

□＝ 360 －(62 ＋ 57 ＋ 94 ＋ 86) ＝ 61

答 (1) 73（点）　(2) 61

25 (1)　3 回目までのテストの合計点は，

58 × 3 ＝ 174（点）

4 回目までのテストの合計点は，

60 × 4 ＝ 240（点）

よって，4 回目のテストは，240 － 174 ＝ 66（点）

(2)　国語，算数，理科の合計点が，

78 × 3 ＝ 234（点）で，

4 教科の合計点が，80 × 4 ＝ 320（点）だから，

社会の得点は，320 － 234 ＝ 86（点）

答 (1) 66（点）　(2) 86（点）

26　1回目から3回目までの合計点は，

77 × 3 = 231（点）で，

3回目から6回目までの合計点は，

81 × 4 = 324（点）

したがって，1回目から6回目までの合計点は，

231 + 324 − 75 = 480（点）

よって，求める平均点は，480 ÷ 6 = 80（点）

答　80（点）

27　A，C，Eの合計点は，89 × 3 = 267（点），

B，C，Dの合計点は，80 × 3 = 240（点）なので，

267 + 240 = 507（点）は，A，B，C，D，Eの5人

の合計点よりCの点数だけ高い。

5人の合計点は，83 × 5 = 415（点）なので，

Cの点数は，507 − 415 = 92（点）

答　92

28　5人の合計点は，75 × 5 = 375（点）で，

A，B，C，Dの4人の合計点は，

70 × 4 = 280（点）なので，

Eの得点は，375 − 280 = 95（点）

A，C，Eの3人の合計点が，

83 × 3 = 249（点）より，

AとCの合計点は，249 − 95 = 154（点）なので，

Cの得点は，（154 − 6）÷ 2 = 74（点）

答　74（点）

29　3人の得点の合計は，72 × 3 = 216（点）

Aさんの得点は，72 + 2 = 74（点），

Bさんの得点は，72 − 12 = 60（点）だから，

Cさんの得点は，216 − (74 + 60) = 82（点）

答　82（点）

30　1回目から3回目までの合計点は，

68 × 3 = 204（点），

1回目から6回目までの合計点は，

75 × 6 = 450（点）

よって，4回目と5回目の合計点は，

450 − 204 − 80 = 166（点）なので，

平均点は，166 ÷ 2 = 83（点）

答　83（点）

31　面積図で表すと次図のようになる。

かげをつけた部分の長方形の面積は等しいから，

ア × 3 = イ × 4より，ア：イ = 4：3

アとイの和は，80 − 73 = 7（点）なので，

$ア = 7 × \dfrac{4}{4 + 3} = 4（点）$

よって，求める平均点は，73 + 4 = 77（点）

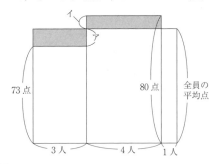

答　77

32　(1)　16 + 24 = 40（人）の身長の合計は，

155 × 16 + 148 × 24 = 6032（cm）

よって，求める身長の平均は，

6032 ÷ 40 = 150.8（cm）

(2)　1組の合計点は，68 × 30 = 2040（点）

2組の合計点は，72 × 26 = 1872（点）

よって，2クラスの合計点は，

2040 + 1872 = 3912（点）

2クラスの人数の合計は，

30 + 26 = 56（人）だから，

2クラスの平均点は，3912 ÷ 56 = 69.85…より，

小数第2位で四捨五入すると69.9点。

答　(1) 150.8（cm）　(2) 69.9

33　クラス全体，16 + 24 = 40（人）の合計点は，

56 × 40 = 2240（点），

女子24人の平均点が男子の平均点と同じだったと

すると，クラス全体の合計点は，

5 × 24 = 120（点）低くなる。

よって，男子の平均点は，

(2240 − 120) ÷ 40 = 53（点）

答　53

34　女子4人の平均点は，302 ÷ 4 = 75.5（点）

男子6人の平均点が10人の平均点より1点高いか

ら，女子4人の平均点は10人の平均点より，

1 × 6 ÷ 4 = 1.5（点）低い。

よって，10人の平均点は，75.5 + 1.5 = 77（点）

答　77（点）

35 (1) 2教科の平均点は，その2教科のそれぞれの点
数の半分を合わせた点数とも考えられるので，
国語と算数と理科の合計点は，
$76.5 + 81 + 73.5 = 231$（点）
よって，国語と算数と理科の平均点は，
$231 \div 3 = 77$（点）

(2) 国語と理科の合計点は，
$73.5 \times 2 = 147$（点）なので，
算数の点数は，$231 - 147 = 84$（点）

答 (1) 77（点） (2) 84（点）

36 平均点が，$80 - 78 = 2$（点）あがるので，
次のテストは，$(100 - 78) \div 2 = 11$（回目）

答 11

37 72点以上の人がア人，72点未満の人がイ人とし
て面積図に表すと，次図のようになる。
色のついた部分の長方形の面積は等しいから，
$(82 - 72) \times ア = (72 - 67) \times イ$より，
$ア : イ = 5 : 10 = 1 : 2$
よって，求める人数は，$30 \times \dfrac{1}{1 + 2} = 10$（人）

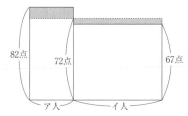

答 10（人）

38 (1) 中央値が5点で，5点の人が0人だから，
4点以下の人数と6点以上の人数がそれぞれ，
$30 \div 2 = 15$（人）ずつだとわかる。
よって，アにあてはまる人数は，
$15 - (1 + 4 + 4) = 6$（人）

(2) クラス全員の合計点は，$5.2 \times 30 = 156$（点）
6点の人と8点の人だけの合計点は，
$156 - (1 \times 1 + 2 \times 4 + 3 \times 4 + 4 \times 6 + 7 \times 3$
$+ 9 \times 2 + 10 \times 1)$
$= 62$（点）
イとウにあてはまる人数の和は，
$15 - (3 + 2 + 1) = 9$（人）だから，
イにあてはまる人数は，
$(8 \times 9 - 62) \div (8 - 6) = 5$（人）

(3) 2人の点数が3点高くなるので，正しい中央値
がもとの5点より低くなることはないが，

4点以下の人数と6点以上の人数が15人ずつの
まま変わらなければ，
正しい中央値も5点のまま変わらない。
よって，最も低い中央値は5点。

(4) 4点以下の人数と6点以上の人数が15人ずつ
のまま変わらないのは，
1点の人が4点になる場合，
6点の人が9点になる場合，
7点の人が10点になる場合のいずれか。
1点の人は1人しかいないから，
点数が正しくなった2人の正しい点数の合計が最
も低くなるのは，
1点が4点になる人が1人，
6点が9点になる人が1人いる場合の，
$4 + 9 = 13$（点）

答 (1) 6（人） (2) 5（人） (3) 5（点） (4) 13（点）

4．割　　合

★問題 P．48～67★

1 (1)　$35 \div 500 = 0.07$ より，7 ％。

(2)　$645 \div 4300 = 0.15$ より，15 ％。

(3)　$\boxed{} \times 0.3 = 24$ より，

$\boxed{} = 24 \div 0.3 = 80$（g）

答 (1) 7　(2) 15　(3) 80

2 (1)　$60 \div \dfrac{3}{7} = 140$（m²）

(2)　$840 \div 0.28 = 3000$（円）

答 (1) 140　(2) 3000（円）

3 (1)　$160 \div 250 = 0.64$ より，6 割 4 分。

(2)　$3200 \times 0.25 = 800$（円）

答 (1)（順に）6，4　(2) 800

4 女性の人口は，$27000 \times \dfrac{5}{9} = 15000$（人）

よって，15 才未満の女性の人口は，

$15000 \times 0.1 = 1500$（人）

答 1500

5 520 人の 85 ％は，$520 \times 0.85 = 442$（人）だから，

これは，$442 \div 2 = 221$（人）の 200 ％にあたる。

答 221

6 男子と女子の生徒数の比は，$1.5 : 1 = 3 : 2$ なので，

男子は，$300 \times \dfrac{3}{3 + 2} = 180$（人），

女子は，$300 - 180 = 120$（人）

よって，テニス部の人数は，

$180 \times \dfrac{20}{100} + 120 \times \dfrac{15}{100} = 36 + 18 = 54$（人）

したがって，求める割合は，$\dfrac{54}{300} \times 100 = 18$（％）

答 18（％）

7 残った乗客は，乗っていた乗客の，

$100 - 25 = 75$（％）なので，

降りた後の乗車率は，$140 \times 0.75 = 105$（％）

答 105（％）

8 (1)　$75 \times 1.12 = 84$（人）

(2)　$200 \times 1.4 = 280$（人）の乗客のうち，

$280 \times 0.25 = 70$（人）がおりた。

残っているのは，$280 - 70 = 210$（人）なので，

乗車率は，$210 \div 200 \times 100 = 105$（％）

(3)　もとの座席数を $\boxed{}$ 席として，

乗客数を面積図で表すと次図のようになる。

しゃ線部分の長方形の面積は等しいから，

$\boxed{} \times (120 - 72) = 80 \times 72$ より，

$\boxed{} = 80 \times 72 \div 48 = 120$

よって，乗客数は，$120 \times 1.2 = 144$（人）

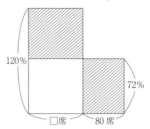

答 (1) 84（人）　(2) 105（％）　(3) 144（人）

9 (1)あ．「おいしい海洋深層水」5 本の税込価格が，

$110.16 \times 5 = 550.8$（円）で，

「手指用消毒スプレー」1 本の税込価格は

883.3 円なので，税込価格の合計は，

$550.8 + 883.3 = 1434.1$（円）より，

支払い金額は，1434 円。

い．分けて支払うと，

$550 + 883 = 1433$（円）なので，

まとめて買う方が，

$1434 - 1433 = 1$（円）だけ高くなる。

(2)　「手指用消毒スプレー」の税込価格の $\dfrac{1}{100}$ の位

が 0 なので，

「おいしい海洋深層水」の税込価格も $\dfrac{1}{100}$ の位が

0 になるように 5 本まとめると，550.8 円。

8 と 3 をできるだけ少ない数で組み合わせてでき

る 10 の倍数は，

$8 \times 3 + 3 \times 2 = 30$ か，$8 \times 1 + 3 \times 4 = 20$

「おいしい海洋深層水」5 本の方が「手指用消毒ス

プレー」1 本より安いので，最も小さい合計金額

は，$550.8 \times 3 + 883.3 \times 2 = 3419$（円）

答 (1)あ．1434　い．1　(2) 3419（円）

10 (1)　買った値段は 1800 円の，

$1 - 0.13 = 0.87$（倍）なので，

$1800 \times 0.87 = 1566$（円）

(2)　$800 \times (1 + 0.2) = 960$（円）

答 (1) 1566（円）　(2) 960

11 (1)　$1750 \div 2500 = 0.7$ だから，

$1 - 0.7 = 0.3$ より，3 割引きである。

(2)　$5580 - 4500 = 1080$（円）増えているので，

$1080 \div 4500 \times 100 = 24$（％）増し。

答 (1) 3　(2) 24

12 (1)　買った値段はもとの値段の，$1 - 0.2 = 0.8$ だ
　　　から，もとの値段は，$712 \div 0.8 = 890$（円）

　　(2)　$189 \div (1 + 0.08) = 175$（円）

　答　(1) 890　(2) 175

13 (1)　定価は，$3900 \times (1 + 0.3) = 5070$（円）
　　　よって，売った値段は，$5070 - 300 = 4770$（円）

　　(2)　定価は，$768 \div \left(1 - \dfrac{2}{10}\right) = 960$（円）なので，

　　　仕入れ値は，$960 \div \left(1 + \dfrac{2}{10}\right) = 800$（円）

　答　(1) 4770（円）　(2) 800

14 (1)　お菓子の代金は，$300 \times (1 + 0.08) = 324$（円）
　　　で，雑誌の代金は，$500 \times (1 + 0.1) = 550$（円）
　　　よって，代金の合計は，$324 + 550 = 874$（円）

　　(2)　3割引きで売られていた税抜き価格は，
　　　$380 \times (1 - 0.3) = 266$（円）
　　　よって，税込み価格は，
　　　$266 \times (1 + 0.08) = 287.28$（円）なので，
　　　小数第1位を四捨五入して，287円。

　答　(1) 874 円　(2) 287（円）

15　定価は，$1000 \times (1 + 0.3) = 1300$（円）で，

　　売った値段は，$1300 \times \left(1 - \dfrac{20}{100}\right) = 1040$（円）

　　よって，利益は，$1040 - 1000 = 40$（円）

　答　40（円）

16　定価の 8 ％引きの値段は，
　　$3000 \times (1 - 0.08) = 2760$（円）
　　2760 円で売ったときの利益が 200 円なので，
　　求める仕入れ値は，$2760 - 200 = 2560$（円）

　答　2560

17　原価の，$1 + 0.16 = 1.16$（倍）が 2900 円なので，
　　原価は，$2900 \div 1.16 = 2500$（円）

　答　2500

18　4 割引きで売ると，
　　売り値は，$1 - 0.4 = 0.6$（倍）になるので，
　　この商品の売り値は，$5000 \times 0.6 = 3000$（円）
　　この商品の原価の，
　　$1 + 0.2 = 1.2$（倍）が 3000 円なので，
　　この商品の原価は，$3000 \div 1.2 = 2500$（円）

　答　(2) ア．3000　イ．2500

19　原価を 1 とすると，定価は，$1 \times (1 + 0.3) = 1.3$，
　　売った値段は，$1.3 \times (1 - 0.2) = 1.04$ なので，
　　$1.04 - 1 = 0.04$ にあたるのが 68 円。

　　よって，原価は，$68 \div 0.04 = 1700$（円）

　答　1700（円）

20　定価の，$0.35 - 0.2 = 0.15$（倍）が，
　　$190 + 50 = 240$（円）にあたるので，
　　この商品の定価は，$240 \div 0.15 = 1600$（円）

　答　1600（円）

21　原価を 1 とすると定価は，$1 \times (1 + 0.4) = 1.4$ で，
　　売価は，$1 \times (1 + 0.15) = 1.15$ なので，
　　$1.4 - 1.15 = 0.25$ が 400 円にあたる。
　　よって，原価は，$400 \div 0.25 = 1600$（円）

　答　1600（円）

22　この品物 1 個あたりの原価を 1 とすると，
　　定価は，$1 \times (1 + 0.2) = 1.2$，
　　25 ％引きの売り値は，
　　$1.2 \times (1 - 0.25) = 0.9$ なので，
　　売り上げ総額は，
　　$1.2 \times 70 + 0.9 \times (120 - 70) = 129$
　　仕入れにかかった総額は，$1 \times 120 = 120$ なので，
　　利益は，$129 - 120 = 9$
　　これが 7560 円にあたるから，
　　この品物 1 個あたりの原価は，$7560 \div 9 = 840$（円）

　答　840（円）

23　不良品であった 50 個について，
　　損失は，$100 \times 50 = 5000$（円）
　　不良品だけを仕入れていなかったとすると，
　　利益は，$67500 + 5000 = 72500$（円）となるはず
　　だったので，売ることのできた品物の数は，
　　$72500 \div (150 - 100) = 1450$（個）
　　よって，実際に仕入れた品物の個数は，
　　$1450 + 50 = 1500$（個）

　答　1500（個）

24 (1)　$280 \times (1 + 0.25) = 350$（円）

　　(2)　仕入れたパック数の 75 ％が，
　　　$105000 \div 350 = 300$（パック）
　　　よって，仕入れたパック数は，
　　　$300 \div 0.75 = 400$（パック）

　　(3)　$400 - 300 = 100$（パック）を，
　　　$350 \times (1 - 0.3) = 245$（円）で売ったので，
　　　すべての売り上げは，
　　　$105000 + 245 \times 100 = 129500$（円）
　　　仕入れ値は，$280 \times 400 = 112000$（円）なので，
　　　求める利益は，$129500 - 112000 = 17500$（円）

　答　(1) 350（円）　(2) 400（パック）　(3) 17500（円）

25 (1)　$500 - 16 = 484$（個）売れたので，

　　　　$120 × 484 = 58080$（円）の利益があり，

　　　　$200 × 16 = 3200$（円）の損をする。

　　　　よって，実際の利益は，

　　　　$58080 - 3200 = 54880$（円）

　(2)　1000 個売れたときの利益は，

　　　　$120 × 1000 = 120000$（円）

　　　　1 個売れ残るごとに，

　　　　$120 + 200 = 320$（円）ずつ利益が少なくなる。

　　　　$120000 - 94400 = 25600$（円）少なくなるので，

　　　　売れ残ったのは，$25600 ÷ 320 = 80$（個）

　(3)　100 個仕入れて，

　　　　$100 × 0.06 = 6$（個）売れ残ったときの利益は，

　　　　$120 × 100 - 320 × 6 = 10080$（円）

　　　　この，$75600 ÷ 10080 = 7.5$（倍）の利益があるので，仕入れた個数は，

　　　　$100 × 7.5 = 750$（個）

答　(1) 54880（円）　(2) 80（個）　(3) 750（個）

26 (1)　この商品 1 個の仕入れ値を 1 とすると，

　　　　定価は，$1 × (1 + 0.5) = 1.5$

　　　　定価の 2 割引きの値段は，$1.5 × (1 - 0.2) = 1.2$

　　　　2 日間で商品がすべて売れたときの売り上げは，

　　　　$1.5 × 80 + 1.2 × (100 - 80) = 144$

　　　　このとき，利益の合計の，

　　　　$144 - 1 × 100 = 44$ が 17600 円にあたるから，

　　　　この商品 1 個の仕入れ値は，

　　　　$17600 ÷ 44 = 400$（円）

　(2)①　定価は，$400 × 1.5 = 600$（円）

　　　　　定価の半額の値段は，$600 ÷ 2 = 300$（円）

　　　　　よって，3 日目に売る商品の 1 個あたりの損失は，$400 - 300 = 100$（円）

　　②　定価の 2 割引きの値段は，

　　　　　$400 × 1.2 = 480$（円）だから，

　　　　　2 日目と 3 日目の商品 1 個の値段の差は，

　　　　　$480 - 300 = 180$（円）

　　　　　3 日間の利益の合計は，

　　　　　2 日間ですべて売れたときの利益の合計よりも，

　　　　　$17600 - 16880 = 720$（円）少ないから，

　　　　　3 日目に売れた商品は，$720 ÷ 180 = 4$（個）

答　(1) 400（円）　(2)① 100（円）　② 4（個）

27 (1)　$1\frac{1}{5} : 0.8 = 1.2 : 0.8$

　　　　どちらも 10 倍すると，$12 : 8$ だから，

　　　　どちらも 4 でわって，$3 : 2$

　(2)　$2.4 : 1.8 = 24 : 18 = 4 : 3$ より，$\boxed{} = 4$

答　(1)（順に）3，2　(2) 4

28 (1)　$9 ÷ 6 = 1.5$ より，$\boxed{} = 5 × 1.5 = 7.5$

　(2)　$8 ÷ 1 = 8$ より，$\boxed{} = 0.3 × 8 = 2.4$

　(3)　$\frac{1}{2}$ は 3 の，$\frac{1}{2} ÷ 3 = \frac{1}{6}$（倍）なので，

　　　　$\boxed{} = 2 × \frac{1}{6} = \frac{1}{3}$

　(4)　$(17 × \boxed{} + 227) × 77 = 252 × 220$ より，

　　　　$17 × \boxed{} + 227 = 252 × 220 ÷ 77 = 720$

　　　　よって，$17 × \boxed{} = 720 - 227 = 493$ より，

　　　　$\boxed{} = 493 ÷ 17 = 29$

　(5)　$\frac{1}{2} ÷ \frac{8}{3} = \frac{3}{16}$ より，$\frac{16}{7} × \frac{3}{16} = \frac{3}{7}$

　(6)　$\left\{ \left(\frac{1}{12} + \frac{3}{12} \right) × \frac{3}{2} \right\} : \left\{ \frac{3}{4} × \left(\frac{8}{3} - \boxed{} \right) \right\}$

　　　　$= 2 : 3$ より，

　　　　$\left(\frac{1}{3} × \frac{3}{2} \right) : \left(2 - \frac{3}{4} × \boxed{} \right) = 2 : 3$ なので，

　　　　$\frac{1}{2} : \left(2 - \frac{3}{4} × \boxed{} \right) = 2 : 3$

　　　　よって，$2 × \left(2 - \frac{3}{4} × \boxed{} \right) = 3 × \frac{1}{2}$ より，

　　　　$4 - \frac{3}{2} × \boxed{} = \frac{3}{2}$ なので，

　　　　$\frac{3}{2} × \boxed{} = 4 - \frac{3}{2} = \frac{5}{2}$

　　　　したがって，

　　　　$\boxed{} = \frac{5}{2} ÷ \frac{3}{2} = \frac{5}{2} × \frac{2}{3} = \frac{5}{3}$

答　(1) 7.5　(2) 2.4　(3) $\frac{1}{3}$　(4) 29　(5) $\frac{3}{7}$　(6) $\frac{5}{3}$

29 (1)　B を 5 と 7 の最小公倍数である 35 にそろえると，$A : B : C = 28 : 35 : 45$

　　　　よって，$A : C = 28 : 45$

　(2)　B さんの所持金を表す比の数を 3 と 5 の最小公倍数の 15 にそろえると，

　　　　A さん，B さん，C さんの所持金の比は，

　　　　$(4 × 5) : (3 × 5) : (6 × 3) = 20 : 15 : 18$

　　　　よって，C さんの所持金，

　　　　$1500 × \frac{18}{20} = 1350$（円）

答　(1) 28 : 45　(2) 1350

30　$A \times \dfrac{4}{5} = B \times \dfrac{3}{4}$ より，

$A : B = \dfrac{5}{4} : \dfrac{4}{3} = 15 : 16$

よって，A は B の，$15 \div 16 = \dfrac{15}{16}$（倍）

 $\dfrac{15}{16}$（倍）

31　(1)　$540 \times \dfrac{5}{4 + 5} = 300$（個）

(2)　妹がもらう個数を 5 とすると，

36 個は，$7 + 5 = 12$ にあたるので，

1 にあたる個数は，$36 \div 12 = 3$（個）

よって，妹がもらう個数は，$3 \times 5 = 15$（個）

答 (1) 300　(2) 15（個）

32　たてと横の長さの和は，$30 \div 2 = 15$（cm）

したがって，たては，$15 \times \dfrac{2}{2 + 3} = 6$（cm）で，

横は，$15 - 6 = 9$（cm）

よって，$6 \times 9 = 54$（cm^2）

答 54（cm^2）

33　$20 : 7 = 200 : 70$ より，

もっとも少ない枚数の場合は，

50 円玉が，$200 \div 50 = 4$（枚），

10 円玉が，$70 \div 10 = 7$（枚）

合計枚数は 44 枚なので，

それぞれを，$44 \div (4 + 7) = 4$（倍）すればよい。

よって，10 円玉の枚数は，$7 \times 4 = 28$（枚）

答 28（枚）

34　$B \times \dfrac{1}{2} = C \times \dfrac{3}{4}$ より，

$B : C = \dfrac{3}{4} : \dfrac{1}{2} = 3 : 2$

A と B は同じ数なので，$3 \div 2 = \dfrac{3}{2}$（倍）

答 $\dfrac{3}{2}$

35　A の枚数を 1 とすると，

B の枚数は，$1.5 = \dfrac{3}{2}$，C の枚数は $\dfrac{3}{5}$ だから，

124 枚は，$1 + \dfrac{3}{2} + \dfrac{3}{5} = \dfrac{31}{10}$ にあたる。

よって，A の枚数は，$124 \div \dfrac{31}{10} = 40$（枚）だから，

C の枚数は，$40 \times \dfrac{3}{5} = 24$（枚）

答 24（枚）

36　残った玉の個数は合わせて，

$960 - (6 + 6) \times 10 = 840$（個）だから，

残った赤玉の個数は，$840 \times \dfrac{27}{27 + 43} = 324$（個）

よって，最初にあった赤玉の個数は，

$324 + 6 \times 10 = 384$（個）

答 384（個）

37　(1)　ガムとあめの個数の差は変わらない。

比の差を 6 にそろえると，

$10 : 7 = 20 : 14$，$5 : 3 = 15 : 9$ より，

比の 1 は，$50 \div (20 - 15) = 10$（個）にあたる。

よって，求めるあめの個数は，

$10 \times 14 - 40 = 100$（個）

(2)　いちご味のあめの個数は変わらない。

比を 8 にそろえると，

$3 : 2 = 12 : 8$ から $9 : 8$ になったので，

比の 1 は，$15 \div (12 - 9) = 5$（個）にあたる。

はじめのガムの個数は，

$10 \times 20 - 40 = 160$（個）なので，

コーラ味のガムは，$160 - 5 \times 12 = 100$（個）

答 (1) 100（個）　(2) 100（個）

38　(1)　1 回目と 2 回目と 3 回目に仕入れた量の比は，

$1 : 1 : (1 - 0.25) = 4 : 4 : 3$

1 回目に仕入れた量は，

$7150 \times \dfrac{4}{4 + 4 + 3} = 2600$（g）

(2)　1 回目の仕入れにかかった金額が，

$445 \times (2600 \div 1000) = 1157$（円）なので，

2 回目と 3 回目にかかった金額の和は，

$3380 - 1157 = 2223$（円）

2 回目と 3 回目の 1kg あたりの価格の比が，

$1 : (1 + 0.2) = 5 : 6$ で，2 回目と 3 回目に仕入れ

た量の比が 4 : 3 なので，

2 回目と 3 回目にかかった金額の比は，

$(5 \times 4) : (6 \times 3) = 10 : 9$ で，

3 回目の仕入れにかかった金額は，

$2223 \times \dfrac{9}{10 + 9} = 1053$（円）

3 回目に仕入れた量は，

$2600 \times \dfrac{3}{4} \div 1000 = 1.95$（kg）なので，

3 回目に仕入れたジャガイモ 1kg あたりの価格は，

$1053 \div 1.95 = 540$（円）

答 (1) 2600g　(2) 540 円

39　兄と弟の受け取った金額の比が 2：1 だから，

1200 ÷ (2 + 1) × 2 = 800（円）

答　800

40　A と C が持っている個数の比は，3：1 で，

52 − 34 = 18（個）が A と C の個数の差だから，

A は，$18 × \dfrac{3}{3-1} = 27$（個）

よって，B は，52 − 27 = 25（個）

答　25（個）

41　(1)　C さんの持っている缶バッジの数の，

2 + 2 + 1 = 5（倍）が，

70 − 5 = 65（個）にあたる。

よって，C さんの持っている缶バッジは，

65 ÷ 5 = 13（個）で，

B さんのもっている缶バッジは，13 × 2 = 26（個）

(2)　A さんは，26 + 5 = 31（個）持っているので，

2 人の個数の差は，31 − 13 = 18（個）

よって，A さんが C さんに，

18 ÷ 2 = 9（個）あげればよい。

答　(1) 26（個）　(2) 9（個）

42　(1)　20g の食塩が溶けた，

180 + 20 = 200（g）の食塩水ができるので，

その濃度は，20 ÷ 200 × 100 = 10（%）

(2)　食塩 30g を水 220g に溶かしてできる食塩水の

量は，30 + 220 = 250（g）

よって，この食塩水の濃さは，

30 ÷ 250 × 100 = 12（%）

答　(1) 10　(2) 12

43　200 × 0.06 = 12（g）

答　12

44　(1)　8 % の食塩水 450g にふくまれる食塩の量は，

450 × 0.08 = 36（g）

よって，求める濃度は，

36 ÷ (450 + 270) × 100 = 5（%）

(2)　500 × 0.15 = 75（g）の食塩が，

500 + 100 = 600（g）の食塩水にふくまれている。

よって，求めるこさは，

75 ÷ 600 × 100 = 12.5（%）

答　(1) 5（%）　(2) 12.5（%）

45　(1)　ふくまれる食塩の重さは，

0.05 × 450 + 25 = 47.5（g）になるので，

47.5 ÷ (450 + 25) × 100 = 10（%）

(2)　はじめの食塩水に含まれる食塩の重さは，

200 × 0.1 = 20（g）なので，

さらに 20g の食塩を混ぜると，

20 + 20 = 40（g）の食塩が含まれる，

200 + 20 = 220（g）の食塩水ができる。

よって，その濃度は，$40 ÷ 220 × 100 = \dfrac{200}{11}$（%）

答　(1) 10　(2) $\dfrac{200}{11}$

46　(1)　ふくまれる食塩の量は，

500 × 0.12 = 60（g）で変わらないので，

こさが 16 % になったときの食塩水の量は，

60 ÷ 0.16 = 375（g）

よって，蒸発させた水の量は，

500 − 375 = 125（g）

(2)　水を蒸発させても，ふくまれる食塩の重さは，

600 × 0.04 = 24（g）で変わらない。

24g が 10 % にあたる食塩水の重さは，

24 ÷ 0.1 = 240（g）

よって，蒸発させた水は，600 − 240 = 360（g）

答　(1) 125（g）　(2) 360g

47　8 % の食塩水 300g に含まれる食塩の量は，

$300 × \dfrac{8}{100} = 24$（g）なので，

6 % の食塩水の量は，$24 ÷ \dfrac{6}{100} = 400$（g）

よって，加えた水の量は，400 − 300 = 100（g）

答　100（g）

48　(1)　6 % の食塩水 500g に含まれる食塩は，

$500 × \dfrac{6}{100} = 30$（g）だから，

水は，500 − 30 = 470（g）

10 % の食塩水に含まれる食塩と水の重さの比は，

10：(100 − 10) = 1：9 だから，

できた 10 % の食塩水に含まれる食塩の量は，

$470 × \dfrac{1}{9} = \dfrac{470}{9}$（g）

よって，加えた食塩の量は，$\dfrac{470}{9} − 30 = \dfrac{200}{9}$（g）

(2)　10 % の食塩水 200g にふくまれる水は，

200 × (1 − 0.1) = 180（g）で，

これが，100 − 20 = 80（%）にあたる食塩水は，

180 ÷ 0.8 = 225（g）

よって，加えた食塩の量は，225 − 200 = 25（g）

答　(1) $\dfrac{200}{9}$（g）　(2) 25（g）

49 (1)　できた食塩水に含まれる食塩の重さは,

200 × 0.16 = 32（g）で,

この重さの食塩が含まれる濃度 20 ％の食塩水の

重さは, 32 ÷ 0.2 = 160（g）なので,

取り出した食塩水の重さは, 200 − 160 = 40（g）

(2)　できた食塩水の重さは 500g で変わらないので,

できた食塩水にふくまれる食塩の重さは,

500 × 0.06 = 30（g）

30g の食塩がふくまれる 10 ％の食塩水の重さは,

30 ÷ 0.1 = 300（g）なので,

くみ出した食塩水の量は, 500 − 300 = 200（g）

答　(1) 40　(2) 200

50　こさが 20 ％の食塩水 400g にふくまれる食塩の量

は, 400 × 0.2 = 80（g）

この食塩水に水を 100g 加えてできた食塩水の量は,

400 + 100 = 500（g）

ふくまれる食塩の量は 80g のまま変わらないから,

こさは, 80 ÷ 500 × 100 = 16（％）

次に, この食塩水を何 g かすてて, すてた食塩水と同

じ量の水を加えて, こさが 10 ％の食塩水ができた

とき, この食塩水の量は 500g で,

ふくまれる食塩水の量は, 500 × 0.1 = 50（g）

よって, すてた食塩水にふくまれる食塩の量が,

80 − 50 = 30（g）だから,

すてた食塩水の量, 30 ÷ 0.16 = 187.5（g）

答　ア. 16　イ. 187.5

51　200g 捨てたときの食塩水にふくまれる食塩の量

は, (500 − 200) × 0.23 = 69（g）なので,

ここに水を 200g 加えて 500g にしたときに食塩を

とかしている水の量は, 500 − 69 = 431（g）

ここに食塩を加えて 20 ％の食塩水にすると,

とかしている水の割合は,

100 − 20 = 80（％）になるので,

このときの食塩水の量は, 431 ÷ 0.8 = 538.75（g）

よって, 加えた食塩の量は,

538.75 − 500 = 38.75（g）

答　38.75（g）

52 (1)　砂糖水の重さは, 485 + 15 = 500（g）だから,

濃度は, 15 ÷ 500 × 100 = 3（％）

(2)　できた砂糖水は 500g だから,

500 × 0.003 = 1.5（g）

(3)　2 ％の食塩水 120g に含まれている食塩の重さ

は, 120 × 0.02 = 2.4（g）

これが 0.3 ％だから,

経口補水液から食塩を除いた重さは,

2.4 ÷ 0.003 = 800（g）

これより,

砂糖の重さは, 800 × 0.03 = 24（g）で,

経口補水液に含まれる水の重さは,

800 − 24 = 776（g）

食塩水に含まれる水の重さは,

120 − 2.4 = 117.6（g）だから,

加える水の重さは, 776 − 117.6 = 658.4（g）

答　(1) 3（％）　(2) 1.5（g）

(3)（砂糖）24（g）　（水）658.4（g）

53　5 ％の食塩水 100g に溶けている食塩の量は,

100 × 0.05 = 5（g）

7 ％の食塩水 200g に溶けている食塩の量は,

200 × 0.07 = 14（g）

よって, 5 + 14 = 19（g）

答　19

54 (1)　6 ％の食塩水 300g にふくまれる食塩の量は,

300 × 0.06 = 18（g）,

13 ％の食塩水 200g にふくまれる食塩の量は,

200 × 0.13 = 26（g）だから,

できた食塩水, 300 + 200 = 500（g）にふくまれ

る食塩の量は, 18 + 26 = 44（g）

よって, できた食塩水のこさは,

44 ÷ 500 × 100 = 8.8（％）

(2)　2 ％の濃さの食塩水 150g と 4 ％の濃さの食塩

水 50g を混ぜたとき,

できた食塩水の量は, 150 + 50 = 200（g）で,

ふくまれる食塩の量は,

150 × 0.02 + 50 × 0.04 = 5（g）

よって, できた食塩水の濃さは,

5 ÷ 200 × 100 = 2.5（％）

答　(1) 8.8　(2) 2.5（％）

55 (1)　ふくまれる食塩の重さについて面積図で表すと，
次図のようになる。

この図で，あといの部分の面積は等しく，

横の長さの比は，$150 : 300 = 1 : 2$ なので，

縦の長さの比は，$\dfrac{1}{1} : \dfrac{1}{2} = 2 : 1$

よって，あの縦の長さは，

$(13 - 10) \times \dfrac{2}{1} = 6 (\%)$ なので，

150g の食塩水のこさは，$13 + 6 = 19 (\%)$

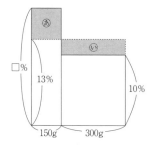

(2)　25 ％の食塩水 50g にふくまれる食塩の量は，

$50 \times 0.25 = 12.5 (g)$

17 ％の食塩水，$50 + 100 = 150 (g)$ にふくまれ
る食塩の量は，$150 \times 0.17 = 25.5 (g)$

よって，混ぜ合わせた食塩水 100g にふくまれる
食塩の量が，$25.5 - 12.5 = 13 (g)$ だから，

この食塩水の濃さは，$13 \div 100 \times 100 = 13 (\%)$

答　(1) 19　(2) 13

56　食塩の量について面
積図に表すと右図のよ
うになり，かげをつけ
た 2 つの長方形の面積
は等しいから，

ア $\times (8 - 7)$

$= $ イ $\times (7 - 5)$ より，ア : イ $= 2 : 1$

よって，ア $= 900 \times \dfrac{2}{2 + 1} = 600 (g)$

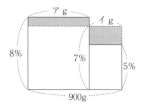

答　600 (g)

57 ア．ふくまれる食塩の量を
面積図に表すと，右図の
ようになる。

この図で，あといの面積
は等しく，

たての長さの比が，

$(8 - 5) : (10 - 8) = 3 : 2$ なので，

横の長さの比は，$\dfrac{1}{3} : \dfrac{1}{2} = 2 : 3$

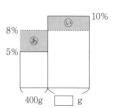

よって，混ぜる濃度 10 ％の食塩水の量は，

$400 \times \dfrac{3}{2} = 600 (g)$

イ．ふくまれる食塩の量は，

$400 \times 0.05 = 20 (g)$ で変わらないので，

濃度を 8 ％にしたときの食塩水の量は，

$20 \div 0.08 = 250 (g)$

よって，蒸発させる水の量は，

$400 - 250 = 150 (g)$

ウ．濃度 5 ％の食塩水 400g にふくまれる水の量は，

$400 - 20 = 380 (g)$ で，塩を加えても水の量は
変わらない。

8 ％の食塩水にふくまれる食塩の量と水の量の比
は，$8 : (100 - 8) = 2 : 23$ だから，

8 ％の食塩水にするのに混ぜる食塩の量は，

$380 \times \dfrac{2}{23} - 20 = 13.0\cdots (g)$ より，13g。

答　ア．600　イ．150　ウ．13

58　濃度 5 ％の食塩水 80g にふくまれる食塩の重さ
は，$80 \times 0.05 = 4 (g)$ で，

これに水を 20g 加えると，4g の食塩がふくまれる，

$80 + 20 = 100 (g)$ の食塩水になるので，

その濃度は，$4 \div 100 \times 100 = 4 (\%)$

この食塩水に，濃度 20 ％の食塩水を混ぜて濃度 10
％の食塩水にしたときのふくまれる食塩の重さを面
積図に表すと次図のようになる。

この図で，あといの面積は等しく，

たての長さの比が，

$(10 - 4) : (20 - 10) = 3 : 5$ なので，

横の長さの比は，$\dfrac{1}{3} : \dfrac{1}{5} = 5 : 3$

よって，

混ぜた濃度 20 ％の食塩水の重さ（いの横の長さ）は，

$100 \times \dfrac{3}{5} = 60 (g)$

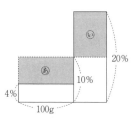

答　ア．4　イ．60

59　2％の食塩水 300g にとけている食塩の量は，

300 × 0.02 ＝ 6（g）なので，

これに水を 100g 加えた，300 ＋ 100 ＝ 400（g）の

食塩水の濃度は，6 ÷ 400 × 100 ＝ 1.5（％）

この食塩水から 100g をぬき取った，

400 － 100 ＝ 300（g）の食塩水と 10 ％の食塩水

□g を合わせた食塩水にとけている食塩の量を

面積図に表すと，次図のようになる。

この図で，あといの面積は等しく，

縦の長さの比が，

(4 － 1.5)：(10 － 4) ＝ 5：12 なので，

横の長さの比は，$\frac{1}{5}$：$\frac{1}{12}$ ＝ 12：5

よって，加えた 10 ％の食塩水は，

300 × $\frac{5}{12}$ ＝ 125（g）

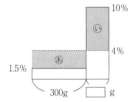

答（順に）1.5, 125

60　最後に同じ濃さになった食塩水をすべて混ぜ合わ

せても濃さは変わらないので，

求める濃さは，はじめの容器 A，B にある食塩水を

すべて混ぜ合わせた濃さになる。

食塩の合計は，

480 × 0.1 ＋ 720 × 0.05 ＝ 84（g）だから，

求める濃さは，84 ÷ (480 ＋ 720) × 100 ＝ 7（％）

答 7（％）

61(1)　ふくまれる食塩の量は，

食塩水 A が，1200 × 0.05 ＝ 60（g），

食塩水 B が，800 × 0.13 ＝ 104（g）なので，

混ぜ合わせると，

60 ＋ 104 ＝ 164（g）の食塩がふくまれる，

1200 ＋ 800 ＝ 2000（g）の食塩水ができる。

よって，そののう度は，

164 ÷ 2000 × 100 ＝ 8.2（％）

(2)　できる食塩水ののう度は，

全部混ぜ合わせたときと同じ 8.2 ％。

残った食塩水 A に取り出した食塩水 B を混ぜ合

わせてできる食塩水にふくまれる食塩の量を面積

図に表すと，次図のようになる。

この図で，あといの部分の面積が等しく，

縦の長さの比が，

(8.2 － 5)：(13 － 8.2) ＝ 2：3 なので，

横の長さの比は，$\frac{1}{2}$：$\frac{1}{3}$ ＝ 3：2

よって，入れかえる食塩水の量は，

1200 × $\frac{2}{3 ＋ 2}$ ＝ 480（g）

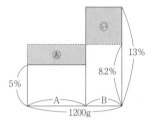

(3)　できる 10 ％の食塩水にふくまれる食塩の量を

面積図に表すと，次図のようになる。

この図で，うとえの部分の面積が等しく，

縦の長さの比が，

(10 － 5)：(13 － 10) ＝ 5：3 なので，

横の長さの比は，$\frac{1}{5}$：$\frac{1}{3}$ ＝ 3：5 で，食塩水 A と

B を 3：5 の割合で混ぜ合わせればよい。

食塩水 A を 1200g 使うとき，

食塩水 B は，1200 × $\frac{5}{3}$ ＝ 2000（g）必要なので，

あてはまらない。

食塩水 B を 800g 使うとき，

食塩水 A は，800 × $\frac{3}{5}$ ＝ 480（g）必要なので，

取り出す食塩水の量は，A から 480g，B から 800g。

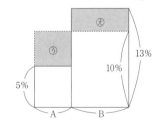

答 (1) 8.2（％）　(2) 480（g）

(3) (A から) 480（g，B から) 800（g）

62(1)　容器 A の食塩水 100g を容器 B に移したとき，
　　容器 B の食塩水，200 ＋ 100 ＝ 300（g）に含まれ
　　る食塩の量は，
　　200 × 0.07 ＋ 100 × 0.04 ＝ 18（g）
　　よって，容器 B の食塩水の濃さは，
　　18 ÷ 300 × 100 ＝ 6（％）
　　次に，
　　容器 B の食塩水 100g を容器 A に戻したとき，
　　容器 A の食塩水，400 － 100 ＋ 100 ＝ 400（g）
　　に含まれる食塩の量は，
　　(400 － 100) × 0.04 ＋ 100 × 0.06 ＝ 18（g）
　　よって，容器 A の食塩水の濃さは，
　　18 ÷ 400 × 100 ＝ 4.5（％）
　(2)　容器 A の食塩水，400 ÷ 2 ＝ 200（g）と
　　容器 B の食塩水，200 ÷ 2 ＝ 100（g）を容器 C に
　　移したとき，
　　容器 C の食塩水，400 ＋ 200 ＋ 100 ＝ 700（g）
　　に含まれる食塩の量は，
　　700 × 0.07 ＝ 49（g）
　　このうち，最初に容器 C の食塩水 400g に含まれ
　　ていた食塩の量は，
　　49 － (200 × 0.045 ＋ 100 × 0.06) ＝ 34（g）
　　よって，
　　容器 C に最初に入っていた食塩水の濃さは，
　　34 ÷ 400 × 100 ＝ 8.5（％）
　(3)　容器 C の食塩水を ☐ g 移したとすると，
　　食塩の量についての面積図は次図のようになる。
　　この図で，かげをつけた 2 つの長方形の面積は等
　　しいから，
　　☐ ＝ 200 × (6 － 4.5) ÷ (7 － 1) ＝ 300

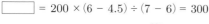
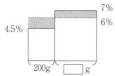

答　(1) 4.5（％）　(2) 8.5（％）　(3) 300（g）

63(1)　容器に入っている砂糖水の重さは，
　　10 × 20 ＋ 10 × 10 ＝ 300（g）で，
　　ふくまれる砂糖の重さは，
　　(10 × 20) × 0.3 ＝ 60（g）
　　よって，求める濃度は，60 ÷ 300 × 100 ＝ 20（％）
　(2)　蛇口 A から ア g，蛇口 B から イ g 入れたとき，
　　食塩の重さについての面積図は次図のようになる。

かげをつけた部分の長方形の面積は等しいから，
(20 － 12) × ア ＝ (30 － 20) × イ より，
ア：イ ＝ 10：8 ＝ 5：4
よって，イ ＝ 630 × $\frac{4}{5+4}$ ＝ 280（g）より，
求める時間は，280 ÷ 10 ＝ 28（秒）

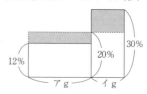

　(3)　15％の砂糖水 700g にふくまれる砂糖の重さは，
　　700 × 0.15 ＝ 105（g）
　　蛇口 A と B から毎秒，
　　10 × 0.12 ＋ 10 × 0.3 ＝ 4.2（g）の砂糖が入るの
　　で，2 つの蛇口を開いていた時間は，
　　105 ÷ 4.2 ＝ 25（秒）
　　また，蛇口 C から入れた水の重さは，
　　700 － (10 ＋ 10) × 25 ＝ 200（g）なので，
　　開いていた時間は，200 ÷ 10 ＝ 20（秒）
答　(1) 20（％）　(2) 28（秒）
　　(3)（蛇口 A）25（秒）　（蛇口 B）25（秒）
　　（蛇口 C）20（秒）

64(1)　200 × 0.04 ＝ 8（g）
　(2)　15g の食塩が含まれている，
　　285 ＋ 15 ＝ 300（g）の食塩水なので，
　　濃度は，15 ÷ 300 × 100 ＝ 5（％）
　(3)　15g の食塩が含まれている，
　　300 ＋ 200 ＝ 500（g）の食塩水ができるので，
　　濃度は，15 ÷ 500 × 100 ＝ 3（％）
　(4)　できた食塩水の量は，
　　200 ＋ 400 ＝ 600（g）なので，
　　そこに含まれている食塩の量は，
　　600 × 0.03 ＝ 18（g）
　　よって，容器 C の食塩水に含まれている食塩の量
　　は，18 － 8 ＝ 10（g）
　(5)　容器 A の食塩水と容器 C の食塩水を混ぜても，
　　容器 B の食塩水と容器 D の水を混ぜても 3％の
　　食塩水ができるので，
　　容器 A，B，C の食塩水と容器 D の水のすべてを
　　混ぜたときにできる食塩水の濃度も 3％。
答　(1) 8（g）　(2) 5（％）　(3) 3（％）　(4) 10（g）
　　(5) 3（％）

65 (1) はじめの所持金の,

$1 - \dfrac{5}{8} = \dfrac{3}{8}$ にあたるのが 600 円なので,

$600 \div \dfrac{3}{8} = 1600$ (円)

(2) プリンの個数の,

$1 + \dfrac{1}{3} = \dfrac{4}{3}$ (倍)が 52 個なので,

$52 \div \dfrac{4}{3} = 39$ (個)

答 (1) 1600 (2) 39 (個)

66 A の長さを 1 とすると,

B の長さは, $1 \times (1 + 1.24) = 1.24$ なので,

$11.2 \times \dfrac{1.24}{1 + 1.24} = 6.2$ (m)

答 6.2 (m)

67 B さんのもらったカードの 2 倍は,

C さんのカードの, $3 \times 2 = 6$ (倍)より,

$7 \times 2 = 14$ (枚)少ないので,

A さんのもらったカードは, C さんのカードの 6 倍

より, $14 - 11 = 3$ (枚)少ない。

よって, 200 枚は, C さんのもらったカードの,

$6 + 3 + 1 = 10$ (倍)より,

$3 + 7 = 10$ (枚)少ないので,

C さんのもらったカードの 10 倍は,

$200 + 10 = 210$ (枚)で,

C さんのもらったカードは, $210 \div 10 = 21$ (枚),

A さんのもらったカードは, $21 \times 6 - 3 = 123$ (枚)

答 123

68 残りは全体の, $1 - \dfrac{1}{3} - 0.3 = \dfrac{11}{30}$ で,

これが 33 個なので,

全体のあめの個数は, $33 \div \dfrac{11}{30} = 90$ (個)

答 90

69 1 日目の残りは, 全体の, $1 - \dfrac{1}{2} = \dfrac{1}{2}$ で,

2 日目の残りはその, $1 - \dfrac{2}{3} = \dfrac{1}{3}$ だから,

全体の, $\dfrac{1}{2} \times \dfrac{1}{3} = \dfrac{1}{6}$ が 10 ページにあたる。

よって, 本は全部で, $10 \div \dfrac{1}{6} = 60$ (ページ)

答 60 (ページ)

70 (1) 2 日目に残っていたのは,

$99 \div \left(1 - \dfrac{1}{4}\right) = 132$ (ページ)

よって, この本のページ数は,

$30 + 132 = 162$ (ページ)

(2) 読んだページ数は全体の,

$\dfrac{3}{8} + \dfrac{5}{12} = \dfrac{19}{24}$ なので,

残りの 40 ページは全体の, $1 - \dfrac{19}{24} = \dfrac{5}{24}$

よって, この本の全体のページ数は,

$40 \div \dfrac{5}{24} = 192$ (ページ)

答 (1) 162 (ページ) (2) 192 (ページ)

71 156 ページが本全体の, $\dfrac{2}{3} - \dfrac{3}{11} = \dfrac{13}{33}$ にあたる。

よって, 本全体のページ数は,

$156 \div \dfrac{13}{33} = 396$ (ページ)

答 396 (ページ)

72 2 日目に読んだのは全体の,

$\left(1 - \dfrac{1}{6}\right) \times \dfrac{1}{5} = \dfrac{1}{6}$ だから,

全体の, $1 - \dfrac{1}{6} - \dfrac{1}{6} - \dfrac{1}{4} = \dfrac{5}{12}$ が 35 ページに

あたる。

よって, 求めるページ数は, $35 \div \dfrac{5}{12} = 84$ (ページ)

答 84 (ページ)

73 (1) 本を買った後に残っていたのは,

$400 \div \left(1 - \dfrac{6}{7}\right) = 2800$ (円)

したがって, ふで箱を買った後に残っていたのは,

$2800 \div \left(1 - \dfrac{2}{9}\right) = 3600$ (円)

よって, 最初に持っていたお金は,

$3600 \div \left(1 - \dfrac{1}{4}\right) = 4800$ (円)

(2) $3600 \times \dfrac{2}{9} = 800$ (円)

答 (1) 4800 (円) (2) 800 (円)

74 3 日目は全体の, $\dfrac{3}{7} \times \dfrac{5}{6} = \dfrac{5}{14}$ より 10 ページ

少なく読んでいるので,

全体の, $1 - \left(\dfrac{3}{7} + \dfrac{5}{14}\right) = \dfrac{3}{14}$ が,

$58 - 10 = 48$ (ページ)

よって, この本は, $48 \div \dfrac{3}{14} = 224$ (ページ)

答 224

75 線分図に表すと次図のようになる。

したがって，学年全体の，

$1 - \dfrac{1}{2} - \dfrac{1}{3} = \dfrac{1}{6}$ が，$2 + 19 = 21$（人）にあたる。

よって，学年全体の人数は，

$21 \div \dfrac{1}{6} = 126$（人）だから，

女子の人数は，$126 \times \dfrac{1}{3} + 19 = 61$（人）

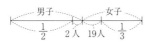

答 61

76 (1) $350 \times (1 + 0.06) = 371$（人）

(2) 1日目の中学生の人数の，$6 + 10 = 16$（%）が，

$371 - 347 = 24$（人）にあたるので，

1日目の中学生の人数は，$24 \div 0.16 = 150$（人）

よって，$150 \times (1 - 0.1) = 135$（人）

答 (1) 371（人）　(2) 135（人）

77 同じ本を買った後の2人の残金の差ははじめの所

持金の差と変わらないから，$1250 - 870 = 380$（円）

Aさんの残金はBさんの残金の3倍だから，

Bさんの残金は，$380 \div (3 - 1) = 190$（円）

よって，本の値段は，$870 - 190 = 680$（円）

答 680（円）

78 Aさんの所持金を5とすると，

6800円は，$5 + 3 = 8$にあたるので，

1にあたる金額は，$6800 \div 8 = 850$（円）で，

Aさんの所持金は，$850 \times 5 = 4250$（円）

同じ金額を使っても2人の所持金の差は変わらない

ので，比の数の差をそろえる。

$5 - 3 = 2$と，

$3 - 1 = 2$ですでにそろっているので，

これらの比の1を表す金額は同じ850円。

2人がそれぞれ使った金額は2にあたるので，

$850 \times 2 = 1700$（円）

答 ア．4250　イ．1700

79 (1) 現在の貯金額は，

姉の方が，$4100 - 1500 = 2600$（円）多く，

この差は1か月で，

$500 - 300 = 200$（円）ずつ縮まるので，

姉と妹の貯金額が等しくなるのは，

$2600 \div 200 = 13$（か月後）

(2) 妹の貯金額の，$4 \div 5 = \dfrac{4}{5}$（倍）は，

$1500 \times \dfrac{4}{5} = 1200$（円）から，

毎月，$500 \times \dfrac{4}{5} = 400$（円）ずつ増えていく。

したがって，

姉との差，$4100 - 1200 = 2900$（円）は，毎月，

$400 - 300 = 100$（円）ずつ縮まっていくので，

$2900 \div 100 = 29$（か月後）

答 (1) 13（か月後）　(2) 29（か月後）

80 (1) 最後に持っている金額は，

妹の方が，$150 + 150 = 300$（円）多く，

これが比の，$3 - 2 = 1$にあたる金額。

姉が最後に持っている金額は比の2にあたる，

$300 \times 2 = 600$（円）なので，

2人がそれぞれはじめに持っていた金額は，

$600 + 150 = 750$（円）

(2) 2人のもっているえんぴつの合計は変わらない

ので，比の数の和をそろえると，兄と弟のもって

いるえんぴつの本数の比は，

最初が，$3 : 1 = 9 : 3$で，最後が，$2 : 1 = 8 : 4$

これらの比の，$9 - 8 = 1$にあたる本数が3本で，

はじめに兄がもっていたえんぴつの本数は9にあ

たるので，$3 \times 9 = 27$（本）

答 (1) 750　(2) 27

81 兄と妹の所持金の比が5：3のとき，

比の，$(5 - 3) \div 2 = 1$にあたるのが500円だから，

兄の所持金は，$500 \times 5 = 2500$（円）

妹の所持金は，$500 \times 3 = 1500$（円）

最初の妹の所持金は1500円だから，

最初の兄の所持金は，$1500 \times 2 = 3000$（円）

よって，兄が使ったお金は，

$3000 - 2500 = 500$（円）

答 ア．500　イ．1500

82 (1) 姉の残りの所持金を3とすると，

姉の最初の所持金は，$3 \times 2 = 6$

姉の使った金額も3にあたるので，

妹が使った金額は，$3 \times 0.8 = 2.4$で，

妹の最初の所持金は，$2 + 2.4 = 4.4$

よって，姉と妹の最初の所持金の比は，

$6 : 4.4 = 15 : 11$

(2) 妹のお父さんからおこづかいをもらう前の金額

ももらった金額ももらった後の金額もすべて2倍

であったとすると，姉と妹の金額の比は，

おこづかいをもらう前が，$3 : (2 \times 2) = 3 : 4$ で，

おこづかいをもらった後が，$7 : (4 \times 2) = 7 : 8$

このとき，2 人のもらった金額は等しいので，

比の数の差をそろえる。

$7 - 3 = 4$，$8 - 4 = 4$ より，そろっているので，

この比の 4 にあたる金額が 1000 円で，

1 にあたる金額は，$1000 \div 4 = 250$（円）

姉の所持金は 7 にあたるので，

$250 \times 7 = 1750$（円）

 (1) 15 : 11 　(2) 1750 円

83　仕事を終えるのに，

のべ，$18 \times 20 = 360$（人）が必要。

あと，$360 - 4 \times 18 = 288$（人）必要なので，

$288 \div 16 = 18$（日）かかる。

よって，求める日数は，$4 + 18 = 22$（日）

 22

84　2 人ですると 1 分間に，

$\dfrac{1}{18} + \dfrac{1}{30} = \dfrac{4}{45}$ の掃除ができる。

よって，$1 \div \dfrac{4}{45} = 11.25$（分），

$0.25 \times 60 = 15$ より，

11 分 15 秒で終えることができる。

 (ア) 11　(イ) 15

85　A さんと B さんが 1 日にする仕事量の比は，

$\dfrac{1}{6} : \dfrac{1}{8} = 4 : 3$

A さんが 1 日にする仕事量を 4 とすると，

全体の仕事量は，$4 \times 6 = 24$ なので，

仕事全体の $\dfrac{1}{8}$ は，$24 \times \dfrac{1}{8} = 3$ で，

2 人でした仕事量は，$24 - 3 = 21$

A さんと B さんの 2 人で 1 日にする仕事量は，

$4 + 3 = 7$ なので，

2 人で仕事をした日数は，$21 \div 7 = 3$（日）

 3

86　全体の仕事量を 1 とすると，

A さんと B さんのする 1 日の仕事量はそれぞれ，

$1 \div 36 = \dfrac{1}{36}$，$1 \div 20 = \dfrac{1}{20}$

10 日間で，$\left(\dfrac{1}{36} + \dfrac{1}{20}\right) \times 10 = \dfrac{7}{9}$ の仕事をしたか

ら，残りは，$1 - \dfrac{7}{9} = \dfrac{2}{9}$

よって，A さんが 1 人で残りの仕事をするのは，

$\dfrac{2}{9} \div \dfrac{1}{36} = 8$（日間）

 8

87　A さんと B さんが 1 日にする仕事量の比は，

$\dfrac{1}{12} : \dfrac{1}{15} = 5 : 4$

A さんの 1 日の仕事量を 5 とすると，

全体の仕事量は，$5 \times 12 = 60$

A さんが 3 日でする仕事量は，$5 \times 3 = 15$ なので，

残っている仕事量は，$60 - 15 = 45$

2 人で 1 日にする仕事量は，$5 + 4 = 9$ なので，

残っている仕事を 2 人でしたときにかかる日数は，

$45 \div 9 = 5$（日）

 5（日）

88　仕事全体の量を 1 とする。

A さんが 3 時間，B さんが 4 時間仕事をすると，

$\dfrac{1}{40} \times 3 + \dfrac{1}{32} \times 4 = \dfrac{1}{5}$ の仕事しかできないので，

仕事を終わらせるには，

$1 \div \dfrac{1}{5} = 5$（倍）の時間だけ仕事をする必要がある。

よって，A さんが，$3 \times 5 = 15$（時間），B さんが，

$4 \times 5 = 20$（時間）だけ仕事をすればよいので，

求める時間は，$20 - 15 = 5$（時間）

 5

89(1)　A だけを使って空の水そうを満水にするのに 40

分かかるから，

水そうの半分の水を入れるのにかかる時間は，

$40 \div 2 = 20$（分）

(2)　水そうの容積を 1 とすると，

A だけで入れる水の量は毎分，$1 \div 40 = \dfrac{1}{40}$

A と B の両方で入れる水の量は毎分，

$1 \div 15 = \dfrac{1}{15}$

よって，B だけで入れる水の量は毎分，

$\dfrac{1}{15} - \dfrac{1}{40} = \dfrac{1}{24}$

よって，B だけを使って水そうの半分の水を入れ

るのにかかる時間は，$\dfrac{1}{2} \div \dfrac{1}{24} = 12$（分）だから，

満水になるまでにかかった時間は，

$20 + 12 = 32$（分）

 (1) 20（分）　(2) 32（分）

90　太郎さん，花子さん，次郎さんが 1 分間にする仕事量の比は，$\dfrac{1}{12} : \dfrac{1}{15} : \dfrac{1}{20} = 5 : 4 : 3$

太郎さんが 1 分間にする仕事量を 5 とすると，

全体の仕事量は，$5 \times 12 = 60$，

3 人で 1 分間にする仕事量は，

$5 + 4 + 3 = 12$ と表されるので，

この仕事を 3 人でしたときにかかる時間は，

$60 \div 12 = 5$（分）

答 5

91　A さんと B さんと C さんの 3 人，

A さんと B さんの 2 人，

B さんと C さんの 2 人が 1 日に行う仕事量の比は，

$\dfrac{1}{9} : \dfrac{1}{12} : \dfrac{1}{15} = 20 : 15 : 12$

A さん，B さん，C さんの 3 人で 1 日に行う仕事量を 20 とすると，

全体の仕事量は，$20 \times 9 = 180$ で，

C さんが 1 日に行う仕事量は，$20 - 15 = 5$ なので，

C さんが 1 人で行ったときにかかる日数は，

$180 \div 5 = 36$（日）

1 日に行う仕事量は，A さんが，$20 - 12 = 8$，

B さんが，$12 - 5 = 7$ なので，

A さんの仕事量は B さんの，$8 \div 7 = \dfrac{8}{7}$（倍）

答（順に）36，$\dfrac{8}{7}$

92(1)　全体の仕事量を 1 とすると，

ロボット A 1 台が 1 時間にする仕事の量は，

$1 \div 6 \div 8 = \dfrac{1}{48}$

ロボット A 2 台が 1 日に 6 時間仕事をすると，

1 日の仕事の量は，$\dfrac{1}{48} \times 2 \times 6 = \dfrac{1}{4}$ だから，

$1 \div \dfrac{1}{4} = 4$ より，ちょうど 4 日間で終わる。

(2)　ロボット A 2 台が 1 日に 6 時間の仕事を 3 日間すると，仕事の量は，$\dfrac{1}{4} \times 3 = \dfrac{3}{4}$

これより，$1 - \dfrac{3}{4} = \dfrac{1}{4}$ は，

ロボット B 1 台が 1 日に 6 時間の仕事を 3 日間したときの仕事の量になるから，

ロボット B 1 台が 1 時間にする仕事の量は，

$\dfrac{1}{4} \div 3 \div 6 = \dfrac{1}{72}$

ロボット B 1 台が 6 時間にする仕事の量は，

$\dfrac{1}{72} \times 6 = \dfrac{1}{12}$ だから，

$1 \div \dfrac{1}{12} = 12$ より，ちょうど 12 日間で終わる。

(3)　ロボット A 2 台とロボット B 2 台で 6 時間仕事をすると，仕事の量は，

$\dfrac{1}{48} \times 2 \times 6 + \dfrac{1}{72} \times 2 \times 6 = \dfrac{5}{12}$ だから，

残りは，$1 - \dfrac{5}{12} = \dfrac{7}{12}$

よって，残りをロボット A 3 台で仕事をすると，

$\dfrac{7}{12} \div \left(\dfrac{1}{48} \times 3 \right) = \dfrac{28}{3} = 9\dfrac{1}{3}$（時間）かかる。

$\dfrac{1}{3}$ 時間 $= 60 \times \dfrac{1}{3} = 20$（分）だから，

9 時間 20 分。

(4)　まず，次の日にロボット A だけで 3 時間仕事をして，全体の，$1 - \dfrac{3}{4} = \dfrac{1}{4}$ を終わらせたから，

1 時間にする仕事の量は，$\dfrac{1}{4} \div 3 = \dfrac{1}{12}$

ロボット A だけで 1 時間に $\dfrac{1}{12}$ の仕事をするには，$\dfrac{1}{12} \div \dfrac{1}{48} = 4$（台）必要である。

よって，アは 4。

次に，ロボット A 4 台で 6 時間仕事をすると，

$\dfrac{1}{48} \times 4 \times 6 = \dfrac{1}{2}$ の仕事ができるから，

ロボット B がした仕事の量は，$\dfrac{3}{4} - \dfrac{1}{2} = \dfrac{1}{4}$

これより，

ロボット B 何台かが 1 時間にした仕事の量は，

$\dfrac{1}{4} \div 6 = \dfrac{1}{24}$ だから，

ロボット B の台数は，$\dfrac{1}{24} \div \dfrac{1}{72} = 3$（台）

よって，イは 3。

答(1) 4（日間）　(2) 12（日間）

(3) 9（時間）20（分）　(4) ア. 4　イ. 3

93 (1)　A さんが 1 日にする仕事の量を 1 とすると，
　　　全体の仕事の量は，1 × 60 = 60 だから，
　　　1 日に B さんは，60 ÷ 30 = 2，
　　　C さんは，60 ÷ 20 = 3 の仕事をする。
　　　よって，
　　　3 人で 1 日に，1 + 2 + 3 = 6 の仕事をするから，
　　　仕事が終わるまでにかかる日数は，
　　　60 ÷ 6 = 10（日）

　(2)　A さんは，5 + 1 = 6（日），
　　　B さんは，2 + 1 = 3（日），
　　　C さんは，1 + 1 = 2（日）の周期で休むので，
　　　6 と 3 と 2 の最小公倍数である 6 日間について考
　　　える。
　　　1 日目は 3 人とも仕事をするから，
　　　できる仕事の量は 6。
　　　2 日目は A さんと B さんだけが仕事をするから，
　　　できる仕事の量は，1 + 2 = 3
　　　3 日目は A さんと C さんだけが仕事をするから，
　　　できる仕事の量は，1 + 3 = 4
　　　4 日目は A さんと B さんだけが仕事をするから，
　　　できる仕事の量は 3。
　　　5 日目は 3 人とも仕事をするから，
　　　できる仕事の量は 6。
　　　6 日目は 3 人とも仕事をしないから，
　　　できる仕事の量は 0 となる。
　　　3 人がはじめの 6 日間でする仕事の量は，
　　　1 × 5 + 2 × 4 + 3 × 3 = 22
　　　これより，
　　　6 × 2 = 12（日目）の時点で，
　　　22 × 2 = 44 の仕事が終わっているので，
　　　残りは，60 − 44 = 16
　　　16 − 6 − 3 − 4 − 3 = 0 だから，
　　　12 + 4 = 16（日）で仕事が終わる。

　　　答 (1) 10（日）　(2) 16（日）

94　360° ÷ 8 = 45° より，D の中心角は 45°，
　　C の中心角は，45° × 2 = 90°
　　よって，B の中心角は，
　　360° − (120° + 45° + 90°) = 105° なので，
　　求める人数は，$1080 × \dfrac{105}{360} = 315$（人）

　　答 315

95 (1)　全体の 21 % なので，500 × 0.21 = 105（人）
　(2)　バナナを表すおうぎ形の中心角より，

バナナを選んだ人は全体の，
$36 ÷ 360 = \dfrac{1}{10}$ なので，$500 × \dfrac{1}{10} = 50$（人）
よって，りんごを選んだ人は，
バナナを選んだ人より，86 − 50 = 36（人）多い。

答 (1) 105（人）　(2) 36（人）

96 (1)　集めた花の本数の合計は，
　　　3 + 5 + 5 + 6 + 3 + 3 = 25（本）で，
　　　花びらの枚数が 8 枚の花は 3 本なので，
　　　3 ÷ 25 × 100 = 12（%）
　(2)　集めた花の花びらの枚数の合計は，
　　　3 × 3 + 4 × 5 + 5 × 5 + 6 × 6 + 7 × 3
　　　　+ 8 × 3
　　　= 135（枚）なので，
　　　平均すると花 1 本あたり，135 ÷ 25 = 5.4（枚）

答 (1) 12（%）　(2) 5.4（枚）

97　10 個のデータの値の合計は，
　　25.3 × 10 = 253 だから，
　　㋐は，253 − (21 + 23 + 23 + 24 + 26
　　　　　　+ 27 + 27 + 27 + 31)
　　　　= 24
　　よって，値の小さい順に並べると，
　　21, 23, 23, 24, 24, 26, 27, 27, 27, 31 となる。
　　最頻値は最も個数の多い値だから，27，
　　中央値は値の小さい方から 5 番目の値と 6 番目の値
　　の平均だから，(24 + 26) ÷ 2 = 25

答 （順に） 27, 25

98 (1)　徒歩で通学しているのは，
　　　2 + 3 + 9 + 7 + 3 = 24（人）
　　　また，自転車で通学しているのは，
　　　1 + 2 + 5 + 1 + 2 = 11（人）なので，
　　　求める人数は，24 + 11 = 35（人）
　(2)　35 ÷ 2 = 17 あまり 1 より，通学時間の短い方
　　　から 18 番目の生徒の階級を答えればよい。
　　　通学時間が 15 分未満の生徒は，
　　　2 + 3 + 9 + 1 = 15（人）なので，
　　　中央値は 15 分以上 20 分未満。
　(3)　24 ÷ 35 × 100 = 68.57… より，68.6 %。

答 (1) 35（人）　(2) 15（分以上）20（分未満）
　　　(3) 68.6（%）

99 (1)　次図のように，ななめの直線をひくと，
　　　　同じ直線上にある点は合計点が同じで，
　　　　右上の直線上にある点の方が合計点は高い。
　　　　最も右上の直線上にある点は，
　　　　算数が6点，国語が4点を表す点なので，
　　　　合計点が最も高い人の合計点は，6 + 4 = 10（点）

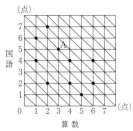

(2)　人数が同じなので，平均点が同じなら合計点も
　　　同じになる。
　　　国語の点数は，
　　　1点が1人，2点が3人，4点が3人，5点が1人，
　　　6点が1人，7点が1人なので，合計点は，
　　　1 + 2 × 3 + 4 × 3 + 5 + 6 + 7 = 37（点）
　　　生徒Aを除いた算数の点数は，
　　　1点が2人，2点が2人，4点が2人，5点が1人，
　　　6点が2人なので，合計点は，
　　　1 × 2 + 2 × 2 + 4 × 2 + 5 + 6 × 2 = 31（点）
　　　よって，生徒Aの正しい算数の点数は，
　　　37 − 31 = 6（点）

答（1）10（点）　（2）6（点）

5．速　　さ

★問題 P．68～85 ★

1 (1)　1時間 = 60分だから，
　　　200 × 60 = 12000 より，時速12000m。
　　　1km = 1000m だから，
　　　12000 ÷ 1000 = 12 より，時速12km。

(2)　時速，340 × 3600 ÷ 1000 = 1224（km）

(3)　1時間は，60 × 60 = 3600（秒）なので，
　　　秒速，54 × 1000 ÷ 3600 = 15（m）

答（1）12　（2）1224　（3）（秒速）15（m）

2 (1)　7 ÷ 2 = 3.5 より，時速3.5km。

(2)　25分は，$25 ÷ 60 = \dfrac{5}{12}$（時間）なので，

　　　時速，$15 ÷ \dfrac{5}{12} = 15 × \dfrac{12}{5} = 36$（km）

(3)　100mを10秒で走る速さは秒速，
　　　100 ÷ 10 = 10（m）だから，
　　　時速，10 × 60 × 60 ÷ 1000 = 36（km）

答（1）（時速）3.5（km）　（2）36　（3）36

3 (1)　160 × 5 = 800（m）

(2)　$72 × \dfrac{45}{60} = 54$（km）

答（1）800（m）　（2）54

4 (1)　190kmの道のりを毎時50kmの速さで進むの
　　　にかかる時間は，190 ÷ 50 = 3.8（時間）
　　　よって，60 × 0.8 = 48（分）より，3時間48分。

(2)　時速40kmで15kmの道のりを進むのにかかる
　　　時間は，
　　　15 ÷ 40 × 60 = 22.5（分）より，22分30秒。

答（1）（順に）3，48　（2）22（分）30（秒）

5 (1)　道のりを1とすると，往復にかかった時間は，

　　　$\dfrac{1}{90} + \dfrac{1}{60} = \dfrac{5}{180}$ と表せる。

　　　よって，

　　　求める平均の速さは時速，$2 ÷ \dfrac{5}{180} = 72$（km）

(2)　60と100の最小公倍数は300なので，
　　　歩いた道のりと走った道のりをそれぞれ300mと
　　　すると，
　　　進んだ道のりは，300 × 2 = 600（m）で，
　　　かかった時間は，300 ÷ 60 + 300 ÷ 100 = 8（分）
　　　よって，平均の速さは，分速，600 ÷ 8 = 75（m）

答（1）（時速）72（km）　（2）（分速）75（m）

⑥(1)　時速 70km と時速 91km で速さの比は，

70 : 91 = 10 : 13 だから，

かかる時間の比は，$\dfrac{1}{10} : \dfrac{1}{13} = 13 : 10$

したがって，時速 90km で進むとかかる時間は，

$26 \times \dfrac{10}{13} = 20$（分）

(2)　$4.5 \times \dfrac{20}{60} = 1.5$（km）の道のりを 15 分で歩く

から，分速，$1500 \div 15 = 100$（m）

答　(1) 20　(2) 100

⑦　兄の速さは秒速，$100 \div 16 = \dfrac{25}{4}$（m）なので，

20 秒間に，$\dfrac{25}{4} \times 20 = 125$（m）走る。

よって，$125 - 100 = 25$（m）後ろから走ればよい。

答　25

⑧　西さんは，

$4.2 \times 1000 \div 175 = 24$（分）かかったので，

関さんが最後の 1 km にかかった時間は，

$24 - 3.2 \times 1000 \div 160 = 4$（分）

よって，求める速さは時速，$1 \div \dfrac{4}{60} = 15$（km）

答　（時速）15（km）

⑨(1)　行きと帰りにかかった時間の比は，

$(1 \div 5) : (1 \div 15) = 3 : 1$

よって，帰りにかかった時間は，

$90 \times \dfrac{1}{3 + 1} = 22.5$（分）

帰りの速さは分速，

$15 \times 1000 \div 60 = 250$（m）だから，

A 市から B 市までの距離は，

$250 \times 22.5 = 5625$（m）

(2)　速さの比が，$60 : 75 = 4 : 5$ なので，

かかる時間の比は，$\dfrac{1}{4} : \dfrac{1}{5} = 5 : 4$

よって，$5 + 4 = 9$（分）が，

比の，$5 - 4 = 1$ にあたるので，

分速 60m だと，$9 \times 5 = 45$（分）かかる。

よって，道のりは，$60 \times 45 = 2700$（m）

(3)　同じ道のりを分速 100m で歩いたときと分速

50m で歩いたときにかかる時間の比は，

$\dfrac{1}{100} : \dfrac{1}{50} = 1 : 2$

この比の，$2 - 1 = 1$ にあたる時間が，

10 時 15 分 − 9 時 30 分 = 45 分なので，

分速 100m で歩いたときにかかる時間は 45 分で，

自宅を出発する時刻は，

9 時 30 分 − 45 分 = 8 時 45 分，自宅から図書館

までの道のりは，

$100 \times 45 = 4500$（m）

この道のりを，

10 時 − 8 時 45 分 = 1 時間 15 分 = 75 分で歩けば

よいので，分速，$4500 \div 75 = 60$（m）

答　(1) 5625（m）　(2) 2700（m）

　　　　(3)（分速）60（m）

⑩　カエル A と B が 1 飛びで進む距離の比は，

$\dfrac{1}{5} : \dfrac{1}{6} = 6 : 5$ なので，

カエル A と B の進む速さの比は，

$(6 \times 3) : (5 \times 4) = 9 : 10$

よって，カエル A と B が同じ距離を進むのにかか

る時間の比は，$\dfrac{1}{9} : \dfrac{1}{10} = 10 : 9$ なので，

求める時間は，$60 \times \dfrac{9}{10} = 54$（分）

答　54（分）

⑪　ゆかりさんが休けいした場所を C 地点とすると，

ゆかりさんとすみれさんが CB 間を歩いた速さの比

は，$4 : 3.5 = 8 : 7$ なので，

ゆかりさんとすみれさんが CB 間を歩くのにかかっ

た時間の比は，$\dfrac{1}{8} : \dfrac{1}{7} = 7 : 8$

この比の，$8 - 7 = 1$ にあたる時間が，

2 人が CB 間を実際に歩いていた時間の差，

$15 - 5 = 10$（分）なので，

すみれさんが A 地点から B 地点までかかった時間

は，$(40 + 10 \times 8) \div 60 = 2$（時間）

よって，A 地点から B 地点までの道のりは，

$3.5 \times 2 = 7$（km）

答　7（km）

12 (1) $15 \times 1000 \div 240 = 62.5$ (分)

62 分 = 1 時間 2 分,

0.5 分 = $60 \times 0.5 = 30$ (秒)だから,

1 時間 2 分 30 秒。

(2) 6 km 地点まで着くのにかかった時間は,

$6 \times 1000 \div 250 = 24$ (分)だから, 残り 9 km を,

1 時間 20 分 15 秒 − 24 分 = 56 分 15 秒で走った

ことになる。

よって,

$9 \times 1000 \div 56\frac{15}{60} = 160$ より, 分速 160m。

答 (1) 1 (時間) 2 (分) 30 (秒) (2) (分速) 160 (m)

13 (1) $1.5 \div 30 = 0.05$ (時間)より,

$0.05 \times 60 = 3$ (分)

(2) バスはバス停 A からバス停 B まで 3 分かかる

から, 春子さんがバス停 A から,

$60 \times 3 = 180$ (m)進んだとき,

夏子さんはバス停 B に着いた。

2 人の歩く速さは同じで, 同時に図書館に着くこ

とから, このとき, 2 人は図書館からそれぞれ,

$(1500 - 180) \div 2 = 660$ (m)はなれた地点にいる。

よって, 求める距離は, $180 + 660 = 840$ (m)

答 (1) 3 (分) (2) 840 (m)

14 (1) 太郎さんの行きの速さは時速, $24 \div 3 = 8$ (km)

帰りの速さは時速, $24 \div 2 = 12$ (km)

(2) 時速 4 km で 4 時間 30 分歩いたときに進む距離

は, $4 \times 4.5 = 18$ (km)

よって, 時速 6 km で歩いた時間は,

$(24 - 18) \div (6 - 4) = 3$ (時間)

したがって, A 地点から C 地点までの距離は,

$6 \times 3 = 18$ (km)

答 (1) (行き) (時速) 8 (km)

(帰り) (時速) 12 (km)

(2) 18 (km)

15 (1) $3 \times \frac{45}{60} = \frac{9}{4}$ (km)進んで 10 分休む。

よって,

4 回休んだとき, $\frac{9}{4} \times 4 = 9$ (km)進んでいる

ので,

山頂までは, $12 - 9 = 3$ (km)

(2) 5 回休んだとき, $\frac{9}{4} \times 5 = \frac{45}{4}$ (km)進んで,

山頂までは, $12 - \frac{45}{4} = \frac{3}{4}$ (km)

このとき, $(45 + 10) \times 5 = 275$ (分)より,

4 時間 35 分たっていて, ここから山頂までは,

$\frac{3}{4} \div 3 = \frac{1}{4}$ (時間)より, 15 分かかる。

よって, 求める時刻は,

8 時 + 4 時間 35 分 + 15 分 = 12 時 50 分

答 (1) 3 (km) (2) 12 (時) 50 (分)

16 (1) 休憩時間の合計は,

2 時間 + 5 分 × 8 = 2 時間 40 分

また, 山を歩く時間の合計は,

3 時間 30 分 + 1 時間 30 分 = 5 時間

よって, 求める時刻は,

9 時 + 5 時間 + 2 時間 40 分 = 16 時 40 分

(2) 17 時 − 9 時 = 8 時間のうち, 小休憩の時間は最

大, 8 時間 − 5 時間 − 1 時間 = 2 時間とれる。

よって, 求める回数は, $2 \times 60 \div 5 = 24$ (回)

(3) 頂上に着くまでに,

3 時間 30 分 ÷ 15 分 = 14 より,

14 − 1 = 13 (回)休憩をとることになる。

したがって, $13 \div (3 + 1) = 3$ あまり 1 より,

小休憩を, $3 \times 3 + 1 = 10$ (回),

大休憩を 3 回とるので,

休憩時間の合計は, 5 分 × 10 + 10 分 × 3 = 80 分

よって, 頂上に着くのは,

9 時 + 3 時間 30 分 + 80 分 = 13 時 50 分

また, 頂上からゴールまで,

1 時間 30 分 ÷ 15 分 = 6 より,

6 − 1 = 5 (回)休憩をとる。

したがって, $5 \div (3 + 1) = 1$ あまり 1 より,

小休憩を, $3 \times 1 + 1 = 4$ (回),

大休憩を 1 回とるので,

休憩時間の合計は, 5 分 × 4 + 10 分 × 1 = 30 分

よって, 頂上からゴールまで,

1 時間 30 分 + 30 分 = 2 時間かかる。

したがって, 求める時間は,

17 時 − 13 時 50 分 − 2 時間 = 70 分

答 (1) 16 (時) 40 (分) (2) (最大) 24 (回)

(3) (最大) 70 (分)

17 (1)　時速 45km は，分速，$45000 \div 60 = 750$ (m)

よって，$750 \times 11.5 = 8625$ (m)

(2)　バス停 B から C まで進むのに，

$1500 \div 750 = 2$ (分)かかる。

よって，

6 時 15 分 + 11 分 30 秒 + 30 秒 + 2 分 = 6 時 29 分

(3)　バス Q は，

6 時 29 分 − 6 時 22 分 − 0.5 分 = 6.5 分で 5200m

進む。

よって，分速，$5200 \div 6.5 = 800$ (m)より，

時速，$800 \times 60 \div 1000 = 48$ (km)

(4)　バス停 A と B の間の道のりが，

$750 \times 0.5 = 375$ (m)長くなった。

つまり，バス停 A と B の間は，

$8625 + 375 = 9000$ (m)になり，

バス停 B と C の間は，

$1500 - 375 = 1125$ (m)になった。

よって，$9000 : 1125 = 8 : 1$

答 (1) 8625 (m)　(2) 6 (時) 29 (分)

　　(3) (時速) 48 (km)　(4) 8 : 1

18 (1)　同じ道のりをバスで進むときと歩くときにかか

る時間の比は 1 : 6。

よって，

比の，$6 - 1 = 5$ にあたるのが 15 分なので，

求める時間は，$15 \div 5 = 3$ (分)

(2)　道のり全体の，

$1 - \dfrac{3}{4} = \dfrac{1}{4}$ をバスで進むと 3 分かかる。

よって，求める時間は，$3 \div \dfrac{1}{4} = 12$ (分)

(3)　道のり全体の $\dfrac{1}{4}$ を歩くと 15 分おくれるので，

全体を歩くと，$15 \div \dfrac{1}{4} = 60$ (分)おくれる。

求める時間は，

道のり全体の，$1 - \dfrac{2}{3} = \dfrac{1}{3}$ を歩いたときなので，

$60 \times \dfrac{1}{3} = 20$ (分)

答 (1) 3 (分)　(2) 12 (分)　(3) 20 (分)

19 (1)　いつもと昨日の速さの比は，

$100 : 68 = 25 : 17$ だから，

かかる時間の比は 17 : 25 になる。

よって，$1\dfrac{42}{60} \times \dfrac{25}{17} = 2\dfrac{1}{2}$ (時間)より，

2 時間 30 分。

(2)　1 km を時速 80km と時速 15km で走ったとき

にかかる時間の差は，$\dfrac{1}{15} - \dfrac{1}{80} = \dfrac{13}{240}$

よって，$\left(2\dfrac{8}{60} - 1\dfrac{42}{60}\right) \div \dfrac{13}{240} = 8$ (km)

答 (1) 2 (時間) 30 (分)　(2) 8 (km)

20 (1)　自転車は 8 分で 1760m 進んでいるので，

自転車の速さは，分速，$1760 \div 8 = 220$ (m)

(2)　駅は家から，$220 \times 12 = 2640$ (m)のところに

あるので，花子さんが太郎くんと一緒に歩くと，

$20 - 15 = 5$ (分)で，

$2970 - 2640 = 330$ (m)進む。

花子さんが太郎くんと一緒に歩く速さは，

分速，$330 \div 5 = 66$ (m)なので，

駅から塾までの道のりは，$66 \times 10 = 660$ (m)

よって，家から塾までの道のりは，

$2640 + 660 = 3300$ (m)で，

単位を直すと，$3300 \div 1000 = 3.3$ (km)

(3)　$3300 \div 220 = 15$ (分)

答 (1) (分速) 220 (m)　(2) 3.3 (km)　(3) 15 (分)

21 (1)　しんさんの車は 1 時間に 60km 進むので，

速さは時速 60km。

よって，しんさんの車が 3 時間で走った道のりは，

$60 \times 3 = 180$ (km)

(2)　あいさんの車は 2 時間で 60km 進むので，

その速さは，時速，$60 \div 2 = 30$ (km)

(3)　出発してからテーマパークに着くまでの時間は，

しんさんが，$200 \div 60 = 3\dfrac{1}{3}$ (時間)で，

あいさんが，$200 \div 30 = 6\dfrac{2}{3}$ (時間)なので，

あいさんがテーマパークに着くのは，

しんさんがテーマパークに着いてから，

$6\dfrac{2}{3} - 3\dfrac{1}{3} = 3\dfrac{1}{3} = 3\dfrac{20}{60}$ (時間後)より，

3 時間 20 分後。

答 (1) 180 (km)　(2) (時速) 30 (km)

　　(3) 3 (時間) 20 (分後)

22 (1)　2人は1時間で，7 + 11 = 18 (km)近づく。

よって，2.4 ÷ 18 = $\frac{2}{15}$ (時間)より，

2人が出会うのは，$\frac{2}{15}$ × 60 = 8 (分後)

(2)　3000 ÷ (80 + 100) = $\frac{50}{3}$ = $16\frac{2}{3}$ (分後)だから，

16分40秒後。

答 (1) 8　(2) 16 (分) 40 (秒)

23 (1)　兄が家を出るときまでに弟は分速60mで15分

進んでいるので，

このとき，弟は家から，

60 × 15 = 900 (m)離れたところにいる。

以後，兄と弟は1分間に，

120 − 60 = 60 (m)ずつ近づくので，

兄が弟に追いつくのは，

兄が家を出てから，900 ÷ 60 = 15 (分後)

(2)　姉が出発するとき2人は，

60 × 7 = 420 (m)はなれている。

よって，姉が追いつくのは，

420 ÷ (90 − 60) = 14 (分後)

(3)　兄の速さは分速，

7.2 × 1000 ÷ 60 = 120 (m)なので，

1分間に，120 − 70 = 50 (m)ずつ妹に近づく。

兄が出発するとき，

妹は，70 × 5 = 350 (m)進んでいるので，

追いつくのは，350 ÷ 50 = 7 (分後)

答 (1) ア．900　イ．15　(2) 14　(3) 7 (分後)

24　2人の歩く速さの和は分速，6000 ÷ 48 = 125 (m)

Aさんは Bさんより毎分5mだけ速いので，

Aさんの速さは分速，(125 + 5) ÷ 2 = 65 (m)

答 65

25　兄の歩いた道のりは家から学校までの半分より

80m多く，妹の歩いた道のりは家から学校までの半

分より80m少ないから，2人が出会うまでに歩いた

道のりは，兄の方が，80 × 2 = 160 (m)多い。

兄は妹より1分間に，

100 − 80 = 20 (m)多く歩くので，

2人が出会ったのは出発してから，

160 ÷ 20 = 8 (分後)

2人は合わせて1分間に，

80 + 100 = 180 (m)歩くので，

家から学校までの道のりは，180 × 8 = 1440 (m)

答 1440

26　出会うまでに2人が進んだ道のりの比は，

速さの比と同じ5：7なので，

家から学校までの道のりは，5 + 7 = 12，

家から学校までの道のりの半分は，

12 ÷ 2 = 6と表せ，

7 − 6 = 1にあたるのが240m。

よって，求める道のりは，240 × 12 = 2880 (m)

答 2880

27　2人の速さの和は毎分，700 ÷ 5 = 140 (m)で，

速さの差は毎分，700 ÷ 35 = 20 (m)

また，Aさんの方が速いので，

Aさんの速さは毎分，(140 + 20) ÷ 2 = 80 (m)

答 (毎分) 80 (m)

28 (1)　Aさんが歩いた道のりは，60 × 16 = 960 (m)

よって，Aさんが走った道のりは，

1200 − 960 = 240 (m)だから，

走った時間は，240 ÷ 80 = 3 (分)

(2)　お母さんが家を出発するとき，

2人は240mはなれている。

したがって，お母さんがAさんに追いつくのは，

お母さんが家を出発してから，

240 ÷ (180 − 60) = 2 (分後)

よって，家から，180 × 2 = 360 (m)の地点。

答 (1) 3 (分)　(2) (家から) 360 (m の地点)

29 (1)　800 ÷ (60 + 40) = 8 (分後)に出会うので，

10時8分。

(2)　10時8分に出会ってから，

800 ÷ (60 − 40) = 40 (分後)なので，

10時8分 + 40分 = 10時48分

答 (1) 10 (時) 8 (分)　(2) 10 (時) 48 (分)

30 (1)　1200 ÷ 80 = 15 (分)

(2)　2人は1分間に，

80 + 100 = 180 (m)近づくので，

1200 ÷ 180 = $6\frac{2}{3}$ より，6分40秒後。

(3)　Bさんは1分間に，

100 − 80 = 20 (m)近づくので，

1200 ÷ 20 = 60 (分後)にAさんに追いつく。

よって，求める道のりは，100 × 60 = 6000 (m)

答 (1) 15 (分)　(2) 6 (分) 40 (秒後)　(3) 6000 (m)

31 (1)　2人が自転車に乗ったときの速さの差は分速，

$1216 \div 38 = 32$ (m)

自転車の速さは歩く速さの4倍なので，

歩いたときの速さの差は分速，$32 \div 4 = 8$ (m)

(2)　2人が歩いたときの速さの和は分速，

$1216 \div 8 = 152$ (m)

したがって，速いほうの歩く速さは分速，

$(152 + 8) \div 2 = 80$ (m)

よって，求める速さは分速，$80 \times 4 = 320$ (m)

答　(1)（分速）8 (m)　(2)（分速）320 (m)

32 (1)　$140 \times 8 = 1120$ (m)

(2)　$1120 \div 400 = 2$ 余り 320 より，

午前10時8分にA君は3周目のP地点の手前，

$400 - 320 = 80$ (m)の地点にいる。

また，A君は，午前10時20分までに，

$140 \times 20 = 2800$ (m)走っているので，

午前10時20分にはちょうど，

$2800 \div 400 = 7$ (周)走っている。

もしB君が走らずに10時8分から地点Pに立っ

ていたとすると，

午前10時8分から午前10時20分までにA君と

B君は，$7 - 3 + 1 = 5$ (回)すれ違う。

実際には午前10時20分に8回目にすれ違ってい

るので，

B君は午前10時8分から午前10時20分までに，

$8 - 5 = 3$ (周分)の，

$400 \times 3 = 1200$ (m)走っている。

(3)　B君の速さは分速，

$1200 \div (20 - 8) = 100$ (m)なので，

2人は1分間に，

$140 + 100 = 240$ (m)ずつ近づく。

A君とB君が1回目にすれ違ったのは，

午前10時8分の，$80 \div 240 = \dfrac{1}{3}$ (分後)で，

以後，$400 \div 240 = \dfrac{5}{3}$ (分)ごとに出会う。

よって，A君とB君が3回目にすれ違ったのは，

午前10時8分の，

$\dfrac{1}{3} + \dfrac{5}{3} \times (3 - 1) = \dfrac{11}{3}$ (分後)で，

午前10時8分$+ \dfrac{11}{3}$ 分＝午前10時 $11\dfrac{2}{3}$ 分

＝午前10時 $11\dfrac{40}{60}$ 分＝午前10時11分40秒

答　(1) 1120 (m)　(2) 1200 (m)

(3)（午前10時）11 (分) 40 (秒)

33 (1)　3分12秒：16分 ＝ 192：960 ＝ 1：5 より，

2人の進む速さの和と差の比は，$\dfrac{1}{1} : \dfrac{1}{5} = 5 : 1$

AはBよりおそいので，

Aの速さは，$(5 - 1) \div 2 = 2$，

Bの速さは，$5 - 2 = 3$ と表せる。

よって，2：3。

(2)　2人の速さの差は毎分，$800 \div 16 = 50$ (m)

よって，比の1が毎分50mにあたるので，

Aの速さは毎分，$50 \times 2 = 100$ (m)，

Bの速さは毎分，$50 \times 3 = 150$ (m)

(3)　Aが3周するのにかかる時間は，

$800 \times 3 \div 100 = 24$ (分)

2人は3分12秒ごとに出会うので，

$24 \div 3\dfrac{12}{60} = 7\dfrac{1}{2}$ より，

求める回数は7回。

答　(1) 2：3

(2)（A さん）（毎分）100 (m)

（B さん）（毎分）150 (m)

(3) 7 (回)

34 (1)　$192 \div 12 = 16$ (秒後)

(2)　点PがはじめてB地点を折り返すのは，

出発してから，$16 + 3 = 19$ (秒後)

このときまでに点Qは，

$8 \times 19 = 152$ (cm)進んでいるので，

点Pと点Qは，

$192 - 152 = 40$ (cm)はなれている。

以後，点Pと点Qは1秒間に，

$12 + 8 = 20$ (cm)ずつ近づくので，

点Pと点Qがはじめて出会うのは，

出発してから，$19 + 40 \div 20 = 21$ (秒後)

(3)　点QがA地点とB地点の間を進むのにかかる

時間は，$192 \div 8 = 24$ (秒)なので，

点QがA地点にはじめてもどるのは，

出発してから，$24 + 2 + 24 = 50$ (秒後)

点Pは出発してから，

$19 \times 2 = 38$ (秒後)にA地点を折り返すので，

点QがA地点にはじめてもどったとき，

点PはA地点から，

$12 \times (50 - 38) = 144$ (cm)のところにいる。

(4)　点 Q が A 地点にはじめて向かい，

点 P が 2 回目に B 地点に向かっているときに，

点 P と点 Q は 2 回目に出会うので，

3 回目に出会うのは，

点 P が 2 回目に A 地点に向かい，

点 Q が 2 回目に B 地点に向かうとき。

点 P が 2 回目に B 地点を折り返すのは，

出発してから，$19 \times 3 = 57$（秒後）で，

このときまでに点 Q は，A 地点を折り返して，

$57 - (50 + 2) = 5$（秒）進んでいるので，

このとき，点 P と点 Q は，

$192 - 8 \times 5 = 152$（cm）はなれている。

よって，点 P と点 Q が 3 回目に出会うのは，

出発してから，$57 + 152 \div 20 = 64.6$（秒後）

🖤 (1) 16（秒後）　(2) 21（秒後）　(3) 144（cm）

　　(4) 64.6（秒後）

35 (1)　2 日目より，2 人が 14 分で走る道のりの和は，

$5000 - 200 = 4800$（m）

1 日目より，

2 人が 14 分で走る道のりの差は 800m だから，

A さんが 14 分で走る道のりは，

$(4800 + 800) \div 2 = 2800$（m）

よって，A さんの走る速さは毎分，

$2800 \div 14 = 200$（m）

(2)　2 人の走る速さの和は毎分，

$4800 \div 14 = \dfrac{2400}{7}$（m）

よって，2 日目に 2 人がすれ違ったのは，

同時に走り始めてから，

$5000 \div \dfrac{2400}{7} = \dfrac{175}{12} = 14\dfrac{7}{12}$（分後），

すなわち，14 分 35 秒後。

(3)　この日の 2 人の走る速さの和は毎分，

$5000 \div 14 = \dfrac{2500}{7}$（m）

よって，この日の B さんの走る速さは毎分，

$\dfrac{2500}{7} - 200 = \dfrac{1100}{7}$（m）

B さんが P 地点に到着したのは，

走り始めてから，$5000 \div \dfrac{1100}{7} = \dfrac{350}{11}$（分後）

A さんが Q 地点に到着したのは，

走り始めてから，$5000 \div 200 = 25$（分後）

よって，B さんが P 地点に到着したのは，

A さんが Q 地点に到着してから，

$\dfrac{350}{11} - 25 = \dfrac{75}{11}$（分後）

🖤 (1)（毎分）200（m）　(2) 14（分）35（秒後）

　　(3) $\dfrac{75}{11}$（分後）

36 (1)　A と B の速さの和は毎分，

$900 \div 6 = 150$（m）なので，

A の速さは毎分，$150 \times \dfrac{2}{2 + 3} = 60$（m）

(2)　B の速さは毎分，$150 - 60 = 90$（m）なので，

$900 \div (90 - 60) = 30$（分後）

(3)　A が区間 X の端に着いたときまでの 2 分と，

引き返してから 6 分後に 2 人が出会うまで，

A と B はあわせて，

$(2 + 6) \times (60 + 90) = 1200$（m）歩く。

よって，区間 X を除いた道のりが，

$1200 \div 2 = 600$（m）だから，

区間 X は，$900 - 600 = 300$（m）

🖤 (1)（毎分）60（m）　(2) 30（分後）　(3) 300（m）

37 (1)　A さんが歩いた道のりは，

$50 \times 30 = 1500$（m）なので，

$1500 \div 1000 = 1.5$（km）

バスで行った道のりは，

$30 \times \dfrac{9}{60} = 4.5$（km）なので，

P 地点から Q 地点までは，$1.5 + 4.5 = 6$（km）

(2)　A さんは P 地点から Q 地点まで，

$30 + 9 = 39$（分）かかり，

B さんは，$6 \div 12 \times 60 = 30$（分）かかる。

よって，$39 - 30 = 9$（分）

(3)　B さんが A さんを追いこしてから 15 分後に，

A さんが乗ったバスに追いぬかれるまでの道のり

は，$12 \times \dfrac{15}{60} = 3$（km）より，

$3 \times 1000 = 3000$（m）

3000m のうち，A さんが毎分 50m の速さで歩き，

時速 30km，つまり分速，

$30 \times 1000 \div 60 = 500$（m）でバスに乗ったとき

を面積図で次図のように表すと，

ア $= (500 \times 15 - 3000) \div (500 - 50) = 10$（分）

で，イ $= 15 - 10 = 5$（分）

これより，B さんが A さんを追いこすのは，

バスに乗る P 地点から，

$1500 - 50 \times 10 = 1000$ (m)の地点だから，

そこまでに，A さんは，$1000 \div 50 = 20$（分），

B さんは，$1000 \div 1000 \div 12 = \dfrac{1}{12}$（時間），

つまり，$\dfrac{1}{12} \times 60 = 5$（分）かかる。

よって，求める時間は，$20 - 5 = 15$（分）

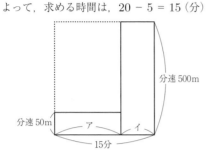

答 (1) 6（km） (2) 9（分） (3) 15（分）

38 (1) かなさんは P から Q まで，

$520 \div 26 = 20$（分）かかるので，

1 分あたりに減る高さは，$30 \div 20 = 1.5$（m）

(2) そうたさんが出発したときの 2 人の距離の差は，

$520 - 26 \times 2 = 468$（m）

よって，

2 人が出会うのは，かなさんが出発してから，

$2 + 468 \div (26 + 13) = 2 + 12 = 14$（分後）

したがって，

求める高さは，$30 - 1.5 \times 14 = 9$（m）

(3) P から Q まで，かなさんは 20 分，

そうたさんは，$520 \div 13 = 40$（分）かかる。

2 人とも 2 周半ずつまわるから全部で，

$360° \times 2.5 = 900°$ ずつまわると考えると，

かなさんは，毎分，$900° \div 20 = 45°$，

そうたさんは，$900° \div 40 = 22.5°$ まわる。

そうたさんが出発するとき 2 人の間の角度は，

$180° - 45° \times 2 = 90°$

よって，求める場合の 1 回目は，

$2 + 90° \div (45° + 22.5°) = 3\dfrac{1}{3}$（分後）すなわち，

3 分 20 秒後。

2 回目以降は，$360° \div (45° + 22.5°) = 5\dfrac{1}{3}$（分）

すなわち，5 分 20 秒ごとだから，

2 回目は，3 分 20 秒 + 5 分 20 秒 = 8 分 40 秒で，

3 回目は，8 分 40 秒 + 5 分 20 秒 = 14 分後だが，

(2)より，これは 2 人が出会った場所なので，

3 回目は，

14 分 + 5 分 20 秒 = 19 分 20 秒後となる。

答 (1) 1.5（m） (2) 9（m）

(3) 3（分）20（秒後），8（分）40（秒後），

19（分）20（秒後）

39 (1) B 君は P に，$1200 \div 80 = 15$（分後）に着く。

A 君が 15 分で進む距離は，

$15 \times 100 = 1500$（m）だから，

P から北へ，$1500 - 1200 = 300$（m）の地点。

(2) A 君が P に着くのは，$1200 \div 100 = 12$（分後）

で，このとき B 君の P までの距離は，

$1200 - 80 \times 12 = 240$（m）

ここから，B 君が P に着く 15 分後までの間に，

A 君の P までの距離と B 君の P までの距離の和

は 1 分間に，$100 - 80 = 20$（m）ずつ増える。

よって，求める時間は A 君が P に着いたときだ

から，12 分後。

(3) 1 回目は，A 君と B 君が合計で，

$1200 \times 2 - 780 = 1620$（m）進んだときなので，

$1620 \div (80 + 100) = 9$（分後）

2 回目は，A 君も B 君も P に着いた後で，

B 君が 15 分後に P に着いてから，

$(780 - 300) \div (80 + 100) = \dfrac{8}{3}$（分後）だから，

$15 + \dfrac{8}{3} = \dfrac{53}{3}$（分後）

答 (1)（P から）北（へ）300（m の地点）

(2) 12（分後） (3) 9 分後と $\dfrac{53}{3}$ 分後

40 (1) $2240 \div 160 = 14$（分後）

(2) 公園を出発したのは，$14 + 5 = 19$（分後）

したがって，$36 - 19 = 17$（分間）で，

$3600 - 2240 = 1360$（m）歩いた。

よって，歩く速さは分速，$1360 \div 17 = 80$（m）

(3) A さんが家を出発してから 19 分後，

B さんは駅から，

$48 \times 19 = 912$（m）進んだ地点にいる。

したがって，

2 人が出会うのは A さんが公園を出発してから，

$(1360 - 912) \div (80 + 48) = 3.5$（分後）

よって，出会うのは駅から，

$912 + 48 \times 3.5 = 1080$（m）はなれた地点。

答 (1) 14（分後） (2)（分速）80（m）

(3) 1080（m）

41 (1) 1200m を 24 分で歩いているので，

その速さは分速，1200 ÷ 24 = 50 (m)

(2) お姉さんは，1200m を 8 分で走っているので，

その速さは分速，1200 ÷ 8 = 150 (m)

お姉さんと京子さんはすれちがうまでに 1 分間に，

50 + 150 = 200 (m)ずつ近づくので，

2 人がすれちがったのは，2 人が出発してから，

1200 ÷ 200 = 6 (分後)

答 (1)(分速) 50 (m) (2) 6 (分後)

42 (1) 妹は，A 町から B 町まで 80 分かかっていて，

そのうち 30 分間は休けいしているので，

妹が実際に歩いていた時間は，80 − 30 = 50 (分)

よって，妹の歩く速さは毎分，

3000 ÷ 50 = 60 (m)

(2) 姉が公園を出発したのは，12 + 20 = 32 (分後)

妹は A 町から公園まで歩くのに 35 分かかってい

るので，A 町から公園までの道のりは，

60 × 35 = 2100 (m)

B 町から公園までの道のりは，

3000 − 2100 = 900 (m)なので，

姉の歩く速さは分速，900 ÷ 12 = 75 (m)

姉が公園から A 町まで歩くのにかかる時間は，

2100 ÷ 75 = 28 (分)なので，

姉が A 町に着くのは，32 + 28 = 60 (分後)

これをグラフにまとめると，次図のようになり，

2 人が出会う地点は P。

この図で，AD と CB が平行なので，

三角形 APD は三角形 BPC の拡大図で，

辺の長さの比は，(60 − 0) : (35 − 32) = 20 : 1

高さの比も 20 : 1 になるので，

2 人が出会うのは，

A 町から，$2100 \times \dfrac{20}{20 + 1} = 2000$ (m)の地点。

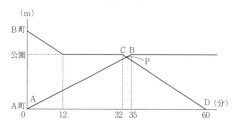

答 (1)(毎分) 60 (m) (2) 2000 (m)

43 (1) グラフより，

C さんは B さんが学校を出発してから，

35 − 20 = 15 (分後)に追いついているから，

C さんが B さんに追いついたのは，

学校から，$4 \times \dfrac{15}{60} = 1$ (km)はなれた地点。

(2) (1)とグラフより，C さんは 1 km の道のりを，

35 − 30 = 5 (分)で進んでいるから，

C さんの速さは，時速，$1 \div \dfrac{5}{60} = 12$ (km)

C さんは学校を出発してから，

60 − 30 = 30 (分後)に A さんに追いついている

から，C さんが A さんに追いつくのは，

学校から，$12 \times \dfrac{30}{60} = 6$ (km)はなれた地点。

(3) C さんが A さんに追いついたとき，

B さんは学校から，

$4 \times \dfrac{60 - 20}{60} = \dfrac{8}{3}$ (km)はなれた地点にいるか

ら，このとき B さんと C さんは，

$6 - \dfrac{8}{3} = \dfrac{10}{3}$ (km)はなれている。

このあと 2 人は 1 時間に，

4 + 12 = 16 (km)ずつ近づくから，

C さんが B さんに出会うのは，

引き返し始めてから，$\dfrac{10}{3} \div 16 = \dfrac{5}{24}$ (時間後)

よって，$60 \times \dfrac{5}{24} = 12\dfrac{1}{2}$ (分後)だから，

12 分 30 秒後。

(4) C さんが B さんに出会った地点は，

学校から，$\dfrac{8}{3} + 4 \times \dfrac{5}{24} = \dfrac{7}{2}$ (km)の地点で，

A さんが学校を出発してから，

60 分 + 12 分 30 秒 = 72 (分) 30 (秒後)

このあと，C さんは，

$12 - \dfrac{7}{2} = \dfrac{17}{2}$ (km)を時速 12km で進むから，

C さんが公園に着くのは，B さんに出会ってから，

$\dfrac{17}{2} \div 12 = \dfrac{17}{24}$ (時間後)

これは，$60 \times \dfrac{17}{24} = 42\dfrac{1}{2}$ より，

42 分 30 秒後だから，

A さんが学校を出発してから，

72 分 30 秒 + 42 分 30 秒 = 115 (分後)

答 (1) 1 (km) (2) 6 (km) (3) 12 (分) 30 (秒後)

(4) 115 (分後)

44 (1) 時速 54km は,

秒速, $54 \times 1000 \div 60 \div 60 = 15$ (m)だから,

$(930 + 240) \div 15 = 78$ (秒)

(2) この列車の速さは,

分速, $66 \times 1000 \div 60 = 1100$ (m)なので,

3分30秒に走る長さは, $1100 \times 3\frac{30}{60} = 3850$ (m)

これは列車と橋の長さの和なので,

この列車の長さは, $3850 - 3765 = 85$ (m)

答 (1) 78 (秒) (2) 85

45 $(70 + 150) \div (23 + 17) = 5.5$ (秒)

答 5.5 (秒)

46 $(176 - 122) \times 1000 \div 3600 = 15$ より,

1秒間に15mずつ近づく。

よって, 求める時間は, $(320 + 400) \div 15 = 48$ (秒)

答 48

47 (1) この列車は, $800 - 430 = 370$ (m)進むのに,

$46 - 27.5 = 18.5$ (秒)かかる。

よって, 求める速さは秒速 $370 \div 18.5 = 20$ (m)

(2) 鉄橋を渡り始めてから渡り終えるまでに進む長さは, (鉄橋の長さ)+(電車の長さ)で, トンネルに入り始めてから完全に通過するまでに進む長さは, (トンネルの長さ)+(電車の長さ)なので,

この電車は, $1900 - 1200 = 700$ (m)進むのに,

$54 - 40 = 14$ (秒)かかる。

よって, この電車の速さは,

秒速, $700 \div 14 = 50$ (m)

答 (1) 20 (2) (秒速) 50 (m)

48 列車 A の速さは,

秒速, $63 \times 1000 \div 60 \div 60 = 17.5$ (m)で,

列車 B の速さは,

秒速, $45 \times 1000 \div 60 \div 60 = 12.5$ (m)なので,

すれ違いにかかる5秒間で進む距離の和は,

$(17.5 + 12.5) \times 5 = 150$ (m)で,

これは列車 A と列車 B の長さの和。

列車 A は列車 B より 1秒間に,

$17.5 - 12.5 = 5$ (m)多く進むので,

列車 A が列車 B に追いついてから完全に追いこすまでの時間は, $150 \div 5 = 30$ (秒)

答 30

49 (1) 列車 A は 53秒で,

$921 - 126 = 795$ (m)進むので,

列車 A の速さは,

秒速, $795 \div 53 = 15$ (m)だから,

時速, $15 \times 60 \times 60 \div 1000 = 54$ (km)

(2) 列車 A と列車 B の速さの比は,

$54 : 18 = 3 : 1$ なので,

同じ長さを進むのにかかる時間の比は,

$\frac{1}{3} : \frac{1}{1} = 1 : 3$

列車 A が鉄橋を渡り始めてから, 完全にわたり終えるまでにかかった時間を 1 とすると,

$3 - 1 = 2$ にあたる時間は, 1分26秒 = 86秒で,

1にあたる時間は, $86 \div 2 = 43$ (秒)

よって, 列車 A が鉄橋を渡り始めてから,

完全にわたり終えるまでに進んだ長さが,

$15 \times 43 = 645$ (m)なので,

鉄橋の長さは, $645 - 126 = 519$ (m)

答 (1) 時速54km (2) 519m

50 (1) 電車 B は長さが 135m で, 135m 進むのに 6秒かかる。

よって,

電車 B の速さは秒速, $135 \div 6 = 22.5$ (m)

(2) 電車 B の先頭は鉄橋を通過するのに 20秒かかる。

よって, 鉄橋の長さは, $22.5 \times 20 = 450$ (m)

(3) 電車 A は長さが 75m で, 75m 進むのに 6秒かかる。

よって, 電車 A の速さは秒速, $75 \div 6 = 12.5$ (m)

電車 A, B が鉄橋の両端を同時にわたり始めてから, 電車 A の先頭と電車 B の先頭が重なるまでに電車 A, B が進んだ距離の和は 450m で,

電車 A の先頭と電車 B の先頭が重なってから, 電車 B の先頭が電車 A の最後尾に重なるまでに電車 A, B が進んだきょりの和は 75m。

よって, 電車 A, B が鉄橋の両端を同時にわたり始めてから, 電車 B の先頭が電車 A の最後尾に重なるまでにかかる時間は,

$(450 + 75) \div (12.5 + 22.5) = 15$ (秒)

答 (1) (秒速) 22.5 (m) (2) 450 (m) (3) 15 (秒)

51 (1) ちょうど1時のとき,

長針と短針の間の角度は 30°。

1分間に長針は 6°, 短針は 0.5°動くので,

20分間で長針の方が,

$(6° - 0.5°) \times 20 = 110°$だけ多く動く。

よって, 求める角度は, $110° - 30° = 80°$

(2)　ちょうど 10 時のとき，長身と短針の間の小さ
い方の角度は，$360° - 30° × 10 = 60°$

長針が短針より，

$126° - 60° = 66°$ だけ多く動けばよい。

よって，$66° ÷ (6° - 0.5°) = 12$（分後）

答　(1) $80°$　(2) 12（分後）

52　短針は 1 時間に，$360° ÷ 12 = 30°$，

1 分間に，$30° ÷ 60 = 0.5°$ 進み，

長針は 1 分間に，$360° ÷ 60 = 6°$ 進む。

午前 1 時に短針と長針との間の角度は，

$30° × 1 = 30°$ なので，

短針と長針との間の角度が 100° になる 1 回目は長
針の方が，$30° + 100° = 130°$ 多く進んだときで，

2 回目は長針の方が，

$360° - (100° - 30°) = 290°$ 多く進んだとき。

長針は短針よりも 1 分間に，

$6° - 0.5° = 5.5°$ 多く進むので，

求める時刻は，午前 1 時，$290 ÷ 5.5 = 52\frac{8}{11}$（分）

答　$52\frac{8}{11}$

53　この時計の長針が 1 分間にまわる角度は，

$360° ÷ 60 = 6°$

短針が 1 分間にまわる角度は，

$360° ÷ 10 ÷ 60 = 0.6°$

よって，長針と短針が重なるのは，

$360° ÷ (6° - 0.6°) = \frac{200}{3}$（分）ごと。

答　$\frac{200}{3}$（分）

54　次図の角⑦は，$30° × 3 - 70° = 20°$

短針は 1 分間に，$30° ÷ 60 = 0.5°$ 進むから，

長針がさしている時間は，$20 ÷ 0.5 = 40$（分）

よって，

長針が指しているのは時計の文字盤の 8 なので，

短針は，5 と 6 の間にあるから，5 時 40 分。

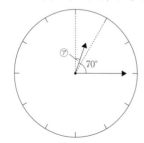

答　5（時）40（分）

55　午前 6 時から午後 6 時までに長針は時計を 12 周
し，短針は 1 周する。

したがって，長針が短針に追いつくのは，

$12 - 1 = 11$（回），つまり，重なるのは 11 回。

答　11 回

56　時計 A は 1 時間で，$60 ÷ 12 = 5$（分）遅れ，

時計 B は 1 時間で，$60 ÷ 15 = 4$（分）進む。

よって，2 つの時計が指す時刻は，

2 つの時計をあわせてから 1 時間で，

$5 + 4 = 9$（分）差がつく。

2 つの時計が初めて同じ時刻を指すのは，時計 B が
時計 A に追いつく，つまり，2 つの時計が指す時刻
の差が 12 時間になるときだから，

2 つの時計をあわせてから，

$12 × 60 ÷ 9 = 80$（時間後）

よって，$80 ÷ 24 = 3$ あまり 8 より，

3 日後の，午前 10 時 5 分＋8 時間＝午後 6 時 5 分

このとき，時計 A が指している時刻は，

$5 × 80 = 400$（分）遅れているから，

午後 6 時 5 分－400 分＝午前 11 時 25 分

答　（順に）11, 25

57　この船の下りの速さは，

時速，$30 ÷ \frac{36}{60} = 50$（km）なので．

流れの速さは，時速，$50 - 45 = 5$（km）

よって，この船の上りの速さは，

時速，$45 - 5 = 40$（km）なので，

30km 上るのにかかる時間は，

$30 ÷ 40 = \frac{3}{4} = \frac{45}{60}$（時間）より，45 分。

答　45（分）

58　船の上りの速さは，時速，$36 ÷ 3 = 12$（km）で，

下りの速さは，時速，$36 ÷ 2 = 18$（km）

上りと下りの速さの差は，

川の流れの速さの 2 倍なので，

川の流れの速さは，時速，$(18 - 12) ÷ 2 = 3$（km）

答　（時速）3（km）

59(1)　この船の上りの速さは，

時速，$30 ÷ \frac{90}{60} = 20$（km）で，

下りの速さは，時速，$30 ÷ \frac{75}{60} = 24$（km）

よって，この船の静水時の速さは，

時速，$(20 + 24) ÷ 2 = 22$（km）で，

川の流れる速さは，時速，24 − 22 = 2 (km)

(2) エンジンを止めた30分間に進んだきょりは，

$2 \times \dfrac{30}{60} = 1$ (km)なので，

エンジンが動いているときに下ったきょりは，

30 − 1 = 29 (km)

この船の下りの速さは，

分速，$24 \div 60 = \dfrac{2}{5}$ (km)なので，

29km下るのにかかる時間は，

$29 \div \dfrac{2}{5} = 72\dfrac{1}{2} = 72\dfrac{30}{60}$ (分)より，72分30秒。

よって，B町からA町までかかった時間は，

72分30秒 + 30分 = 102分30秒

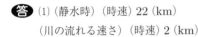 (1) (静水時) (時速) 22 (km)

　　 (川の流れる速さ) (時速) 2 (km)

　　(2) 102 (分) 30 (秒)

60 (1) 20分間に9.6km進んだので，

上りの速さは分速，9600 ÷ 20 = 480 (m)

残りの，14.4 − 9.6 = 4.8 (km)進むのに，

4800 ÷ 480 = 10 (分)かかるので，

スーパーを出発したのは，34 − 10 = 24 (分後)

よって，より道していた時間は，

24 − 20 = 4 (分間)

(2) 下りの速さは分速，

14400 ÷ (58 − 34) = 600 (m)なので，

川の流れの速さの2倍は分速，

600 − 480 = 120 (m)

よって，川の流れる速さは分速，

120 ÷ 2 = 60 (m)

(3) 分速，600 − 60 = 540 (m)

(4) レンさんの家を出てから，

4800 ÷ 600 = 8 (分後)なので，

34 + 8 = 42 (分後)

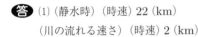 (1) 4 (分間)　(2) (分速) 60 (m)

　　(3) (分速) 540 (m)　(4) 42 (分後)

61 (1) Pの下りの速さは毎分，

15 × 1000 ÷ 30 = 500 (m)で，

上りの速さは毎分，

15 × 1000 ÷ (90 − 40) = 300 (m)だから，

川の流れの速さは毎分，

(500 − 300) ÷ 2 = 100 (m)

(2) Qの静水時の速さは毎分，

$(500 - 100) \times \left(1 - \dfrac{40}{100}\right) = 240$ (m)なので，

Qの下りの速さは毎分，240 + 100 = 340 (m)

PがBを出発するのは40分後で，

その時のPとQの差は，

15 × 1000 − 340 × (40 − 10)

= 15000 − 10200 = 4800 (m)

よって，PとQが出会うのは，PがBを出発して

から，$4800 \div (300 + 340) = 7\dfrac{1}{2}$ (分後)なので，

求める時間は，

$40 - 10 + 7\dfrac{1}{2} = 37\dfrac{1}{2}$ (分後)となり，

$60 \times \dfrac{1}{2} = 30$ (秒後)より，37分30秒後。

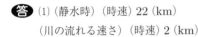 (1) (分速) 100 (m)　(2) 37 (分) 30 (秒後)

6．ともなって変わる量

★問題 P．86〜90 ★

1　18分で燃えたろうそくの長さは，

はじめの長さの，$1 - \dfrac{1}{3} = \dfrac{2}{3}$

よって，このろうそくがなくなるのは，

火をつけ始めてから，$18 \div \dfrac{2}{3} = 27$（分後）

答 27（分後）

2 (2)　叡人さんが読み終えるのは，

$144 \div 12 = 12$（日後）

よって，求めるページ数は，

$120 - 8 \times 12 = 24$（ページ）

答 (1) $y = 8 \times x$　(2) 24（ページ）

3　それぞれを式で表すと，

アは，$50 \times x = y$　イは，$50 - x = y$

ウは，$50 + x = y$　エは，$50 \div x = y$

よって，エ。

答 エ

4　$x \times y \div 2 = 24$ より，$x \times y = 24 \times 2 = 48$

よって，$y = 48 \div x$

答 48

5　x と y の関係を式に表すと，

①は，$y = x \times 4$ より，$y = 4 \times x$

②は，$y = 50 \times x$

③は，$y = 250 - x$

④は，$x \times y \div 2 = 30$ より，

$x \times y = 60$ だから，$y = 60 \div x$

よって，y が x に反比例するものは④。

答 ④

6　ア．通信量3ギガのとき，旧プランでは，

2.5ギガを，$3 - 2.5 = 0.5$（ギガ）こえているので，

この分の料金が，

$150 \times (0.5 \div 0.1) = 750$（円）かかり，

通信料金は，$2400 + 750 = 3150$（円）

新プランでの通信量2ギガまでの0.1ギガあたり

の料金を1とすると，

2ギガ以降は0.1ギガあたり，

$1 \times (1 + 0.15) = 1.15$ になるので，

3ギガのときの通信料金は，

2ギガまでの，$1 \times (2 \div 0.1) = 20$ と，

2ギガをこえた分の，

$1.15 \times \{(3 - 2) \div 0.1\} = 11.5$ で，

$20 + 11.5 = 31.5$

これが3150円なので，

通信量2ギガまでの0.1ギガあたりの料金は，

$3150 \div 31.5 = 100$（円）

イ．2.5ギガを，

$2.7 - 2.5 = 0.2$（ギガ）こえているので，

この分の料金が，

$150 \times (0.2 \div 0.1) = 300$（円）かかり，

先月の通信料金は，$2400 + 300 = 2700$（円）

ウ．8月と9月の通信量は，$2.7 \times \dfrac{13}{9} = 3.9$（ギガ）

5月からの6か月間の各月で，

2.5ギガをこえる分の通信量の合計は，

$(2.7 - 2.5) \times 4 + (3.9 - 2.5) \times 2$

$= 3.6$（ギガ）なので，

旧プランでの6か月間の合計の通信料金は，

$2400 \times 6 + 150 \times (3.6 \div 0.1) = 19800$（円）

5月からの6か月間の各月で，

2ギガをこえる分の通信量の合計は，

$(2.7 - 2) \times 4 + (3.9 - 2) \times 2$

$= 6.6$（ギガ）なので，

新プランでの6か月の合計の通信料金は，

$100 \times (2 \div 0.1) \times 6 + 100 \times (1 + 0.15)$

　　　　$\times (6.6 \div 0.1) = 19590$（円）

よって，新プランの方が安い。

エ．$19800 - 19590 = 210$（円）

答 ア．100　イ．2700　ウ．新　エ．210

7 (1)　$20 \times 8 \times 18 = 2880$（$cm^3$）

(2)　この容器全体の底面積は，

$2880 \div 8 = 360$（cm^2）なので，

横の長さ（⑦cm + 8cm）は，$360 \div 20 = 18$（cm）

よって，⑦の値は，$18 - 8 = 10$

(3)　8分間で入れた水の量は，

$720 \times 8 = 5760$（cm^3）なので，

この容器の容積は，$2880 + 5760 = 8640$（cm^3）

この容器全体の底面積は360cm^2なので，

この容器の深さは，$8640 \div 360 = 24$（cm）

答 (1) 2880（cm^3）　(2) 10　(3) 24（cm）

8 (1)　$3 \times 3 \times 3.14 \times (4 + 2 + 2) = 226.08$（$cm^3$）

(2)　容器Bに入る水の量は，

$(6 \times 6 - 3 \times 3) \times 3.14 \times (2 + 2)$

$= 339.12$（cm^3）

また，容器Cに入る水の量は，

$(9 \times 9 - 6 \times 6) \times 3.14 \times 2 = 282.6$ (cm³)

よって，$226.08 + 339.12 + 282.6 = 847.8$ (cm³)

の水を入れたときなので，

$847.8 \div 62.8 = 13.5$ (分後)，

つまり，13分30秒後。

(3) 容器Aに入る水の量は226.08cm³で，

容器AとBに入る水の量の合計は，

$226.08 + 339.12 = 565.2$ (cm³)

7分39秒間に入れた水の量は，

$62.8 \times \dfrac{459}{60} = 480.42$ (cm³)なので，容器Aから

水があふれて容器Bに水が入っているとき。

よって，容器B。

答 (1) 226.08 (cm³)　(2) 13 (分) 30 (秒後)

　　　(3) (容器) B

9 (1) グラフより，6分後にAの部分の水面の高さが

しきりの高さと等しくなったことがわかる。

6分間で入った水の体積は，

$250 \times 60 \times 6 = 90000$ (cm³)

よって，しきりの高さは，

$90000 \div (40 \times 50) = 45$ (cm)

(2) Bの部分のしきりの高さまでの容積は，

Aと等しく90000cm³で，

$11 - 6 = 5$ (分)で満水になった。

はじめの，$9 - 6 = 3$ (分)に入った水が，

$250 \times 60 \times 3 = 45000$ (cm³)だから，

残りの，$5 - 3 = 2$ (分)で，

$90000 - 45000 = 45000$ (cm³)の水が入るから，

求める水の量は毎秒，

$45000 \div 2 \div 60 = 375$ (cm³)

(3) しきりより上の容積を満水にするのに，

$(40 + 40) \times 50 \times (75 - 45) \div 375 = 320$ (秒)

すなわち，5分20秒かかるので，求める時間は，

11 分 $+ 5$ 分 20 秒 $= 16$ 分 20 秒後となる。

答 (1) 45 (cm)　(2) (毎秒) 375 (cm³)

　　　(3) 16 (分) 20 (秒後)

10 (1) 水を入れる割合は，

毎分，$1.2 \times 1000 = 1200$ (cm³)なので，

6分間に入る水の量は，$1200 \times 6 = 7200$ (cm³)

(2) 水を入れ始めてから4分後から6分後までの，

$6 - 4 = 2$ (分間)に入れた水の量は，

$1200 \times 2 = 2400$ (cm³)

このとき，

水面の高さはおもりの高さより上なので，容器の

底面積は，

$2400 \div (17 - 13) = 600$ (cm²)

(3) 高さ17cmまでの容器の容積は，

$600 \times 17 = 10200$ (cm³)

高さ17cmまでに入った水の量は(1)より7200cm³

だから，

おもりの体積は，$10200 - 7200 = 3000$ (cm³)

答 (1) 7200 (cm³)　(2) 600 (cm²)

　　　(3) 3000 (cm³)

11 (1) 水面の高さが0cmから4cmのときに入る水の

量と，4cmから8cmのときに入る水の量のちが

いは，ブロック1個分で，水面の高さが4cmか

ら8cmになるのにかかる時間は，

$22 - 10 = 12$ (秒)だから，

$12 - 10 = 2$ (秒)でブロック1個分の水が入る。

よって，水面の高さが12cmになるのは，

水を入れ始めてから，$22 + (12 + 2) = 36$ (秒後)

したがって，満水になるのは，

$36 + (14 + 2) = 52$ (秒後)

(2) 水面の高さが12cmから16cm (満水)になるの

にかかる時間は，$52 - 36 = 16$ (秒)

よって，$45 - 36 = 9$ (秒)で，

$(16 - 12) \times \dfrac{9}{16} = 2.25$ (cm)水面が上がるので，

求める高さは，$12 + 2.25 = 14.25$ (cm)

(3) 水を入れ始めてから30秒後のとき，水面の高

さは，次図のように8cmから12cmの間にある。

水面の高さが0cmから4cmになるのにかかる時

間は10秒だから，

ⓘ $= 4 \times (10 \div 2) = 20$ (cm)

よって，正方形の1辺の長さは，

ⓐ $= 20 + 4 \times 2 = 28$ (cm)

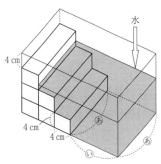

答 (1) 52 (秒後)　(2) 14.25 (cm)　(3) 28 (cm)

12 (1)　容器Bは70秒で35cm沈んでいるので，

　　容器Bを沈める速さは毎秒，$35 \div 70 = 0.5$ (cm)

(2)　容器Bを沈め始めるとき，

　　容器Bの底は容器Aの上部より，

　　$40 - 35 = 5$ (cm)下にあり，

　　容器Bは14秒間で，

　　$0.5 \times 14 = 7$ (cm)沈めるので，

　　14秒後，容器Bの底は水面よりも，

　　$5 + 7 = 12$ (cm)下にあるから，

　　容器Bの深さ12cm分に入る水の体積が，

　　容器Aの深さ，

　　$40 - 35 = 5$ (cm)分に入る水の体積とわかる。

　　容器Aは，底面積が，$30 \times 60 = 1800$ (cm^2)で，

　　深さ5cm分に入る水の体積が，

　　$1800 \times 5 = 9000$ (cm^3)なので，

　　容器Bの底面積は，$9000 \div 12 = 750$ (cm^2)

(3)　容器Aから水があふれるのは，容器Bの上部

　　が容器Aの上部と同じ高さになったときまでで，

　　このとき，容器A内に残っている水の量は，容器

　　Aの容積から容器Bの容積を引いたものである。

　　容積は，容器Aが，$1800 \times 40 = 72000$ (cm^3)

　　で，容器Bが，$750 \times 20 = 15000$ (cm^3)なので，

　　残っている水の量は，

　　$72000 - 15000 = 57000$ (cm^3)

　　はじめに入っていた水の量は，

　　$1800 \times 35 = 63000$ (cm^3)なので，

　　あふれた水の量は，$63000 - 57000 = 6000$ (cm^3)

(4)⑦　⑦秒後から水面が下がり始めることより，

　　　これ以降は容器B内に水が入り始めるので，

　　　⑦秒後は容器Bの上部が容器Aの上部と同じ

　　　高さになったとき。

　　　このとき，容器Bの底は容器Aの上部より，

　　　$40 - 20 = 20$ (cm)下にあり，

　　　容器Bの底が水面についているときは，容器B

　　　の底は容器Aの上部より5cm下にあるので，

　　　⑦秒間で，容器Bを，$20 - 5 = 15$ (cm)沈め

　　　ている。

　　　よって，⑦秒は，$15 \div 0.5 = 30$ (秒)

　　⑦　⑦秒後から水面の高さが変わらなくなるので，

　　　このとき，容器Bは水でいっぱいになり，

　　　水面は容器Bの上部と同じ高さになる。

　　　残っている水の量が57000cm^{3}なので，

　　　このときの水面の高さは，

$57000 \div 1800 = \dfrac{95}{3}$ (cm)

容器Bの底は容器Aの底から，

$\dfrac{95}{3} - 20 = \dfrac{35}{3}$ (cm)の位置にあるので，

このときまでに容器Bは水面についてから，

$35 - \dfrac{35}{3} = \dfrac{70}{3}$ (cm)沈んでいる。

よって，⑦秒は，$\dfrac{70}{3} \div 0.5 = \dfrac{140}{3}$ (秒)

答 (1)毎秒0.5cm　(2)750cm^2　(3)6000cm^3

　　(4)⑦ 30　⑦ $\dfrac{140}{3}$

7．平面図形

★問題 P. 91～112 ★

1 (1)① 32cm の正方形が 2 個作ると，

横 12cm，縦 32cm の長方形が残る。

したがって，32 ÷ 12 = 2 あまり 8 より，

1 辺 12cm の正方形が 2 個できる。

次に，縦 8 cm，横 12cm の長方形が残るので，

1 辺 8 cm の正方形が 1 個できる。

そして，横 4 cm，縦 8 cm の長方形が残るので，

8 ÷ 4 = 2 より，

1 辺 4 cm の正方形が 2 個できる。

よって，4 種類の正方形が全部で，

2 + 2 + 1 + 2 = 7（個）

② 一番小さい正方形の 1 辺の長さは 4 cm。

(2) 2 番目に小さい正方形の 1 辺の長さは，

1 × 2 = 2（cm）なので，

3 番目に小さい正方形の 1 辺の長さは，

1 + 2 = 3（cm）

4 番目に小さい正方形の 1 辺の長さは，

3 × 2 + 1 × 2 = 8（cm）なので，

一番大きい正方形の 1 辺の長さは，

8 × 3 + 3 = 27（cm）

よって，求める横の長さは，27 × 2 + 8 = 62（cm）

(3) 四番目に大きい正方形の 1 辺の長さを 1 とする。

この正方形を 4 個積むので，

三番目に大きい正方形の 1 辺の長さは，

1 × 4 = 4

そして，二番目に大きい正方形の 1 辺の長さは，

4 × 3 + 1 = 13，

一番目に大きい正方形の 1 辺の長さは，

13 × 2 + 4 = 30 で，次図のようになる。

よって，(30 × 30) ÷ (1 × 1) = 900（倍）

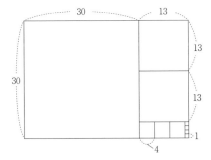

答 (1) ① ア．2 イ．4 ウ．7 ② 4（cm）

(2) 62（cm） (3) 900（倍）

2 いちばん小さい正三角形の 1 辺の長さを 1 とすると，

1 辺の長さが 1 の正三角形が，1 + 3 + 5 = 9（個），

1 辺の長さが 2 の正三角形が，1 + 2 = 3（個），

1 辺の長さが 3 の正三角形が 1 個あるので，

三角形は全部で，9 + 3 + 1 = 13（個）

答 13（個）

3 (1) 1 つの頂点からひける対角線の本数は 3 本なので，3 × 6 = 18（本）

この中に同じ対角線が 2 本ずつあるので，

求める本数は，18 ÷ 2 = 9（本）

(2) 次図のように，正六角形の対称の軸は，向かい合う頂点どうしを通る直線 3 本と，向かい合う辺の真ん中の点どうしを通る直線の 3 本で，

合わせて，3 + 3 = 6（本）

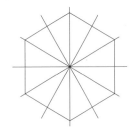

答 (1) 9 (2) 6

4 2 本の直線で交点は 1 個できる。

これに 3 本目の直線を加えると，すでにかかれた 2 本の直線と交わるので，交点は 2 個増える。

以後，同様に，4 本目，5 本目，6 本目の直線を加えると，交点は 3 個，4 個，5 個増えるので，

交点は全部で，1 + 2 + 3 + 4 + 5 = 15（個）

答 15

5 底辺が 2 cm，高さが 1 cm の

直角三角形の面積は，

2 × 1 ÷ 2 = 1（cm²）になるので，

3 × 3 − 1 × 4 = 5 より，

1 辺が 3 cm の正方形から，

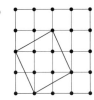

底辺が 2 cm，高さが 1 cm の直角三角形を 4 つ取りのぞいてできる正方形を書けばよい。

答 (前図)

6　次図で，

⑤の角の大きさは，$60° - 45° = 15°$ だから，

⑥の角の大きさは，$45° - 15° = 30°$

また，

②の角の大きさは，$180° - (15° + 90°) = 75°$ だから，

⑥の角の大きさは，$180° - 75° = 105°$

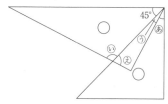

答　（順に）30，105

7　次図で，④ $= 90° - 45° - 10° = 35°$ なので，

三角形の角の関係から，⑤ $= 60° + 35° = 95°$

よって，⑦ $= 95° - 45° = 50°$

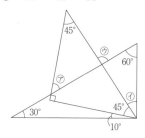

答　$50°$

8　右図で，1つの三角
形は直角二等辺三角形
なので，角イ $=$
$90° - 45° = 45°$
三角形の角より，

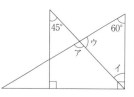

角ウ $= 180° - (60° + 45°) = 75°$ なので，

角ア $= 180° - 75° = 105°$

答　$105°$

9　次図の三角形 ABC について，

三角形の角の性質より，角 $y = 126° - 43° = 83°$

よって，三角形 BDE について，

角 $x = 83° - 28° = 55°$

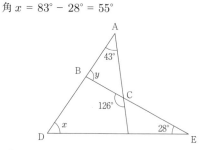

答　$55°$

10　次図において，三角形の角の関係から，

⑥ $= 120° - 23° = 97°$ なので，

⑤ $= 97° - 41° = 56°$

よって，⑥ $= 180° - 41° - 56° × 2 = 27°$

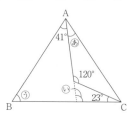

答　$27°$

11　次図で，太線の三角形の角の和より，

角イ＋角ウ $= 180° - 60° - 35° - 20° = 65°$ だから

色をつけた三角形について，

角ア $= 180° - (角イ＋角ウ) = 115°$

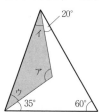

答　$115°$

12　次図で，三角形 ABC は二等辺三角形だから，

角イと角ウの大きさはともに，

$(180° - 40°) ÷ 2 = 70°$

三角形 BCD は二等辺三角形だから，

角エの大きさは，角イと等しく $70°$。

よって，四角形 BCDE の角の和より，

角アの大きさは，$360° - (70° × 3 - 42°) = 108°$

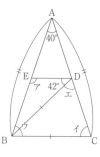

答　$108°$

⑬　$180° - (70° + 55°) = 55°$ より，

三角形 ABE は AB ＝ AE の二等辺三角形で，

角⑦ ＝ $55° - 15° = 40°$

また，次図の⑰の角の大きさは，

$180° - (70° + 40°) = 70°$

したがって，三角形 BAD も二等辺三角形となり，

BD ＝ AB ＝ AE ＝ CD

よって，三角形 BDC も二等辺三角形となるから，

三角形の角の関係より，角⑦ ＝ $70° ÷ 2 = 35°$

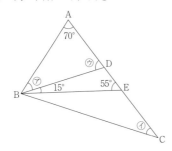

答　⑦ 40°　⑦ 35°

⑭　●2つ分と○2つ分の角度の合計は，

$180° - 80° = 100°$ なので，

●1つ分と○1つ分の角度の合計は，

$100° ÷ 2 = 50°$

よって，$x° = 180° - 50° = 130°$

答　130

⑮　三角形 ABC の角の関係から，

○× 2 ＝ $36°$ ＋●× 2 なので，

○ ＝ $(36° + ● × 2) ÷ 2 = 18° + ●$

三角形 DBC の角の関係から，

アの角＋● ＝○だから，

アの角＋● ＝ $18° + ●$ より，アの角の大きさは $18°$。

答　18°

⑯　角 B ＝ $180° -$

$(36° + 90°) = 54°$

BD，BE は角 B を

3等分しているから，

角あ ＝ $54° ÷ 3 = 18°$

角 DBC ＝ $18° × 2 = 36°$

三角形 ABC は前図の AF に対して線対称だから，

角 GCB ＝角 GBC ＝ 36°

よって，角い ＝ $180° - (18° + 36°) = 126°$

答　ア．18　イ．126

⑰　次図のように直線 L，M に平行な直線をひく。

平行線の性質より，イの角度は 36° なので，

ウの角度は，$50° - 36° = 14°$

よって，アの角度は，$14° + 30° = 44°$

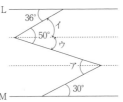

答　44

⑱　次図のように2直線 ℓ，m に平行な直線をひく。

平行線の性質より，角ア ＝ 34° なので，

角イ ＝ $(360° - 295°) - 34° = 31°$

また，角ウ ＝ $180° - 142° = 38°$ なので，

角エ ＝ $58° - 38° = 20°$

よって，求める角の大きさは，$31° + 20° = 51°$

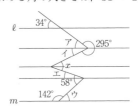

答　51

⑲　次図の三角形 ABE は正三角形だから，

1つの角の大きさは 60°。

したがって，角 EBC ＝ $90° - 60° = 30°$

三角形 BCE は二等辺三角形だから，

角 BCE ＝ $(180° - 30°) ÷ 2 = 75°$

また，AD と BC は平行だから，

角ア ＝角 BCE ＝ 75°

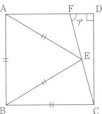

答　75

20　次図で，三角形 BCE と三角形 DCE は合同なので，
　　◯い の角の大きさは 65°。
　　よって，三角形の角の関係から，◯あ の角の大きさは，
　　$65° - 30° = 35°$

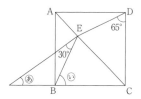

答 35

21　三角形 ABC は二等辺三角形なので，
　　角アの大きさは，$(180° - 48°) ÷ 2 = 66°$
　　次図の角ウの大きさも 66°で，
　　平行線と角の性質より，角イの大きさも 66°。

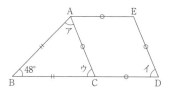

答　（角ア）66°　（角イ）66°

22　次図のように正五角形 ABCDE の辺 BC，ED の
　　延長線の交点を O とすると，
　　問題の図は，この四角形 ABOE を 4 個並べた形と
　　同じなので，角⑦は右図の角④ 4 つ分。
　　正五角形の 1 つの角の大きさは，
　　$180° × (5 - 2) ÷ 5 = 108°$ なので，
　　角 OCD ＝角 ODC ＝ $180° - 108° = 72°$ だから，
　　角④ ＝ $180° - 72° × 2 = 36°$
　　よって，角⑦ ＝ $36° × 4 = 144°$

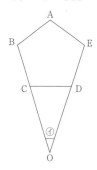

答 144°

23　正八角形の 1 つの内角の大きさは，
　　$180° × (8 - 2) ÷ 8 = 135°$
　　次図の四角形 ABCD は AD ＝ BC の台形なので，
　　角イの大きさは，$(360° - 135° × 2) ÷ 2 = 45°$
　　角ウの大きさも 45°なので，
　　角アの大きさは，$135° - 45° × 2 = 45°$

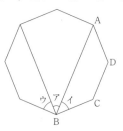

答 45°

24　正五角形の 1 つの角の大きさは，
　　$180° × (5 - 2) ÷ 5 = 108°$
　　三角形 CBG は，CB ＝ CG の二等辺三角形で，
　　角 BCG ＝ $108° - 90° = 18°$ なので，
　　角 CBG ＝ $(180° - 18°) ÷ 2 = 81°$
　　よって，角⑦ ＝ $108° - 81° = 27°$
　　三角形 EAD は，EA ＝ ED の二等辺三角形なので，
　　角 EDA ＝ $(180° - 108°) ÷ 2 = 36°$ で，
　　角 HDC ＝ $108° - 36° = 72°$
　　四角形 BCDH の角より，
　　角 BHD ＝ $360° - (81° + 108° + 72°) = 99°$
　　直線が交わってできる角の性質より，
　　角④ ＝角 BHD ＝ 99°

答　⑦ 27°　④ 99°

25　次図で，三角形 ABC は正三角形なので，
　　角ア ＝ 60°
　　三角形 BCD は直角二等辺三角形なので，角イ ＝ 45°
　　よって，$x = 60° - 45° = 15°$

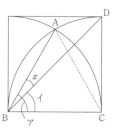

答 15°

26 次図で，点 O を半円の中心とすると，

角 AOB $= 180° \times \dfrac{2}{6} = 60°$，OA $=$ OB より，

三角形 OAB は正三角形で，角 OAB $= 60°$

角 COD $= 180° \times \dfrac{3}{6} = 90°$，OC $=$ OD より，

三角形 OCD は直角二等辺三角形で，角 ODC $= 45°$

よって，三角形 EAD の角より，

角㋐ $= 180° - (60° + 45°) = 75°$

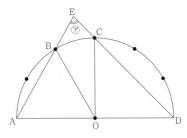

答 75

27 次図で，角㋑ $= 180° - 100° = 80°$ なので，

三角形の角より，角㋒ $= 180° - (80° + 60°) = 40°$

折り返す前後で同じ角より，

角㋓と角㋔の大きさが等しいので，

角㋓ $= (180° - 40°) \div 2 = 70°$

よって，三角形の角より，

角㋐ $= 180° - (60° + 70°) = 50°$

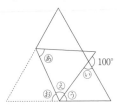

答 50

28 角アの大きさは，$180° - (90° + 58°) = 32°$

また，次図の角ウの大きさは，

$(180° - 84°) \div 2 = 48°$ なので，

角エの大きさは，$180° - (32° + 48°) = 100°$

よって，角イの大きさは，$180° - 100° = 80°$

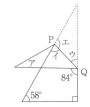

答 （順に）32，80

29 次図において，平行線の性質より，

角ア $= 40°$ なので，$x = (180° - 40°) \div 2 = 70°$

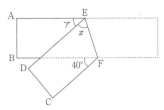

答 70°

30 次図で，折り返す前後で同じ角より，

角㋐＋角㋑ $= 38°$，角㋐＋角㋒ $= 65°$ なので，

角㋐＋角㋑＋角㋐＋角㋒ $= 38° + 65° = 103°$

また，

角㋐＋角㋑＋角㋒ $= 180° - (38° + 65°)$

$= 77°$ なので，

角㋐ $= 103° - 77° = 26°$

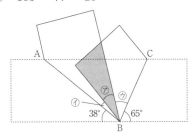

答 26°

31 折り返したときに重なる辺より，

OA $=$ DA で，同じおうぎ形の半径より，

OD $=$ OA なので，三角形 OAD は正三角形。

よって，角㋐ $= 60°$

同じおうぎ形の半径より，OB $=$ OD なので，

三角形 OBD は二等辺三角形で，

角 BOD $= 106° - 60° = 46°$ なので，

角 ODB $= (180° - 46°) \div 2 = 67°$

折り返したときに重なる辺より，CO $=$ CD なので，

三角形 COD は二等辺三角形で，

角 CDO $=$ 角 COD $= 46°$

よって，角㋑ $= 67° - 46° = 21°$

答 ㋐ 60°　㋑ 21°

32　次図で，三角形の角の関係から，

角イ＋角オ＝角シ，角ウ＋角カ＝角コ，

角エ＋角キ＝角ケ，角ア＋角ケ＝角サだから，

求める角の合計は，角ク＋角コ＋角サ＋角シ＝360°

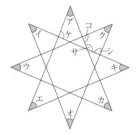

答　360°

33　三角形 ABC の面積は，$12 \times 9 \div 2 = 54$（cm²）

よって，BC の長さは，$54 \times 2 \div 7.2 = 15$（cm）

答　15

34　この図形の一部の辺を次図 b の矢印のように移動

して考えると，色のついた部分の周りの長さは，

大きな長方形の周りと 3cm の直線 2 本分（図 b の太

線部分）の長さの和になる。

大きな長方形は，縦の長さが 12cm，

横の長さが，$6 + 12 = 18$（cm）なので，

色のついた部分の周りの長さは，

$(12 + 18) \times 2 + 3 \times 2 = 66$（cm）

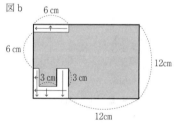

図 b

答　66（cm）

35　直角三角形 ABC の面積が，

$20 \times 15 \div 2 = 150$（cm²）なので，

台形 DEFG の面積は，$150 \times \dfrac{4}{5} = 120$（cm²）

直角三角形 ABC で，

辺 BC を底辺としたときの高さより，

2 本の平行線のはばは，$150 \times 2 \div 25 = 12$（cm）

台形 DEFG を三角形 DEF と三角形 DFG に分け

ると，三角形 DEF の面積が，

$16 \times 12 \div 2 = 96$（cm²）なので，

三角形 DEF の面積は，$120 - 96 = 24$（cm²）

よって，DG = $24 \times 2 \div 12 = 4$（cm）

答　ア．120　イ．4

36　図 2 の四角形の周りの長さが 36cm だから，

AB + BC = $36 \div 2 = 18$（cm）

三角形 ABC の周りの長さが 30cm だから，

AC = $30 - 18 = 12$（cm）

また，図 3 の四角形の周りの長さが 40cm だから，

BC = $(40 - 30) \div 2 = 5$（cm）

よって，AB = $18 - 5 = 13$（cm）

答　13（cm）

37　次図のように，

合同な 2 つの部分をそれぞれウ，エとおく。

アとイの面積が等しいとき，

アとウの面積の合計はイとエの面積の合計に等しい

から，$10 \times 10 \times 3.14 \times \dfrac{90}{360} = 78.5$（cm²）

長方形 ABCD の面積はア，イ，ウ，エの面積の合

計だから，$78.5 \times 2 = 157$（cm²）

よって，AD の長さは，$157 \div 10 = 15.7$（cm）

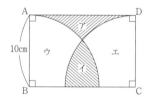

答　15.7（cm）

38　次図のように，円の中心を結び，円の中心からひ

もの直線部分に垂直な直線をひくと，この図の色を

つけた部分は長方形になるので，

ひものうち，直線部分の長さの合計は，

$10 \times 2 \times 3 = 60$（cm）

しゃ線部分のおうぎ形は，3 個合わせると，

半径 10cm の円になるので，

ひものうち，曲線部分の長さの合計は，

$10 \times 2 \times 3.14 = 62.8$（cm）

よって，必要なひもの長さは，

$60 + 62.8 = 122.8$（cm）

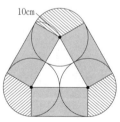

答　122.8（cm）

39 しゃ線部分の周りは，直径 5 cm の円の周と，直径 5 cm の半円 2 個の周を合わせたもの。

直径 5 cm の円の周の長さは(5×3.14) cm で，

半円 2 個の周の長さのうち，曲線部分の長さの和は，

$5 \times 3.14 \div 2 \times 2 = 5 \times 3.14$ (cm)で，

直線部分の長さの和は，$5 \times 2 = 10$ (cm)

よって，しゃ線部分の周りの長さの合計は，

$5 \times 3.14 + 5 \times 3.14 + 10 = 41.4$ (cm)

答 41.4 (cm)

40 次図のように三角形 ABE をつくる。

三角形 ABE は正三角形なので，

おうぎ形 BCE の中心角は，$90° - 60° = 30°$

求める長さは，中心角が $30°$ のおうぎ形の曲線部分の 8 個分の長さなので，

$2 \times 9 \times 3.14 \times \dfrac{30}{360} \times 8 = 37.68$ (cm)

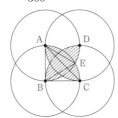

答 37.68

41 次図で，三角形 DBC が，$7 \times 6 \div 2 = 21$ (cm²)，

三角形 DAC が，$7 \times 1 \div 2 = 3.5$ (cm²)，

三角形 DBA が，$6 \times 2 \div 2 = 6$ (cm²)なので，

三角形 ABC の面積は，$21 - (3.5 + 6) = 11.5$ (cm²)

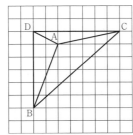

答 11.5

42 台形の高さを □ cm とすると，

$26 \times □ \div 2 = 10 \times 24 \div 2$ より，

$13 \times □ = 120$ なので，$□ = \dfrac{120}{13}$

よって，台形の面積は，

$(13 + 26) \times \dfrac{120}{13} \div 2 = 180$ (cm²)

答 180

43 次図のように，

点 E から底辺 BC に垂直な線 EF をひく。

正三角形の性質より点 F は BC のまん中の点なので，

BF の長さは，$4 \div 2 = 2$ (cm)

これが AB を底辺としたときの△ABE の高さにあたるので，

求める面積は，$\dfrac{1}{2} \times 4 \times 2 = 4$ (cm²)

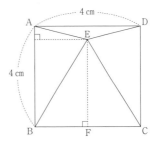

答 4

44 DG : GC $= 18 : 30 = 3 : 5$ だから，

平行四辺形 EFCG の面積は，$12 \times \dfrac{5}{3} = 20$ (cm²)

答 20 (cm²)

45 面積 10cm² の長方形の縦の長さは，

$10 \div 3 = \dfrac{10}{3}$ (cm)なので，

面積が 33cm² の長方形の縦の長さは，

$7 - \dfrac{10}{3} = \dfrac{11}{3}$ (cm)で，

横の長さは，$33 \div \dfrac{11}{3} = 9$ (cm)

面積が 40cm² の長方形の横の長さは，

$9 - 3 = 6$ (cm)なので，

縦の長さは，$40 \div 6 = \dfrac{20}{3}$ (cm)

面積が 50cm² の長方形の縦の長さは，

$\dfrac{20}{3} - \dfrac{10}{3} = \dfrac{10}{3}$ (cm)なので，

横の長さは，$50 \div \dfrac{10}{3} = 15$ (cm)

よって，色のついた長方形の横の長さは，

$15 - 3 = 12$ (cm)なので，

面積は，$7 \times 12 = 84$ (cm²)

答 84 (cm²)

46　全体は，1辺が11cmの正方形なので，

面積が，$11 \times 11 = 121$（cm²）

真ん中にできた正方形は，対角線が6cmなので，

その面積は，$6 \times 6 \div 2 = 18$（cm²）で，

4つの長方形の面積の合計は，

$121 - 18 = 103$（cm²）

4つの長方形でかげをつけた部分は，

どれも対角線で2等分したものなので，

この面積の合計は，$103 \div 2 = 51.5$（cm²）

よって，かげをつけた四角形の面積は，

$18 + 51.5 = 69.5$（cm²）

答 69.5

47　(1)　正方形ABCDの面積は，

$8 \times 8 = 64$（cm²）なので，

紙が重なっている部分の面積は，

$64 - 9 = 55$（cm²）

かげをつけた部分は，

すべて紙が2枚重なっているので，

かげをつけた部分の面積は，$55 \div 2 = 27.5$（cm²）

(2)　かげをつけた部分の4個の直角三角形は合同で，

直角をはさむ辺の長さの和は8cm。

また，紙が重なっていない部分の正方形は，

$9 = 3 \times 3$より，1辺の長さが3cmなので，

直角三角形の長い辺と短い辺の長さの差は3cm。

よって，直角をはさむ辺のうち，短い方の辺である㋐の長さは，$(8 - 3) \div 2 = 2.5$（cm）

答 (1) 27.5（cm²）　(2) 2.5（cm）

48　重なった部分はひし形になる。

図1の長方形の周りの長さは，

$(10 + 2.5) \times 2 = 25$（cm）だから，

長方形の周りの長さの2倍は，$25 \times 2 = 50$（cm）

よって，重なったひし形の部分の周りの長さは，

$50 - 34 = 16$（cm）だから，

ひし形の1辺の長さは，$16 \div 4 = 4$（cm）

よって，

重なったひし形は底辺が4cm，高さが2.5cmだから，

面積は，$4 \times 2.5 = 10$（cm²）

答 10（cm²）

49　上から2枚目（中心にはりつけた正方形の紙）以外の4枚だけの重なりを考えると，2cmずつずれているので，各部分で重なっている紙の枚数は，次図aのようになる。これに上から2枚目の正方形の紙をはりつけると，2枚だけ重なっている部分は，次図

bの色をつけた部分になる。

これは，縦と横が1cmと3cmの長方形が4つと，

1辺が1cmの正方形が4つなので，

その面積の合計は，

$1 \times 3 \times 4 + 1 \times 1 \times 4 = 16$（cm²）

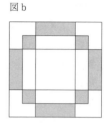

図a　　　　　　　　図b

答 16

50　次図のアとイの三角形を組み合わせると正三角形ができて，これはしゃ線部分の正三角形と合同。

したがって，正六角形ABCDEFはしゃ線部分の正三角形18個分であることが分かる。

よって，求める面積は，$90 \times \dfrac{6}{18} = 30$（cm²）

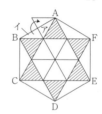

答 30（cm²）

51　正方形の面積は，$8 \times 8 = 64$（cm²）なので，

この正方形の対角線×対角線の値は，$64 \times 2 = 128$

これはおうぎ形の半径×半径の値でもあるので，

おうぎ形の面積は，

$128 \times 3.14 \times \dfrac{90}{360} = 100.48$（cm²）

よって，求める面積，$100.48 - 64 = 36.48$（cm²）

答 36.48（cm²）

52　斜線部分の面積は，

（BCを直径とする半円の面積）＋（CAを直径とする半円の面積）＋（三角形ABCの面積）－（ABを直径とする半円の面積）で求められるから，

$\dfrac{5}{2} \times \dfrac{5}{2} \times 3.14 \div 2 + 6 \times 6 \times 3.14 \div 2$

$\quad + 5 \times 12 \div 2 - \dfrac{13}{2} \times \dfrac{13}{2} \times 3.14 \div 2$

$= 30$（cm²）

答 30（cm²）

53　次図において，角ア = 90° ÷ 2 = 45° で，
AとBの部分の面積は等しいから，求める面積は，
半径 10cm で中心角が 45° のおうぎ形となる。

よって，$10 \times 10 \times 3.14 \times \dfrac{45}{360} = 39.25\,(\text{cm}^2)$

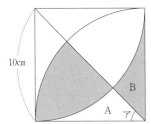

答　39.25 (cm^2)

54　斜線部を次図のように移動させると，
斜線部の面積は，

$8 \times 8 \times 3.14 \times \dfrac{90}{360} - 8 \times 8 \div 2 = 18.24\,(\text{cm}^2)$

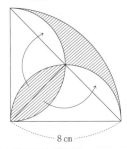

答　18.24 (cm^2)

55　太線で囲まれた 2 つの部分を次図のように移動させると，求める面積は正方形の $\dfrac{3}{4}$ の面積であることが分かる。

よって，$4 \times 4 \times \dfrac{3}{4} = 12\,(\text{cm}^2)$

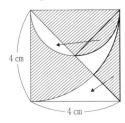

答　12

56　次図で，⊛と◌，◌と◌はそれぞれ合同なので，
⊛を◌に，◌を◌に移動すると，
かげをつけた部分は，半径，$8 \div 2 = 4\,(\text{cm})$ の半円と 1 辺の長さが 8cm の正方形を合わせたものになる。よって，求める面積の和は，
$4 \times 4 \times 3.14 \div 2 + 8 \times 8 = 89.12\,(\text{cm}^2)$

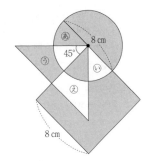

答　89.12 (cm^2)

57 (1)　次図のように，点 C から BD，AD に垂直な直線 CE，CF をひくと，四角形 CEDF はすべての角が直角で，CE = CF より正方形なので，
しゃ線部分は，正方形 CEDF からおうぎ形 CEF を取った図形。
正方形 CEDF は，
1 辺の長さが円の半径と同じ 10cm なので，
面積は，$10 \times 10 = 100\,(\text{cm}^2)$
おうぎ形 CEF は，半径 10cm，中心角 90° なので，
面積は，$10 \times 10 \times 3.14 \times \dfrac{90}{360} = 78.5\,(\text{cm}^2)$
よって，
しゃ線部分の面積は，$100 - 78.5 = 21.5\,(\text{cm}^2)$

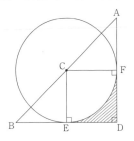

(2)　DE と DF は正方形 CEDF の 1 辺で，
長さは円の半径 CE と同じ 10cm。
曲線 EF は，おうぎ形 CEF の曲線部分で，
長さは，$10 \times 2 \times 3.14 \times \dfrac{90}{360} = 15.7\,(\text{cm})$
よって，しゃ線部分の周の長さは，
$10 \times 2 + 15.7 = 35.7\,(\text{cm})$

答　(1) 21.5 (cm^2)　(2) 35.7 (cm)

58 (1)　$6 \times 6 \times 3.14 \times \dfrac{90}{360} = 28.26$ (cm²)

(2)　次図の三角形 OAC と三角形 EOF は合同なの

で，角アの大きさは 30° で，

三角形 OAC の角の和から，角イの大きさも，

$180° - 90° - 30° - 30° = 30°$

したがって，三角形 OAB は二等辺三角形で，

点 B から OA に垂直な直線 BD をひくと，

点 D は辺 OA の真ん中の点。

三角形 OBD の面積を 1 とすると，

三角形 OAB の面積は 2 で，三角形 OBC は三角

形 OBD と合同なので面積は 1。

よって，求める面積の比は，

（三角形 OAB）：（三角形 OBC）= 2 : 1

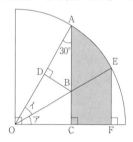

(3)　三角形 OAC と三角形 EOF は合同なので，

（三角形 OAB の面積）+（三角形 OBC の面積）

=（三角形 OBC の面積）+（四角形 BCFE の面積）

より，

（三角形 OAB の面積）=（四角形 BCFE の面積）

よって，

求める面積はおうぎ形 OEA の面積だから，

$6 \times 6 \times 3.14 \times \dfrac{30}{360} = 9.42$ (cm²)

答　(1) 28.26 (cm²)　(2) 2 : 1　(3) 9.42 (cm²)

59 三角形 ABC の面積は，$12 \times 12 \div 2 = 72$ (cm²)

MN : BC = 1 : 3 より，

求める面積は，$72 \times \dfrac{1}{3} = 24$ (cm²)

答　24

60　三角形 AEC と三角形 EDC の面積の比は，

AE : ED = 5 : 4 なので，

三角形 EDC の面積は，$15 \times \dfrac{4}{5} = 12$ (cm²)

同様に，三角形 EBC と三角形 EDC の面積の比は，

BC : DC = (2 + 3) : 3 = 5 : 3 なので，

三角形 EBC の面積は，$12 \times \dfrac{5}{3} = 20$ (cm²)

答　20cm²

61 (1)　次図 a で，三角形 ABP と⑤は，

底辺をそれぞれ AB，DE とすると，

高さが等しいので，底辺の長さより，

三角形 ABP の面積は⑤の面積の 3 倍。

同様に考えると，

三角形 BCP の面積は⑥の面積の 4 倍，

三角形 CAP の面積は⑦の面積の 5 倍なので，

⑤，⑥，⑦の面積が等しいとき，

⑤，⑥，⑦の面積の合計は，

三角形 ABC の面積の，$3 \div (3 + 4 + 5) = \dfrac{1}{4}$ で，

$120 \times \dfrac{1}{4} = 30$ (cm²)

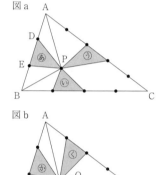

(2)　前図 b で，⑤の面積を 1 とすると，

三角形 BCQ の面積は，$1 \times 4 = 4$

⑥の面積は，$1 \times 1.5 = 1.5$ なので，

三角形 ABQ の面積は，$1.5 \times 3 = 4.5$ で，

⑥の面積も 1.5 なので，

三角形 CAQ の面積は，$1.5 \times 5 = 7.5$

よって，⑤の面積は，三角形 ABC の面積の，

$1 \div (4 + 4.5 + 7.5) = \dfrac{1}{16}$ で，

$120 \times \dfrac{1}{16} = 7.5$ (cm²)

答　(1) 30cm²　(2) 7.5cm²

62 (1) 点 D と点 C を直線で結ぶと, 三角形 DBC の

面積は三角形 ABC の面積の $\dfrac{1}{3}$ だから,

$60 \times \dfrac{1}{3} = 20 \ (\mathrm{cm}^2)$

三角形 DBE の面積は三角形 DBC の面積の $\dfrac{4}{5}$

だから, $20 \times \dfrac{4}{5} = 16 \ (\mathrm{cm}^2)$

(2) (1)と同様に考えると, 三角形 ADF の面積は,

$60 \times \dfrac{2}{3} \times \dfrac{1}{6} = \dfrac{20}{3} \ (\mathrm{cm}^2)$

三角形 FEC の面積は, $60 \times \dfrac{1}{5} \times \dfrac{5}{6} = 10 \ (\mathrm{cm}^2)$

よって, 三角形 DEF の面積は,

$60 - \left(16 + \dfrac{20}{3} + 10\right) = \dfrac{82}{3} \ (\mathrm{cm}^2)$

(3) BP : PF

= (三角形 DBE の面積) : (三角形 DEF の面積)

$= 16 : \dfrac{82}{3} = 24 : 41$

答 (1) 16 (cm^2) (2) $\dfrac{82}{3}$ (cm^2) (3) 24 : 41

63 三角形 HAE の底辺を AE,

三角形 HEB の底辺を EB とすると,

2 つの三角形の高さが等しいので,

底辺の長さの比は面積比と等しくなり,

AE : EB = 4 : 1

よって, 辺 AE の長さは辺 EB の長さの,

$4 \div 1 = 4$ (倍)

同様に考えると,

三角形 GAD と三角形 GDE の面積比より,

AD : DE = 2 : 1 なので, EB の長さを 1 とすると,

AE の長さは 4, DE の長さは, $4 \times \dfrac{1}{2+1} = \dfrac{4}{3}$ で,

AB : DE $= (4 + 1) : \dfrac{4}{3} = 15 : 4$

したがって, 辺 AB の長さは辺 DE の長さの,

$15 \div 4 = \dfrac{15}{4}$ (倍)

答 ア. 4 イ. $\dfrac{15}{4}$

64 (1) 三角形 BDF の底辺を BD,

三角形 CDF の底辺を CD とすると,

2 つの三角形は底辺の長さも高さも等しいので,

面積も等しい。

三角形 ABF と三角形 BCF で,

共通の辺 BF を底辺とすると,

高さの比は AE : EC と等しくなるので,

面積比も 2 : 1 となるから, 三角形 ABF の面積

は, $(6 + 6) \times \dfrac{2}{1} = 24 \ (\mathrm{cm}^2)$

同様に考えると, 三角形 ABF と三角形 CAF の

面積比は, BD : DC = 1 : 1 = 2 : 2 なので,

三角形 ABF, 三角形 BCF, 三角形 CAF の面積

比は 2 : 1 : 2 で,

AG : GB の長さの比は,

三角形 CAF と三角形 BCF の面積比と同じ 2 : 1。

よって, 三角形 AFG の面積は,

$24 \times \dfrac{2}{2+1} = 16 \ (\mathrm{cm}^2)$

(2) AF と FD の長さの比は, 三角形 ABF と三角

形 BDF の面積比と等しいので,

24 : 6 = 4 : 1

答 (1) 16 (cm^2) (2) 4 : 1

65 (1) 次図 a のように,

もとの平行四辺形を PQRS とする。

三角形 ABP の底辺を AP,

三角形 PQS の底辺を PS とすると,

2 つの三角形は底辺の長さが等しく, 高さの比は

PB と PQ の長さの比と等しく 2 : 1 なので,

面積比は 2 : 1。

三角形 PQS は平行四辺形 PQRS を 2 等分した三

角形なので,

三角形 ABP と平行四辺形 PQRS の面積比は,

$2 : (1 \times 2) = 1 : 1$

三角形 BCQ, 三角形 CDR, 三角形 DAS につい

ても同様なので,

四角形 ABCD の面積は,

もとの平行四辺形の面積の, $(1 \times 5) \div 1 = 5$ (倍)

図 a

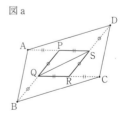

(2)　次図 b で，

三角形 ABP と三角形 PQS は底辺の長さの比が，

$(5 - 1) : 1 = 4 : 1$ で，高さの比が $5 : 1$ なので，

面積比は，$(4 \times 5) : (1 \times 1) = 20 : 1$ で，

三角形 ABP と平行四辺形 PQRS の面積比は，

$20 : (1 \times 2) = 10 : 1$

よって，四角形 ABCD の面積は，もとの平行四

辺形の面積の，$(10 \times 4 + 1) \div 1 = 41$（倍）

図 b

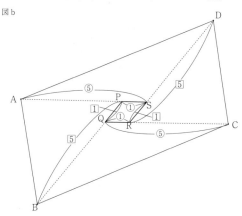

(3)　(1)，(2)と同様に考えると，

平行四辺形の各辺の長さをすべて a 倍にすると，

三角形 ABP と三角形 PQS の底辺の長さの比は

$(a - 1) : 1$，高さの比が $a : 1$ になるので，

面積比は，

$\{(a - 1) \times a\} : (1 \times 1) = \{(a - 1) \times a\} : 1$ で，

平行四辺形 PQRS の面積を 1 とすると，

三角形 ABP の面積は，$(265 - 1) \div 4 = 66$ で，

三角形 ABP と三角形 PQS の面積比は，

$66 : (1 \div 2) = 132 : 1 = (11 \times 12) : 1$

$= \{(12 - 1) \times 12\} : 1$

よって，12 倍。

答　(1) 5（倍）　(2) 41（倍）　(3) 12（倍）

66　三角形 ABD の面積は，$\dfrac{1}{2} \times 9 \times 12 = 54$（cm²）

AE : AD $= 1 : (1 + 2) = 1 : 3$ より，

三角形 ABE の面積は，$54 \times \dfrac{1}{3} = 18$（cm²）

また，AE と BC は平行なので，

EF : FB $=$ AE : BC $= 1 : (1 + 2) = 1 : 3$

よって，求める面積は，$18 \times \dfrac{1}{1 + 3} = 4.5$（cm²）

答　4.5（cm²）

67　(1)　次図の三角形 AHE は三角形 ABC の $\dfrac{1}{4}$ の縮

図なので，求める長さは，$9 \times \dfrac{1}{4} = \dfrac{9}{4}$（cm）

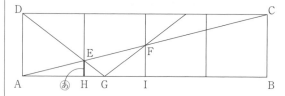

(2)　三角形 AGF において，

点 E は AF のまん中の点だから，

三角形 EGF と三角形 AEG の面積は等しい。

よって，

前図で，GH : GA $=$ EH : DA $= 1 : 4$ より，

GH : HA $= 1 : 3$ となるから，

GH の長さは，$9 \times \dfrac{1}{3} = 3$（cm）で，

求める面積は，$(9 + 3) \times \dfrac{9}{4} \div 2 = \dfrac{27}{2}$（cm²）

答　(1) $\dfrac{9}{4}$（cm）　(2) $\dfrac{27}{2}$（cm²）

68　(1)　AD $=$ BC だから，

AE : ED と BF : FC の比の和を，$1 + 2 = 3$ と，

$1 + 1 = 2$ の最小公倍数である 6 にそろえると，

AE : ED $= 1 : 2 = 2 : 4$，

BF : FC $= 1 : 1 = 3 : 3$

また，三角形 ADG と三角形 JCG は拡大・縮小

の関係だから，

AD : JC $=$ DG : CG $= 3 : 1 = 6 : 2$

三角形 AIE と三角形 JIB は拡大・縮小の関係だ

から，EI : BI $=$ EA : BJ $= 2 : (6 + 2) = 1 : 4$

(2)　三角形 AHE と三角形 FHB は拡大・縮小の関

係だから，EH : BH $=$ EA : FB $= 2 : 3$

EI : BI $= 1 : 4$ より，

EI : IH : HB $= 1 : (2 - 1) : 3 = 1 : 1 : 3$

(3)　AE : ED $= 1 : 2$ より，

三角形 ABE の面積は，

$480 \times \dfrac{1}{2} \times \dfrac{1}{1 + 2} = 80$（cm²）

EI : IH : HB $= 1 : 1 : 3$ より，

三角形 AHI の面積は，

$80 \times \dfrac{1}{1 + 1 + 3} = 16$（cm²）

答　(1) ① 4　② 3　③ JC　④ 2　⑤ EA

⑥ 1 : 4

(2) 1 : 1 : 3　(3) 16（cm²）

69 次図のように BG の延長線と CD の延長線が交わる点を H とする。

AB と DH は平行なので，

AB : DH = AF : DF = 2 : 1

したがって，AB の長さを 4 とすると，

DH の長さは，$4 \times \dfrac{1}{2} = 2$，DE の長さは 3 となるから，AG : GE = AB : EH = 4 : (2 + 3) = 4 : 5

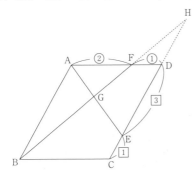

答 （順に）4，5

70(1) 三角形 ABF と三角形 ECF は拡大・縮小の関係だから，

BF : CF = AB : EC = DC : EC = 3 : 1

よって，$BF = 8 \times \dfrac{3}{3 + 1} = 6$ (cm)

また，三角形 AGD と三角形 FGB は拡大・縮小の関係だから，

AG : FG = DA : BF = 8 : 6 = 4 : 3

(2) 三角形 ABF の面積は，

$6 \times 4.2 \div 2 = 12.6$ (cm^2)

AG : GF = 4 : 3 より，

三角形 ABG の面積は，$12.6 \times \dfrac{4}{4 + 3} = 7.2$ (cm^2)

答 (1) 4 : 3　(2) 7.2 (cm^2)

71(1) EP と BM は平行なので，

EP : BM = AP : AM = 3 : (3 + 1) = 3 : 4

四角形 BEPF は平行四辺形なので，

BF : FM = 3 : (4 − 3) = 3 : 1

同様に，GC : MG = 3 : 1 なので，

FG : BC = (1 + 1) : (4 + 4) = 1 : 4 より，

三角形 PFG は底辺と高さがそれぞれ三角形 ABC の $\dfrac{1}{4}$。

よって，

求める面積は，$384 \times \dfrac{1}{4} \times \dfrac{1}{4} = 24$ (cm^2)

(2) DG と AC は平行なので，

BD : DA = BG : GC = (4 + 1) : 3 = 5 : 3

AE : EB = AP : PM = 3 : 1 なので，

AE : EB = 6 : 2 とすると，

AD : DE : EB = 3 : (6 − 3) : 2 = 3 : 3 : 2 より，

点 D は AE の真ん中の点。

したがって，三角形 AEP の面積は，

$384 \times \dfrac{1}{2} \times \dfrac{3}{4} \times \dfrac{3}{4} = 108$ (cm^2) より，

三角形 DEP の面積は，$108 \times \dfrac{1}{2} = 54$ (cm^2)

同様に，三角形 IPH の面積も 54cm^2 なので，求める面積の和は，$24 + 54 \times 2 = 132$ (cm^2)

答 (1) 24 (cm^2)　(2) 132 (cm^2)

72 右図 a のように，BC，AC にそれぞれ平行な直線 DP，EQ をひく。

三角形 ADP は三角形 ABC の縮図で，

DP : BC = AP : AC = AD : AB = 1 : 3 より，

$DP = 3 \times \dfrac{1}{3} = 1$ (cm)，

$AP = 4 \times \dfrac{1}{3} = \dfrac{4}{3}$ (cm)

$FC = 4 \times \dfrac{1}{3 + 1} = 1$ (cm) より，

$PF = 4 - \dfrac{4}{3} - 1 = \dfrac{5}{3}$ (cm)

DP と CH が平行より，

三角形 DFP は三角形 HFC の拡大図で，

$PD : CH = PF : CF = \dfrac{5}{3} : 1 = 5 : 3$ なので，

$CH = 1 \times \dfrac{3}{5} = \dfrac{3}{5}$ (cm)

また，三角形 EBQ は三角形 ABC の縮図で，

EQ : AC = BQ : BC = EB : AB = 1 : 3 より，

$EQ = 4 \times \dfrac{1}{3} = \dfrac{4}{3}$ (cm)，$BQ = 3 \times \dfrac{1}{3} = 1$ (cm)

$GC = 3 \times \dfrac{1}{2 + 1} = 1$ (cm) より，

$QG = 3 - 1 - 1 = 1$ (cm)

EQ と CI が平行で，QG = CG = 1cm より，

三角形 EQG と三角形 ICG は合同で，

$CI = QE = \dfrac{4}{3}$ cm

図 a

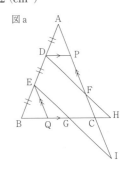

よって，$CH : CI = \dfrac{3}{5} : \dfrac{4}{3} = 9 : 20$

右図 b のように，DG を
ひくと，角 B が共通で，
BD : BA = BG : BC =
2 : (2 + 1) = 2 : 3 より，
三角形 DBG は
三角形 ABC の縮図の
二等辺三角形なので，DG
と AC は平行で，

図 b

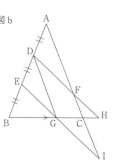

$DG = DB = \dfrac{4}{3} \times 2 = \dfrac{8}{3}$ (cm)

DG と FI が平行より，

三角形 FIJ は三角形 DGJ の縮図で，

$FJ : DJ = FI : DG = \left(1 + \dfrac{4}{3}\right) : \dfrac{8}{3} = 7 : 8$

よって，$DF : DJ = (8 - 7) : 8 = 1 : 8$

答　$(CH : CI =) \; 9 : 20$　$(DF : DJ =) \; 1 : 8$

73　(1)　次図 I のように，斜線部分を分けると，

かげをつけた部分の面積は，

$1184 - 142 \times 2 = 900$ (cm²)

かげをつけた部分は正方形だから，

$900 = 30 \times 30$ より，

この正方形の 1 辺の長さは 30cm。

この長さは正方形アの 1 辺の長さと正方形イの 1
辺の長さの和になっているから，

正方形ウの 1 辺の長さは図 1 より，

$50 - 30 = 20$ (cm)

(2)　(1)より，

正方形アの面積と正方形イの面積の和は，

$50 \times 20 - 20 \times 20 - 142 = 458$ (cm²)

よって，

正方形ア 2 枚と正方形イ 2 枚の面積の和は，

$458 \times 2 = 916$ (cm²)

図 3 の正方形の面積は，

$30 \times 30 = 900$ (cm²)だから，

図 3 の斜線部分の面積は，$916 - 900 = 16$ (cm²)

(3)　$16 = 4 \times 4$ より，

図 3 の斜線部分は 1 辺の長さが 4cm の正方形だ
から，正方形アの 1 辺の長さは，正方形イの 1 辺
の長さより 4cm 短いことがわかる。

よって，正方形アの 1 辺の長さは，

$(30 - 4) \div 2 = 13$ (cm)

図 I

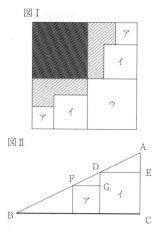

図 II

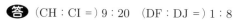
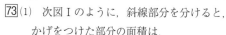

(4)　前図 II で，

三角形 ADE は三角形 DFG の拡大図だから，

DE : AE = FG : DG

$DE = 30 - 13 = 17$ (cm)，$FG = 13$cm，

$DG = 4$cm だから，

$17 : AE = 13 : 4$ より，$AE = \dfrac{68}{13}$ (cm)

よって，$AC = \dfrac{68}{13} + 17 = \dfrac{289}{13}$ (cm)

三角形 ABC は三角形 DFG の拡大図だから，

BC : AC = FG : DG より，$BC : \dfrac{289}{13} = 13 : 4$

よって，$BC = \dfrac{289}{4}$ (cm)

答　(1) 20 (cm)　(2) 16 (cm²)　(3) 13 (cm)

(4) $\dfrac{289}{4}$ (cm)

74　三角形 EGA と三角形 DGB は拡大図と縮図の関
係で，辺 AB の長さと辺 DE の長さが等しいから，
三角形 EGA と三角形 DGB はともに二等辺三角形
である。

また，三角形 CHD と三角形 AHF は拡大図と縮図
の関係で，辺 AC の長さと辺 DF の長さが等しいか
ら，三角形 CHD と三角形 AHF はともに二等辺三
角形である。

これらより，三角形 ABC と三角形 DEF は 3 つの
角の大きさがそれぞれ等しく，辺 AB と辺 DE の長
さが等しいので，合同である。

よって，辺 BC と辺 EF の長さが等しい。

$AE = AF$，$BD : DC = 1 : 3$ だから，

$AF : DC = \left(\dfrac{1 + 3}{2}\right) : 3 = 2 : 3$，

AE : BD $= \left(\dfrac{1+3}{2} \right) : 1 = 2 : 1$ である。

2点 A と D を結び，

三角形 AHF の面積を 1 とすると，

三角形 AHF と三角形 ADH は底辺をそれぞれ FH,

DH としたときの高さが等しいから，

面積の比は底辺の比と等しくなる。

FH : DH = AF : DC = 2 : 3 だから，

三角形 ADH の面積は，$1 \times \dfrac{3}{2} = \dfrac{3}{2}$,

三角形 ADF の面積は，$1 + \dfrac{3}{2} = \dfrac{5}{2}$,

三角形 ADE の面積も $\dfrac{5}{2}$ となる。

EG : DG = AE : BD = 2 : 1 だから，

三角形 ADG の面積は，$\dfrac{5}{2} \times \dfrac{1}{2+1} = \dfrac{5}{6}$ より，

四角形 AGDH の面積は三角形 AHF の面積の，

$\left(\dfrac{3}{2} + \dfrac{5}{6} \right) \div 1 = \dfrac{7}{3}$ (倍)

答 $\dfrac{7}{3}$

75 正三角形が転がるようすは次図のようになり，頂点 A が動いたあとの線は，この図の2本の曲線になる。

この図で，角ア $= 60°$,

角イ $= 180° + 60° = 240°$ なので，

頂点 A が動いたあとの曲線の長さは，

$6 \times 2 \times 3.14 \times \dfrac{60}{360} + 6 \times 2 \times 3.14 \times \dfrac{240}{360}$

$= 31.4$ (cm)

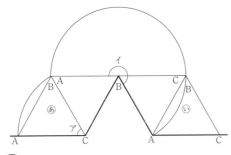

答 31.4

76 (1) 点 P が辺 BC の中点となるときなので，

BP $= 8 \div 2 = 4$ (cm)

よって，$4 \div 2 = 2$ (秒後)

(2) 三角形 ABC の面積は，

$8 \times 6 \div 2 = 24$ (cm²) なので，

三角形 CBP の面積は，

$24 - 18 = 6$ (cm²) となるから，

AP : PC = 18 : 6 = 3 : 1

よって，PC $= 10 \times \dfrac{1}{3+1} = \dfrac{5}{2}$ (cm) より，

点 P が，$8 + \dfrac{5}{2} = \dfrac{21}{2}$ (cm) 動いたときだから，

$\dfrac{21}{2} \div 2 = \dfrac{21}{4}$ (秒後)

答 (1) 2 (秒後) (2) $\dfrac{21}{4}$ (秒後)

77 (1) 頂点 P が辺 BC 上にあり，

AB : CD = 8 : 12 = 2 : 3 より，

PB : PC $= \dfrac{1}{2} : \dfrac{1}{3} = 3 : 2$ となるとき。

よって，PB $= 10 \times \dfrac{3}{3+2} = 6$ (cm) だから，

点 P が，$8 + 6 = 14$ (cm) 進んだときなので，

$14 \div 1 = 14$ (秒後)

(2) 台形 ABCD の面積は，

$(8 + 12) \times 10 \div 2 = 100$ (cm²) なので，

三角形 PCD の面積が，

$100 \div 2 = 50$ (cm²) になるとき。

よって，$12 \times$ PC $\div 2 = 50$ より，PC $= \dfrac{25}{3}$ (cm)

これは，点 P が，

$8 + 10 - \dfrac{25}{3} = \dfrac{29}{3}$ (cm) 進んだときなので，

$\dfrac{29}{3} \div 1 = \dfrac{29}{3}$ (秒後)

(3) 頂点 P が辺 CD 上にあるとき。

三角形 PBC と四角形 ABPD の面積が等しくなるのは，台形 ABCD の面積を 1 : 1 に分けるときだから，三角形 PBC の面積は 50cm²。

よって，PC $\times 10 \div 2 = 50$ より，PC $= 10$ (cm)

これは，点 P が，

$8 + 10 + 10 = 28$ (cm) 進んだときなので，

$28 \div 1 = 28$ (秒後)

答 (1) 14 (秒後) (2) $\dfrac{29}{3}$ (秒後) (3) 28 (秒後)

78 (1)　点 P は秒速 2 cm の速さで移動するから，

CD + DA + AB = 2 × 12.5 = 25（cm）

よって，辺 AD の長さは，25 − (8 + 10) = 7（cm）

(2)　CP の長さは，21 × 2 ÷ 6 = 7（cm）だから，

点 P が点 C を出発してから，7 ÷ 2 = 3.5（秒後）

(3)　三角形 BEP で，底辺を BE としたとき，

高さが最も高くなるのは，点 P が辺 AD 上にある

ときである。

点 P が点 D にあるのは，

点 C を出発してから，8 ÷ 2 = 4（秒後），

点 A にあるのは，点 C を出発してから，

(8 + 7) ÷ 2 = 7.5（秒後）

よって，4 秒後から 7.5 秒後。

(4)　三角形 BEP の面積が 7.2cm² になるとき，

底辺を BE とすると，

高さは，7.2 × 2 ÷ 6 = 2.4（cm）だから，

次図のように辺 CD 上で CP = 2.4cm になると

きと，辺 AB 上の点 P から辺 BC に垂直な直線

PF をひいて，PF = 2.4cm になるときである。

CP = 2.4cm のとき，2.4 ÷ 2 = 1.2（秒後）

また，点 P が辺 AB 上にあるとき，

点 P が点 A にあるときの三角形 BEP の面積は，

6 × 8 ÷ 2 = 24（cm²），

点 P が点 B にあるときの三角形 BEP の面積は

0 cm² だから，

10 ÷ 2 = 5（秒間）で面積が 24cm² 小さくなる。

よって，1 秒間に，

24 ÷ 5 = 4.8（cm²）ずつ小さくなるので，

三角形 BEP の面積が 7.2cm² になるのは，

点 P が点 A を出発してから，

(24 − 7.2) ÷ 4.8 = 3.5（秒後）

よって，点 P が点 C を出発してから，

7.5 + 3.5 = 11（秒後）

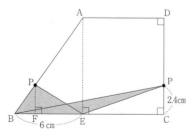

（1) 7（cm）　(2) 3.5（秒後）

(3) 4（秒後から）7.5（秒後）

(4) 1.2（秒後と）11（秒後）

79 (1)　点 E が 3 cm 動いたとき，

点 F は，3 × 2 = 6（cm）動くので，

△AEF の面積は，$\frac{1}{2}$ × 3 × 6 = 9（cm²）

グラフより面積が 9 cm² になるのは 3 秒後なので，

点 E は毎秒 1 cm，

点 F は毎秒 2 cm の速さで動くと考えられる。

5 秒後は点 E が，1 × 5 = 5（cm），

点 F は，2 × 5 = 10（cm）動いて次図Ⅰのような

△AEF ができ，その面積は，

$\frac{1}{2}$ × 5 × 6 = 15（cm²）なので問題に合う。

7 秒後は次図Ⅱのような △AEF ができるので，

EF の長さは，6 × 4 − (1 + 2) × 7 = 3（cm）

よって，$\frac{1}{2}$ × 3 × 6 = 9（cm²）

(2)　1 秒間に，1 + 2 = 3（cm）ずつ近づくので，

6 × 4 ÷ 3 = 8（秒後）

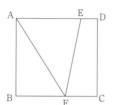

(3)　△AEF の面積がもっとも大きくなるのは 6 秒

後で，$\frac{1}{2}$ × 6 × 6 = 18（cm²）

そして，8 秒後に面積は 0 になる。

（1) 9（cm²）　(2) 8（秒後）　(3)（次図Ⅲ）

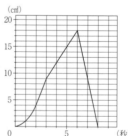

80 正三角形が長方形のまわりを半周するようすは，
次図のようになり，
頂点 Q が動いたあとは，曲線あ〜⑤になる。
あと⑥はともに，半径 3 cm，
中心角，$180° − 60° = 120°$ のおうぎ形の曲線部分で，
⑤は，半径 2 cm，
中心角 90° のおうぎ形の曲線部分なので，
その長さの合計は，

$$3 × 2 × 3.14 × \frac{120}{360} × 2 + 2 × 2 × 3.14 × \frac{90}{360}$$
$$= 5 × 3.14 \text{ (cm)}$$

残りの半周も同じになるので，
頂点 Q の動いた長さは，$5 × 3.14 × 2 = 31.4 \text{ (cm)}$

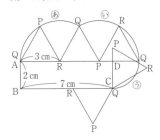

答 31.4

81 中心 O が通るのは，次図の太線部分。
直線部分の長さの和は，$9 + 12 + 15 = 36 \text{ (cm)}$
また，
3 つのおうぎ形の中心角の和は 360° になるので，
曲線部分の和は，$2 × 2 × 3.14 = 12.56 \text{ (cm)}$
よって，求める長さは，$36 + 12.56 = 48.56 \text{ (cm)}$

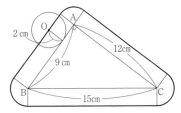

答 48.56 (cm)

82 円が 1 周するようすは次図のようになり，
円が通った部分はこの図の色をつけた部分になる。
この図で，アは，半径，$1 × 2 = 2 \text{ (cm)}$，
中心角 90° のおうぎ形が 6 個で，面積の合計は，

$$2 × 2 × 3.14 × \frac{90}{360} × 6 = 18.84 \text{ (cm}^2\text{)}$$

イは，2 cm の辺を縦としたときの横の長さが 3 cm，
6 cm，11 cm，6 cm，3 cm の長方形なので，
面積の合計は，

$2 × (3 + 6 + 11 + 6 + 3) = 58 \text{ (cm}^2\text{)}$
エ 1 個は，1 辺 2 cm の正方形から半径 1 cm の円を
取った図形 4 個のうちの 1 個なので，
面積は，$(2 × 2 − 1 × 1 × 3.14) ÷ 4 = 0.215 \text{ (cm}^2\text{)}$
$3 − 2 = 1 \text{ (cm)}$，$5 − 2 × 2 = 1 \text{ (cm)}$ より，
オは 1 辺 1 cm の正方形なので，面積は 1 cm^2。
よって，ウの面積が，
$3 × 5 − 0.215 × 2 − 1 = 13.57 \text{ (cm}^2\text{)}$ なので，
円が通った部分の面積は，
$18.84 + 58 + 13.57 = 90.41 \text{ (cm}^2\text{)}$

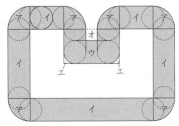

答 90.41cm²

83 円が通過する部分は，次図の色をつけた部分に
なる。
これを太線のように分けると，
アはすべて，縦と横が 1 cm と 3 cm の長方形だから，
面積の合計は，$1 × 3 × 5 = 15 \text{ (cm}^2\text{)}$
また，イのおうぎ形をすべて合わせると半径 1 cm
の円になるので，
面積の合計は，$1 × 1 × 3.14 = 3.14 \text{ (cm}^2\text{)}$
よって，求める面積は，$15 + 3.14 = 18.14 \text{ (cm}^2\text{)}$

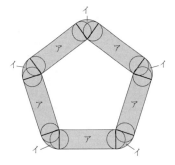

答 18.14

84 (1)　移動した後の三角形を DEF とする。
　　辺 AB が通過する部分は次図 I のかげをつけた部分で，AD = BE = 3cm の平行四辺形となる。
　　この平行四辺形の底辺を BE としたときの高さは，三角形 ABC の底辺を BC としたときの高さと等しい。
　　三角形 ABC の面積は，
　　$4 × 3 ÷ 2 = 6 \,(\text{cm}^2)$ だから，
　　底辺を BC としたときの高さは，
　　$6 × 2 ÷ 5 = \dfrac{12}{5} \,(\text{cm})$
　　よって，求める図形の面積は，$3 × \dfrac{12}{5} = \dfrac{36}{5} \,(\text{cm}^2)$

(2)　次図 II のように，
　　辺 AC と辺 DE が交わる点を G とする。
　　$EC = 5 − 3 = 2 \,(\text{cm})$
　　三角形 GEC は三角形 ABC の縮図で，
　　$GE : AB = EC : BC = 2 : 5$ だから，
　　$GE = 3 × \dfrac{2}{5} = \dfrac{6}{5} \,(\text{cm})$
　　また，$GC : AC = EC : BC = 2 : 5$ だから，
　　$GC = 4 × \dfrac{2}{5} = \dfrac{8}{5} \,(\text{cm})$
　　よって，求める図形の面積は，
　　$\dfrac{6}{5} × \dfrac{8}{5} ÷ 2 = \dfrac{24}{25} \,(\text{cm}^2)$

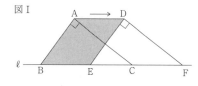

図 I

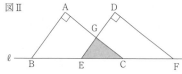

図 II

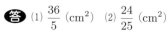

答　(1) $\dfrac{36}{5}$ (cm^2)　(2) $\dfrac{24}{25}$ (cm^2)

85 (1)　①から④への回転で点 A が移動したあとは，次図の太線のようになる。
　　A から A1 までの曲線は，半径が 6cm，中心角が 90° のおうぎ形の曲線部分で，
　　A1 から A2 までの曲線は，半径が 10cm，中心角が，$180° − 36° = 144°$ のおうぎ形の曲線部分だから，
　　点 A が移動した長さは，

$6 × 2 × 3.14 × \dfrac{90}{360} + 10 × 2 × 3.14 × \dfrac{144}{360}$
$= 34.54 \,(\text{cm})$

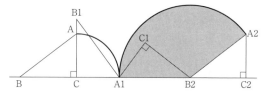

(2)　③から④への回転で辺 AB が動いたあとは，前図の色をつけた部分で，半径が 10cm，中心角が 144° のおうぎ形になる。
　　よって，その面積は，
　　$10 × 10 × 3.14 × \dfrac{144}{360} = 125.6 \,(\text{cm}^2)$

答　(1) 34.54 (cm)　(2) 125.6 (cm^2)

86 (1)　色のついた長方形は 6 秒で，
　　$1 × 6 = 6 \,(\text{cm})$ 動くので，
　　6 秒後には全体が重なる。
　　このときの重なる部分の面積が 48cm^2 なので，
　　色のついた長方形のたての長さは，
　　$48 ÷ 6 = 8 \,(\text{cm})$
　　色のついた長方形は 14 秒で，
　　$1 × 14 = 14 \,(\text{cm})$ 動き，$14 − 8 = 6 \,(\text{cm})$ より，
　　14 秒後に重なる部分は，次図のしゃ線をつけた長方形になり，その面積（①）は，$4 × 6 = 24 \,(\text{cm}^2)$

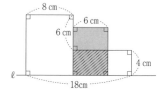

(2)　2 つの図形の重なる部分が初めてなくなるのは，色のついた長方形の左の辺と六角形の右の 4cm の辺が重なるときで，このときまでに色のついた長方形は，$18 + 6 = 24 \,(\text{cm})$ 動くので，これは動き始めてから，$24 ÷ 1 = 24 \,(\text{秒後})$

(3)　重なる部分の面積は，0～6 秒後までの間，1 秒間に，$48 ÷ 6 = 8 \,(\text{cm}^2)$ 増えるので，重なる部分の面積が 1 回目に 16cm^2 になるのは，【図 1】の状態から，$16 ÷ 8 = 2 \,(\text{秒後})$
　　また，
　　重なる部分の面積は，18～24 秒後までの間，1 秒間に，$24 ÷ (24 − 18) = 4 \,(\text{cm}^2)$ 減る。
　　よって，

重なる部分の面積が 2 回目に 16cm^2 になるのは，

18 秒後の，（24 − 16）÷ 4 = 2（秒後）で，

【図 1】の状態から，18 + 2 = 20（秒後）

答 (1) ア．8　イ．24　(2) 24　(3) エ．2　オ．20

8．立体図形

★問題 P．113〜123 ★

1 (1)　A を上にして，A の面の矢印を右向きに置いて

転がすと，E の面が上に来る。

E の面の矢印は上向きで，

転がすと D の面が上に来る。

D の面の矢印は右向きで，

転がすと C の面が上に来て矢印は上向き。

このように，右，上，右，上，右，上と動いて，

ふたたび A が上に来て矢印は右向きになる。

3 回転がすので，右，上，右と移動し，

左から 6 番目，上から 3 番目の位置。

(2)　A を上にして，A の面の矢印を右向きに置くと，

右，上の順に移動するので問題に合わない。

A を上にして下向きにすると，下，右，下，右，…

と移動して最後まで転がすことができる。

B を上にして右向きにすると，右，下，右，下，…

と移動して最後まで転がすことができる。

同様に，C を上にして右向き，D を上にして下向

き，E を上にして右向き，F を上にして下向きに

すれば最後まで転がすことができる。

答 (1)（左から）6（番目，上から）3（番目）

(2) ① （例） A の面を上にして矢印を下向きに

する。② 6 通り

2　底面積の比は，

$\dfrac{1}{16}:\dfrac{1}{9} = 9:16 = (3 \times 3):(4 \times 4)$ なので，

底面の円の半径の比は，3 : 4。

よって，側面積の比は，

$(3 \times 2 \times 16):(4 \times 2 \times 9) = 4:3$

答 4 : 3

3　2 つの立方体の体積の比は，

$(1 \times 1 \times 1):(3 \times 3 \times 3) = 1:27$ なので，

$27 \div 1 = 27$（倍）

答 27

4　求める立体の体積は，たてが 6 cm，横が 12cm，

高さが 4 cm の直方体の体積から，

たてが 6 cm，横が，$12 - 2 \times 2 = 8$（cm），

高さが，$4 - 2 = 2$（cm）の直方体の体積をひいて，

$6 \times 12 \times 4 - 6 \times 8 \times 2 = 192$（cm^3）

答 192（cm^3）

5　次図のように方向を決める。

この立体を上から見ると，

たて 12cm，横 9cm の長方形が見え，

下からも同じ長方形が見える。

同様に，

前後からは，たて 6cm，横 12cm の長方形が，

左右からは，たて 6cm，横 9cm の長方形が見える。

よって，求める表面積は，

$(12 \times 9 + 6 \times 12 + 6 \times 9) \times 2 = 468 \, (cm^2)$

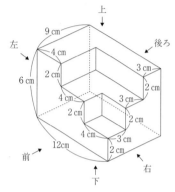

答 468（cm^2）

6　$10 : 5 = 2 : 1$ より，

右図のアの長さは，

$6 \times \dfrac{1}{2} = 3 \, (cm)$

したがって，底面積が，

$3 \times 4 \div 2 = 6 \, (cm^2)$，

高さが 6cm の三角柱の体積を

求めることになる。

よって，$6 \times 6 = 36 \, (cm^3)$

答 36

7　もとの立方体の体積は，$6 \times 6 \times 6 = 216 \, (cm^3)$ で，

切りとった三角柱の体積は，

$6 \times 6 \div 2 \times 3 = 54 \, (cm^3)$ なので，

この立体の体積は，$216 - 54 = 162 \, (cm^3)$

答 162（cm^3）

8　左手前の三角柱の体積は，

$(3 + 3) \times 3 \div 2 \times 5 = 45 \, (cm^3)$

左奥の直方体の体積は，$3 \times 5 \times (3 + 3) = 90 \, (cm^3)$

右の直方体の体積は，$3 \times 5 \times 3 = 45 \, (cm^3)$

よって，この立体の体積は，

$45 + 90 + 45 = 180 \, (cm^3)$

答 180（cm^3）

9　縦 6cm，横 10cm，高さ 3cm の直方体の体積は，

$6 \times 10 \times 3 = 180 \, (cm^3)$

半径 3cm，高さ 10cm の円柱の半分の体積は，

$3 \times 3 \times 3.14 \times 10 \div 2 = 141.3 \, (cm^3)$

よって，立体㋐の体積は，

$180 + 141.3 = 321.3 \, (cm^3)$

答 321.3（cm^3）

10　大きい円柱の半分は，底面の半円の半径が 10cm

なので，体積は，

$10 \times 10 \times 3.14 \div 2 \times 20 = 1000 \times 3.14 \, (cm^3)$

小さい円柱の半分は，2 個合わせると，

底面が半径，$10 \div 2 = 5 \, (cm)$ の円柱になるので，

体積は，$5 \times 5 \times 3.14 \times 20 = 500 \times 3.14 \, (cm^3)$

よって，この立体の体積は，

$1000 \times 3.14 + 500 \times 3.14 = 4710 \, (cm^3)$

答 4710（cm^3）

11　同じものを 2 つ組み合わせると，

高さが，$3 + 7 = 10 \, (cm)$ の円柱ができる。

よって，求める体積は，

$2 \times 2 \times 3.14 \times 10 \div 2 = 62.8 \, (cm^3)$

答 62.8（cm^3）

12　底面の半径が 5cm の円柱の側面は，たてが 3cm，

横が，$2 \times 5 \times 3.14 = 31.4 \, (cm)$ の長方形だから，

側面積は，$3 \times 31.4 = 94.2 \, (cm^2)$ で，

半径 3cm の円柱の側面は，たてが 3cm，

横が，$2 \times 3 \times 3.14 = 18.84 \, (cm)$ の長方形だから，

側面積は，$3 \times 18.84 = 56.52 \, (cm^2)$

また，上から見ても下から見ても半径 5cm の円が

見える。

よって，求める表面積は，

$5 \times 5 \times 3.14 \times 2 + 94.2 + 56.52 = 307.72 \, (cm^2)$

答 307.72

13 (1)　$(3 \times 3 \times 3.14 - 1 \times 1 \times 3.14) \times 5$

　　　　$= 40 \times 3.14 = 125.6 \, (cm^3)$

(2)　2 つの円柱の底面積の差と 2 つの円柱の側面積

を合わせたものになる。

よって，

$(3 \times 3 \times 3.14 - 1 \times 1 \times 3.14) \times 2$

$\quad + 3 \times 2 \times 3.14 \times 5 + 1 \times 2 \times 3.14 \times 5$

$= 56 \times 3.14 = 175.84 \, (cm^2)$

答 (1) 125.6（cm^3）　(2) 175.84（cm^2）

14 (1) 容器の容積は，$20 \times 20 \times 20 = 8000$ (cm^3) で，
容器に残っている水の体積は，
$20 \times 20 \times 14 - 600 = 5000$ (cm^3)
よって，石Aの体積は，
$8000 - 5000 = 3000$ (cm^3)

(2) 容器に残っている水の体積は，
$5000 - 500 = 4500$ (cm^3)
よって，水の深さは，$4500 \div (20 \times 20) = \dfrac{45}{4}$ (cm)

答 (1) 3000 (cm^3) (2) $\dfrac{45}{4}$ (cm)

15 (1) $6 \times 3 \times 5 = 90$ (cm^3)

(2) $2 \times 2 \times 2 = 8$ (cm^3)

(3) 容器の容積は，$6 \times 3 \times 9 = 162$ (cm^3) だから，
しずめたサイコロAの体積の合計は，
$162 - 90 = 72$ (cm^3)
よって，サイコロAの個数は，$72 \div 8 = 9$ （個）

(4) 水面が1.5cm上昇したから，
サイコロBの体積，$6 \times 3 \times 1.5 = 27$ (cm^3)
$3 \times 3 \times 3 = 27$ だから，
サイコロBの1辺の長さは3cm。

答 (1) 90 (cm^3) (2) 8 (cm^3) (3) 9 （個）
(4) 3 (cm)

16 (1) $440 \div 100 = 4.4$ (cm)

(2) 図1の物体をアの面を下にして沈めると，
水に完全に沈む。
水面の高さが1cm上がるので，
物体の体積は，$100 \times 1 = 100$ (cm^3)
よって，アの面の面積は，$100 \div 4 = 25$ (cm^2)

(3) 物体のたての長さは，
$25 \div 10 = 2.5$ (cm) なので，
イの面の面積は，$2.5 \times 4 = 10$ (cm^2)
(2)で沈めた図1の物体と水の体積の合計は，
$440 + 100 = 540$ (cm^3) で，
同じ物体をイの面を下にして，
直方体の形をした容器に入れたとき，
底面積は，$100 - 10 = 90$ (cm^2) と考えられるから，水面の高さは，$540 \div 90 = = 6$ (cm)

答 (1) 4.4 (cm) (2) 25 (cm^2) (3) 6 (cm)

17 (1) 容器A，B，Cの底面積の比は，
$1 : 2 : 0.8 = 5 : 10 : 4$
容器Aの底面積を5とすると，
5cmの高さまでに入る水の体積，

$5 \times 5 = 25$ なので，
これを容器Bに移したときの水面の高さは，
$25 \div 10 = 2.5$ (cm)

(2) 容器Cの底面積を4とすると，
入っている水の体積は，$4 \times 15 = 60$
容器AとBの底面積の和は，$5 + 10 = 15$ なので，
水を移す前の容器Aの水面の高さは，
$60 \div 15 = 4$ (cm)

(3) はじめに容器A，Bに入っている水の体積の比は，底面積の比と同じで，$5 : 10 = 1 : 2$
おもりを入れたときの容器A，Bの水とおもりの体積の和の比は，$(5 \times 6) : (10 \times 5) = 3 : 5$
比の数の差をそろえると，
はじめの容器A，Bの水の体積の比は，
$1 : 2 = 2 : 4$ で，
おもりを入れたときの容器A，Bの水とおもりの体積の和の比は3:5。
これらの比の1にあたる体積は等しいので，
はじめの容器Aの水の体積と，おもりを入れた後の容器Aのおもりと水の体積の和の比は2:3。
よって，容器Aの水面の高さは，
$3 \div 2 = 1.5$ （倍）になった。

答 (1) 2.5 (cm) (2) 4 (cm) (3) 1.5 （倍）

18 (1) $4 \times 4 \times 3.14 \times 3 + 3 \times 3 \times 3.14 \times 8$
$= 376.8$ (cm^3)

(2) 水が入っていない部分の容積は，
$376.8 \times \left(1 - \dfrac{3}{4}\right) = 94.2$ (cm^3)
①の向きで上の円柱の容積は，
$3 \times 3 \times 3.14 \times 8 = 226.08$ (cm^3) だから，
水面は上の円柱にある。
水が入っていない部分の高さは，
$94.2 \div (3 \times 3 \times 3.14) = \dfrac{10}{3}$ (cm) だから，
水面の高さは，$8 + 3 - \dfrac{10}{3} = \dfrac{23}{3}$ (cm)

(3) ②の向きで上の円柱の容積は，
$4 \times 4 \times 3.14 \times 3 = 150.72$ (cm^3) だから，
水面は上の円柱にある。
水が入っていない部分の高さは，
$94.2 \div (4 \times 4 \times 3.14) = \dfrac{15}{8}$ (cm) だから，
水面の高さは，$3 + 8 - \dfrac{15}{8} = \dfrac{73}{8}$ (cm)

(4) ビー玉 5 個分の体積は,

$3 \times 3 \times 3.14 \times 2.5 = 70.65$ (cm³)

よって, 1 個分は, $70.65 \div 5 = 14.13$ (cm³)

答 (1) 376.8 (cm³) (2) $\dfrac{23}{3}$ (cm) (3) $\dfrac{73}{8}$ (cm)

(4) 14.13 (cm³)

19 右図 I のように, サイコロ
の頂点に記号をつけ,
展開図にも頂点の記号をつ
けると,
次図 II のようになる。
4 の目は 3 の目と向かい合う
から,
図 II でうすいかげをつけた面 ADHE になる。
また, 3 の目は図 II で濃いかげをつけた面 BFGC に
なり, 図 I より, ●は頂点 C から頂点 F に向かって
並んでいる。よって, 次図 III のようになる。

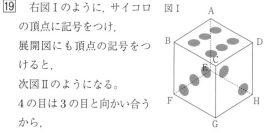

図 I

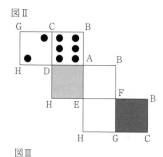

図 II

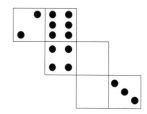

図 III

答 (前図 III)

20 立方体の展開図に頂点をつけると次図のようにな
るので, 面 ABCD 上の辺 AC と, 面 AEFB 上の辺
AF, 面 BFGC 上の辺 CF を結ぶ。

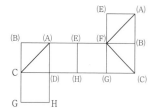

答 (前図)

21 組み立てると, 底面積が, $3 \times 4 \div 2 = 6$ (cm²),
高さが 3 cm の三角柱ができる。

よって, $6 \times 3 = 18$ (cm³)

答 18 (cm³)

22 円の直径は, $5 \times 2 = 10$ (cm)だから,
円柱の高さは, $28 - 10 \times 2 = 8$ (cm)

よって, 円柱の体積は,

$5 \times 5 \times 3.14 \times 8 = 628$ (cm³)

答 628 (cm³)

23 (1) 青色が 2 面だけ塗られている A は,
次図 a のしゃ線をつけたもののように,
B の辺上にあり, 頂点上にないもの。
これは, 各辺に 3 個ずつあるので,
青色が 2 面だけ塗られている A は,
$3 \times 12 = 36$ (個)

(2) 青色が全く塗られていない A は,
B の表面にない A。
これは 1 辺に A が,
$5 - 2 = 3$ (個)ずつ並んだ立方体になっている
ので,
青色が全く塗られていない A は,
$3 \times 3 \times 3 = 27$ (個)

(3) 青色が 1 面だけ塗られている A は,
次図 a の色をつけたもののように, B の面上にあ
り, 辺上や頂点上にないもので,
これは各面に, $3 \times 3 = 9$ (個)ずつあるので,
全部で, $9 \times 6 = 54$ (個)
これの残りの面を赤色に塗り, 125 個に切り分け
たとき, 赤色が 3 面塗られているものは, 切り分
ける前の A で, 赤色に塗られた 3 面からできてい
る頂点の部分 (次図 b の○をつけた部分)にあた
る立方体なので, 取り出した A 1 個につき 4 個ず
つある。

よって, 赤色が 3 面塗られているものは,

$4 \times 54 = 216$ (個)

図 a

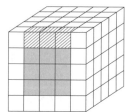

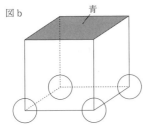
図b　青

答　(1) 36（個）　(2) 27（個）　(3) 216（個）

24 (1)　青い面が2つ，赤い面が1つ塗られている立方体は，大きな直方体の頂点の部分にある立方体なので，8個。

(2)　青い面が2つで，それ以外は何も塗られていない立方体は，大きな直方体の高さを表す4本の辺に並んでいる立方体のうち，大きな直方体の頂点にあたる部分以外の立方体である。

これは大きな直方体の高さの辺に並んだ3個の立方体のうち，真ん中の1個で，4本の高さの辺すべてで同様なので，

$1 \times 4 = 4$（個）

(3)　何も塗られていない立方体は，大きな直方体の表面にない立方体で，

これは上から2段目の，縦に，$8 - 2 = 6$（個），横に，$6 - 2 = 4$（個）並んだ部分なので，

$6 \times 4 = 24$（個）

(4)　青色だけ塗られている立方体は，

上から2段目で，表面にある立方体。

大きな直方体の外側の面として青色が塗られている立方体は，

縦に8個並んだ立方体が2組と，

横に6個並んだ立方体が2組で，

$(8 + 6) \times 2 = 28$（個）だが，これは高さの辺上にある4個の立方体を2回ずつ数えているので，

$28 - 4 = 24$（個）

くりぬいた内側の面として青色が塗られている立方体のうち，左右の面が塗られているものは反対側の面が外側で塗られているので考えない。

前後の面が塗られているものは，

前後に4個ずつで，$4 \times 2 = 8$（個）

よって，青色だけ塗られている立方体は，

$24 + 8 = 32$（個）

答　(1) 8（個）　(2) 4（個）　(3) 24（個）　(4) 32（個）

25 (1)　下から1段目，2段目，3段目とし，それぞれの方向からみたときに立方体が見えない部分を×として，真上から見た図に印を書き込むと，次図aのようになる。

色をつけた部分が立方体のない部分で，それ以外にすべて立方体がある場合が体積が最も大きくなる。

立方体1個の体積が $1 \, \text{cm}^3$ なので，

$1 \times (8 + 8 + 4) = 20 \, (\text{cm}^3)$

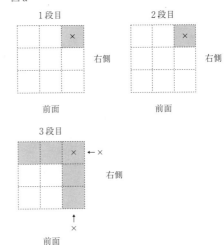
図a

(2)　(1)と同様に考えると，次図bより，

$1 \times (3 + 7 + 3) = 13 \, (\text{cm}^3)$

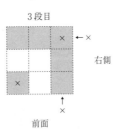
図b

答　(1) 20（cm^3）　(2) 13（cm^3）

26　等しい辺の長さが,

12 ÷ 2 = 6 (cm)の直角二等辺三角形 AMN を底面

とする高さ 12cm の三角すいができる。

底面積は, 6 × 6 ÷ 2 = 18 (cm²)なので,

求める体積は, 18 × 12 ÷ 3 = 72 (cm³)

答 72

27(1)　底面の円の周の長さは,

2 × 2 × 3.14 = 12.56 (cm)で,

これは側面となるおうぎ形の曲線部分の長さと等

しい。

12.56cm は半径 6 cm の円の周の長さの,

$12.56 ÷ (2 × 6 × 3.14) = \dfrac{1}{3}$

よって, 角 x の大きさは, $360° × \dfrac{1}{3} = 120°$

(2)　底面積は,

2 × 2 × 3.14 = 4 × 3.14 (cm²)で,

側面積は,

$6 × 6 × 3.14 × \dfrac{120}{360} = 12 × 3.14$ (cm²)

よって, 求める表面積は,

4 × 3.14 + 12 × 3.14 = 50.24 (cm²)

答 (1) 120°　(2) 50.24 (cm²)

28(1)　RE と QP が平行より, 点 P と点 Q の高さの差

は, 点 R と点 E の高さの差である 3 cm と等しい。

よって, GQ = 1 + 3 = 4 (cm)

(2)　展開図に各頂点の記号と平行四辺形 EPQR の

辺を書き入れると, 次図 a のようになる。

よって, 正しく記入されているのは(エ)。

図 a

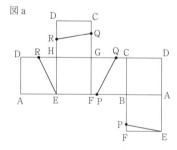

(3)①　次図 b のように,

点 F をふくむ立体は, 底面が正方形 EFGH で,

高さが 4 cm の直方体 TUQS—EFGH を 2 等

分したものとなる。

よって, 求める体積は,

6 × 6 × 4 ÷ 2 = 72 (cm³)

②　2 つの立体で,

切断面と上下の面はそれぞれ等しいので,

表面積の差は側面積の差と等しくなる。

これは, 図 b の長方形 ATUB の面積の 4 倍だ

から, (6 − 4) × 6 × 4 = 48 (cm²)

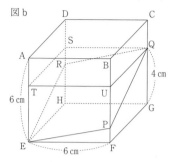

図 b

答 (1) 4 (cm)　(2) (エ)

(3) ① 72 (cm³)　② 48 (cm²)

29　立方体 X を上から 1 段目, 2 段目, 3 段目にわけ

て考えると, 切り口は次図 a のようになり,

各段の上側の切り口の線を直線, 下側の切り口の線

を点線でかくと, 次図 b のようになる。

よって, 上から 1 段目の切り口の三角形は黒,

上から 2 段目の切り口の三角形は左から順に黒,

白, 黒,

上から 3 段目の切り口の三角形は左から順に黒, 白,

黒, 白, 黒となるから,

求める答えは, ①。

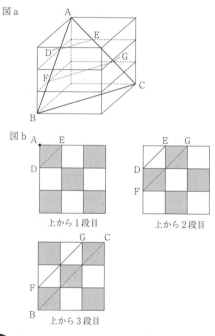

図 a

図 b

上から 1 段目　　　上から 2 段目

上から 3 段目

答 ①

30 (1) 底面が三角形 ABC で高さが 10cm の三角すい
なので，$6 \times 8 \div 2 \times 10 \div 3 = 80$ (cm³)

(2) 底面が，たて 5cm，横 6cm の長方形で，
高さが 8cm の四角すいなので，
$5 \times 6 \times 8 \div 3 = 80$ (cm³)

(3) 切断した図形は次図のようになり，
三角形 OFP と三角形 OAQ は合同なので，
AQ = FP = 2cm で，DQ = 10 − 2 = 8 (cm)
求める体積は，底面が台形 DFPQ で高さが 8cm
の四角すいだから，
$(2 + 8) \times 6 \div 2 \times 8 \div 3 = 80$ (cm³)

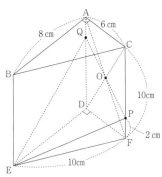

答 (1) 80 (cm³) (2) 80 (cm³) (3) 80 (cm³)

31 切り口は右図の太線
AFKI になり，K は辺 CG
の真ん中の点である。
図のように，AI の延長線
と BC の延長線と FK の
延長線は 1 点 L で交わる。

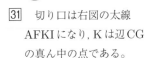

三角形 ICL は三角形 ABL の縮図で，
BL : CL = AB : IC = 2 : 1 だから，
BC : CL = 1 : 1 より，
CL = 1cm，BL = 1 × 2 = 2 (cm)
よって，点 C を含む方の立体の体積は，
三角すい L—ABF の体積から三角すい L—ICK の
体積をひいて，
$1 \times 2 \div 2 \times 2 \div 3 - \frac{1}{2} \times 1 \div 2 \times 1 \div 3$
$= \frac{7}{12}$ (cm³)
他方の立体の体積は，
$1 \times 1 \times 2 - \frac{7}{12} = \frac{17}{12}$ (cm³) だから，
点 C を含む方の立体の体積は，
他方の立体の体積の，$\frac{7}{12} \div \frac{17}{12} = \frac{7}{17}$ (倍)

答 $\frac{7}{17}$

32 (1) 切り口は次図 I のようになるので，点 C を含む
立体は図 I のかげをつけた四角すいになる。
底面を ACFD とすると，高さは BC だから，
体積は，$2 \times 4 \times 3 \div 3 = 8$ (cm³)

(2) 3 点 A，D，F をすべて含む立体は次図 II のかげ
をつけた三角すいになる。
AE と BD が交わる点を G，AF の真ん中の点を
H とすると，三角形 AGH は三角形 AEF の縮図
になるから，GH は G から三角形 ADF に垂直に
ひいた線となる。
よって，かげをつけた三角すいで，底面を三角形
AFD としたときの高さは GH となる。
GH : EF = AH : AF = 1 : 2 だから，
$GH = 3 \times \frac{1}{2} = \frac{3}{2}$ (cm)
よって，求める立体の体積は，
$2 \times 4 \div 2 \times \frac{3}{2} \div 3 = 2$ (cm³)

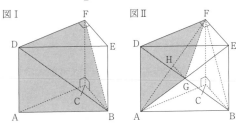

答 (1) 8 (cm³) (2) 2 (cm³)

33 できる立体は，底面が半径 4cm の円で，
高さが 3cm の円柱。
この円柱の底面積は，
$4 \times 4 \times 3.14 = 16 \times 3.14$ (cm²) なので，
体積は，$16 \times 3.14 \times 3 = 150.72$ (cm³)
この円柱の側面は長方形で，底面の円の周の長さが，
$4 \times 2 \times 3.14 = 8 \times 3.14$ (cm) なので，
側面積は，$8 \times 3.14 \times 3 = 24 \times 3.14$ (cm²)
よって，できる円柱の表面積は，
$16 \times 3.14 \times 2 + 24 \times 3.14 = 175.84$ (cm²)

答 ア．150.72 イ．175.84

34　半径が 4 cm，高さが 5 cm の円柱から，

半径が 2 cm の円柱 3 つを取り除いた立体ができる。

半径が 2 cm の円柱 3 つを合わせた高さは，

$5 - (1.5 + 0.5) = 3$ (cm)

よって，求める体積は，

$4 × 4 × 3.14 × 5 - 2 × 2 × 3.14 × 3$

$= 213.52$ (cm³)

答　213.52

35 (1)　できる立体は，底面が半径 3 cm の円で，

高さが 4 cm の円柱になるので，

その体積は，

$3 × 3 × 3.14 × 4 = 36 × 3.14 = 113.04$ (cm³)

(2)　できる立体は，

底面が半径，$3 + 3 = 6$ (cm) の円で，高さが 4 cm

の円柱①から，底面が半径 3 cm の円で，高さが

4 cm の円柱②をくりぬいた立体。

円柱①の体積は，

$6 × 6 × 3.14 × 4 = 144 × 3.14$ (cm³) で，

円柱②の体積は $(36 × 3.14)$ cm³ なので，

できる立体の体積は，

$144 × 3.14 - 36 × 3.14 = 339.12$ (cm³)

(3)　次図 a のように，各点を A〜E とし，

三角形 ABC の辺 AB をのばして直線 X との交点

を F とする。

四角形 ADCE は長方形なので，

$AE = DC = 3$ cm，$EC = AD = 4$ cm

また，AE と BC が平行より，

三角形 FAE は三角形 FBC の縮図で，

$FE : FC = EA : CB = 3 : (3 + 3) = 1 : 2$ なので，

$FE = 4 × \dfrac{1}{2 - 1} = 4$ (cm)，

$FC = 4 + 4 = 8$ (cm)

できる立体は，次図 b のように，

底面が半径 6 cm の円で，高さが 8 cm の円すい③

から，底面が半径 3 cm の円で，高さが 4 cm の円

すい④を 2 個取った立体。

円すい③の体積は，

$6 × 6 × 3.14 × 8 ÷ 3 = 96 × 3.14$ (cm³) で，

円すい④の体積が，

$3 × 3 × 3.14 × 4 ÷ 3 = 12 × 3.14$ (cm³) なので，

できる立体の体積は，

$96 × 3.14 - 12 × 3.14 × 2 = 226.08$ (cm³)

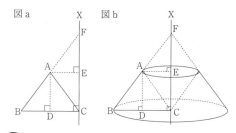

答　(1) 113.04 (cm³)　(2) 339.12 (cm³)

(3) 226.08 (cm³)

9. 文 章 題

★問題 P. 124〜131 ★

1 小さい方の整数に 15 を加えると大きい方の整数
と同じになるので,
大きい方の整数の 2 倍は,73 + 15 = 88
よって,大きい方の整数は,88 ÷ 2 = 44
答 44

2 国語と算数の合計点は,83 × 2 = 166(点)
算数は国語より 16 点高いので,
算数の点数は,(166 + 16) ÷ 2 = 91(点)
答 91

3 まん中の偶数は,78 ÷ 3 = 26 だから,
求める偶数は,26 − 2 = 24
答 24

4 (1148 − 1 − 2 − 3 − 4 − 5 − 6) ÷ 7 = 161
答 161

5 (80 − 12 + 4) ÷ 3 = 24(問)
答 24(問)

6 A さんは C さんより,
200 + 300 = 500(円)多く持っている。
よって,A さんの所持金は,
(3200 + 200 + 500) ÷ 3 = 1300(円)
答 1300(円)

7 お金を渡す前の A さんのお金は,
同じになった残金よりも,
40 + 250 = 290(円)少なく,
お金を渡す前の B さんのお金は,
同じになった残金よりも 40 円多いから,
お菓子は飲み物よりも,290 + 40 = 330(円)高い。
したがって,お菓子の金額は,
(3010 + 330) ÷ 2 = 1670(円)
また,お金を渡す前の C さんのお金は,
同じになった残金よりも 250 円多いから,
お菓子はカードよりも,290 + 250 = 540(円)高い。
したがって,カードの代金は,
1670 − 540 = 1130(円)
答 1130(円)

8 みかんを,3 + 1 = 4(個)買うと,
280 − 40 = 240(円)
よって,みかん 1 個の値段は,240 ÷ 4 = 60(円)
答 60(円)

9 サンドウィッチ 2 個の代金は,
メロンパン,2 × 2 = 4(個)の代金と等しいから,
メロンパン 1 個の値段は,
1050 ÷ (3 + 4) = 150(円)
答 150

10 ケーキ,3 × 3 = 9(個)とプリン,2 × 3 = 6(個)
を買うと,3080 × 3 = 9240(円)
よって,ケーキ,9 − 4 = 5(個)の値段は,
9240 − 5040 = 4200(円)だから,
ケーキ 1 個の値段は,4200 ÷ 5 = 840(円)
これより,プリン 2 個の値段は,
3080 − 840 × 3 = 560(円)だから,
プリン 1 個の値段は,560 ÷ 2 = 280(円)
答 (ケーキ)840(円) (プリン)280(円)

11 ノート 2 冊とえんぴつ 1 本と消しゴム 1 個を買う
と,160 + 135 = 295(円)
よって,
ノート 2 冊の代金は,295 − 115 = 180(円)で,
求める金額は,200 − 180 ÷ 2 = 110(円)
答 110(円)

12 (1) A と B の和,B と C の和,C と A の和をすべ
て加えると,65 + 76 + 103 = 244
これは A と B と C を 2 回ずつたしたものなので,
A と B と C の和は,244 ÷ 2 = 122
(2) 2 つの数の和で最大のものは,
C と A の和の 103 なので,
A,B,C のうち 1 番小さい整数は B で,
122 − 103 = 19
同様に,2 つの数の和で最小のものは,
A と B の和の 65 なので,
A,B,C のうち 1 番大きい整数は C で,
122 − 65 = 57
よって,A,B,C のうち,
1 番小さい整数と 1 番大きい整数の差は,
57 − 19 = 38
答 (1) 122 (2) 38

13　大人 2 人と子ども 1 人が休日に行くと，

入場料の合計は，

7500 × 1.1 = 8250（円）になるから，

大人，2 × 5 = 10（人）と子ども，

1 × 5 = 5（人）が休日に行くと，

入場料の合計は，8250 × 5 = 41250（円）

大人 10 人と子ども 4 人が休日に行くと，

入場料の合計は 39600 円だから，

子ども，5 − 4 = 1（人）の休日の入館料は，

41250 − 39600 = 1650（円）

これより，休日の大人 2 人の入館料の合計は，

8250 − 1650 = 6600（円）だから，

休日の大人 1 人の入館料は，6600 ÷ 2 = 3300（円）

答　（大人）3300（円）　（子ども）1650（円）

14　1 人に 4 本ずつ配る場合と，6 本ずつ配る場合に

必要なペンの本数の差は，12 + 2 = 14（本）

これらの場合に 1 人に配るペンの本数の差は，

6 − 4 = 2（本）なので，

子どもの人数は，14 ÷ 2 = 7（人）

答　7 人

15　生徒の人数は，(49 + 19) ÷ (8 − 6) = 34（人）

よって，折り紙は，34 × 6 + 19 = 223（枚）

答　223（枚）

16　1 つのいすに 5 人ずつすわるときと 7 人ずつすわ

るときとですわることのできる人数の差は，

26 − 2 = 24（人）

よって，いすの数は，24 ÷ (7 − 5) = 12（脚）

生徒の人数は，5 × 12 + 26 = 86（人）

答　ア．12　イ．86

17　10 枚ずつ配ると，10 × 3 − 4 = 26（枚）たりない。

したがって，6 枚ずつ配るのと 10 枚ずつ配るのと

では，42 + 26 = 68（枚）の差ができる。

よって，

子どもの人数は，68 ÷ (10 − 6) = 17（人）で，

色紙の枚数は，6 × 17 + 42 = 144（枚）

答　144

18　1 台の長いすに 5 人ずつ座ると，

あと，5 − 3 + 5 × 2 = 12（人）座ることができる。

1 台の長いすに 4 人ずつ座ると 7 人が座れないから，

1 台の長いすに座る人数の差が，

5 − 4 = 1（人）のとき，

すべての長いすに座ることができる人数の差は，

7 + 12 = 19（人）

よって，長いすは，19 ÷ 1 = 19（台）

6 年生の人数は，4 × 19 + 7 = 83（人）

答　83（人）

19　子どもが 10 人増えていなければ，5 本ずつ配った

とき，5 × 10 + 35 = 85（本）余ることになる。

したがって，最初にいた子どもの人数は，

(8 + 85) ÷ (8 − 5) = 31（人）

よって，えんぴつの本数は，8 × 31 − 8 = 240（本）

答　240

20　買う予定だったペン 5 本の代金と，

買ったペン 5 本の代金を比べると，

買ったペン 5 本の代金は所持金より，

100 × 5 − 120 = 380（円）安いことになる。

よって，買ったペン 2 本と消しゴム 1 個の代金が

380 円になるから，買ったペン 1 本の値段は，

(380 − 60) ÷ 2 = 160（円）

よって，買う予定だったペン 1 本の値段は，

160 + 100 = 260（円）

答　260

21　B さんと C さんの差は，

500 + 200 + 200 = 900（円）なので，

タクシー代は飲み物の代金より 900 円高い。

よって，おかしの代金は飲み物の代金の 4 倍より

900 円高く，

その差が，500 + 500 + 200 = 1200（円）だから，

飲み物の代金は，(1200 − 900) ÷ (4 − 1) = 100（円）

したがって，おかしの代金は，

100 × 4 + 900 = 1300（円）

答　1300（円）

22　旅行後に 1 日に 14 問ずつ解いたときと 1 日に 12

問ずつ解いたときで，

解いた問題の差が 16 問になっているので，

旅行後に問題を解いた日数は，

16 ÷ (14 − 12) = 8（日）

1 日に 14 問ずつ解くのを 8 日続けると，

14 × 8 = 112（問）解くことになる。

これより，

旅行前に解いた問題数は，248 − 112 = 136（問）

旅行前は 1 日に 8 問ずつ解いていたので，

旅行前に問題を解いた日数は，136 ÷ 8 = 17（日）

よって，旅行に行っていたのは，

31 − (8 + 17) = 6（日間）

答　6（日間）

23 (1)　みかんを 18 個買うと実際の金額と，

570 − 18 × 27 = 84 (円)ちがう。

よって，買ったりんごの個数は，

84 ÷ (25 − 18) = 12 (個)

(2)　ガムを 15 個買ったとすると，

実際より，590 − 30 × 15 = 140 (円)少なくなる。

よって，クッキーの個数は，

140 ÷ (50 − 30) = 7 (個)

答　(1) 12 (個)　(2) 7

24　15 個すべてがみかんだとすると，

代金は，80 × 15 = 1200 (円)で，

実際よりも，1600 − 1200 = 400 (円)低い。

みかんを 1 個減らし，りんごを 1 個増やすと，

代金は，130 − 80 = 50 (円)高くなる。

よって，りんごの個数は，400 ÷ 50 = 8 (個)，

みかんの個数は，15 − 8 = 7 (個)

答　(みかん) 7 (個)　(りんご) 8 (個)

25　容器が満水のときの水の量を 1 とすると，

給水管は 1 分間に，$1 ÷ 30 = \dfrac{1}{30}$ の水を入れて，

排水管は 1 分間に，$1 ÷ 40 = \dfrac{1}{40}$ の水を出すので，

給水管と排水管を同時に使うと 1 分間で，

$\dfrac{1}{30} − \dfrac{1}{40} = \dfrac{1}{120}$ の水がたまる。

給水管だけで 39 分間水を入れると，

$\dfrac{1}{30} × 39 − 1 = \dfrac{3}{10}$ の水が余分に入るから，

配水管を閉じたのは，

$\dfrac{3}{10} ÷ \left(\dfrac{1}{30} − \dfrac{1}{120} \right) = \dfrac{3}{10} ÷ \dfrac{1}{40} = 12$ (分後)

答　12 (分後)

26　定価の 1 割引きの値段は，

250 × (1 − 0.1) = 225 (円)なので，

1 個あたりの利益は，225 − 180 = 45 (円)

したがって，15 時以降に売れた数を 1 とすると，

(250 − 180) × 1.5 + 45 × 1 = 150 が，

6900 円にあたる。

よって，15 時以降に売れたのは，

6900 ÷ 150 = 46 (個)で，

15 時までに売れたのは，46 × 1.5 = 69 (個)

答　69 (個)

27 (1)　国語の問題集の買い方は 4 通り。

算数と理科は 3 通りずつの買い方があるので，

4 × 3 × 3 = 36 (通り)

(2)　500 円玉を使わないときは，

50 × 2 + 100 × 2 = 300 (円)

500 円玉を 1 枚使うときは，

50 × 2 + 100 × 1 + 500 × 1 = 700 (円)か，

50 × 1 + 100 × 2 + 500 × 1 = 750 (円)

500 円玉を 2 使うときは，

50 × 2 + 500 × 2 = 1100 (円)か，

50 × 1 + 100 × 1 + 500 × 2 = 1150 (円)か，

100 × 2 + 500 × 2 = 1200 (円)

(3)　500 円玉 2 枚をのぞくと，

20 − 2 = 18 (枚)の合計金額は，

4400 − 500 × 2 = 3400 (円)

このとき，

100 円玉と 500 円玉の枚数は同じなので，

600 円と 50 円で 3400 円になるように考えると，

3400 ÷ 600 = 5 あまり 400，400 ÷ 50 = 8 より，

50 円玉が 8 枚，100 円玉と 500 円玉が，

(18 − 8) ÷ 2 = 5 (枚)ずつと分かる。

よって，

50 円玉が 8 枚，100 円玉が 5 枚，500 円玉が 7 枚。

答　(1) 36 (通り)

(2) 300 円，700 円，750 円，1100 円，1150 円，

1200 円

(3) 8 (枚)

28 (1)　180 − 150 = 30 (円)，

230 − 200 = 30 (円)より，

みかんもりんごも 30 円ずつ値上がりしている。

先月と今月の合計金額の差は，

6840 − 6300 = 540 (円)なので，

買ったみかんとりんごの個数の和は，

540 ÷ 30 = 18 (個)

よって，先月買ったももの個数は，

31 − 18 = 13 (個)

(2)　先月のみかんとりんごの合計金額は，

6300 − 250 × 13 = 3050 (円)

18 個ともりんごを買うと合計金額は，

200 × 18 = 3600 (円)で，

実際より，3600 − 3050 = 550 (円)多い。

りんごの代わりにみかんを 1 個買うごとに合計金

額は，200 − 150 = 50 (円)少なくなるので，

先月買ったみかんの個数は，550 ÷ 50 = 11 (個)

答　(1) 13 (個)　(2) 11 (個)

29　Aだけできた児童は，19 − 11 = 8（人）で，
　　Bだけできた児童は，23 − 11 = 12（人）
　　よって，全児童数は，8 + 12 + 11 + 4 = 35（人）
　答 35

30　全体の，100 − 11 = 89（%）はカレーかハンバー
　　グの少なくともどちらかが好きな人だから，
　　カレーもハンバーグも好きな人は，
　　全体の，72 + 86 − 89 = 69（%）
　　よって，その人数は，500 × 0.69 = 345（人）
　答 345（人）

31(1)　A，Bの両方を受けた生徒は全体の，
　　　80 × 0.68 = 54.4（%）
　(2)　A，Bの両方を受けた生徒はBを受けた生徒の
　　　85 %だから，
　　　Bを受けた生徒は全体の，54.4 ÷ 0.85 = 64（%）
　(3)　Bだけ受けた生徒は全体の，
　　　64 − 54.4 = 9.6（%）
　　　よって，
　　　この中学校の生徒は，36 ÷ 0.096 = 375（人）
　　　Aを受けた生徒は，375 × 0.8 = 300（人）だから，
　　　AもBも受けていない生徒は，
　　　375 − (300 + 36) = 39（人）
　答 (1) 54.4（%）　(2) 64（%）
　　　(3)（中学校の生徒）375（人）
　　　　（AもBも受けていない生徒）39（人）

32(1)　野菜が好きな人数を1とする。
　　　両方とも好きな人数は，$1 × \frac{9}{41} = \frac{9}{41}$ なので，
　　　野菜だけ好きな人数は，$1 − \frac{9}{41} = \frac{32}{41}$
　　　よって，求める比は，$\frac{9}{41} : \frac{32}{41} = 9 : 32$
　(2)　肉が好きな人数を1とすると，
　　　両方とも好きな人数と肉だけが好きな人数の比は，
　　　$\frac{1}{7} : \frac{6}{7} = 1 : 6$
　　　両方とも好きな人数の比を9にそろえると，
　　　（両方とも好きな人数）:（野菜だけが好きな人数）
　　　　　:（肉だけが好きな人数）
　　　= 9 : 32 : 54
　　　比の，9 + 32 + 54 = 95 が380人にあたるので，
　　　比の1にあたる人数は，380 ÷ 95 = 4（人）
　　　よって，求める人数は，4 × 9 = 36（人）
　答 (1) 9 : 32　(2) 36（人）

33　三角形の紙は，315 − 111 = 204（枚）なので，
　　青色の三角形の紙は，204 − 109 = 95（枚）
　　よって，青色の四角形の紙は，120 − 95 = 25（枚）
　答 25（枚）

34(1)　　　年後に年れいの比が3 : 2になるとして
　　　線分図に表すと次図のようになる。
　　　比の，3 − 2 = 1 が，
　　　12 − 5 = 7（才）にあたることが分かる。
　　　よって，
　　　Aさんが，7 × 3 = 21（才）になるときなので，
　　　21 − 12 = 9（年後）

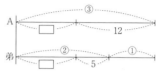

　(2)　　　年前に2人の年れい比が2 : 3であった
　　　として線分図に表すと次図のようになり，
　　　この比の，3 − 2 = 1 が，
　　　15 − 12 = 3（才）にあたる。
　　　よって，Aさんが，3 × 2 = 6（才）のときなので，
　　　12 − 6 = 6（年前）

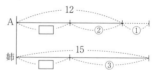

　答 (1) 9　(2) 6

35　年れいの比が，母 : 子 = 2 : 1になるときなので，
　　年の差は変わらないことから，
　　母が，(41 − 13) × 2 = 56（才）のときで，
　　56 − 41 = 15（年後）
　答 15（年後）

36　いまの子ども3人の年れいの和は，
　　6 + 10 + 12 = 28（さい）で，父の年れいより，
　　40 − 28 = 12（さい）少ない。
　　1年で父の年れいは1さい増え，
　　3人の子どもの年れいの和は3さい増えるので，
　　この差は1年で，3 − 1 = 2（さい）小さくなる。
　　よって，3人の子どもの年れいの合計が父の年れい
　　と等しくなるのは，12 ÷ 2 = 6（年後）
　答 6（年後）

37 (1) 現在の姉と弟の年れいの和は,
17 + 13 = 30 (才)
父の年れいと姉と弟の年れいの和との差は,
1 年に, 2 - 1 = 1 (才)ずつ縮まるから,
父の年れいと, 姉と弟の年れいの和が等しくなる
のは, (48 - 30) ÷ 1 = 18 (年後)
(2) 父と母の年れいの和は,
$30 \times \frac{16}{5} = 96$ (才)だから,
母の年れいは, 96 - 48 = 48 (才)
答 (1) 18 (年後) (2) 48 (才)

38 父, 私, 弟の 3 人それぞれについて,
5 年前の年令と 17 年後の年令の差は,
5 + 17 = 22 (才)
17 年後に私と弟の年令の和が父の年令と等しくなる
から, 5 年前の私と弟の年令の和と父の年令との差
は, 22 × (2 - 1) = 22 (才)
5 年前の私と弟の年令の和は父の年令の $\frac{1}{3}$ だから,
このとき父の年令は, $22 \div \left(1 - \frac{1}{3}\right) = 33$ (才)
よって, 現在の父の年令は, 33 + 5 = 38 (才)
答 38 (才)

39 木と木の間は, 480 ÷ 24 = 20 (か所)
両はしにも木を植えたので,
植えた木の本数は, 20 + 1 = 21 (本)
答 21 (本)

40 大通りに電灯を 17 本立てた場合,
電灯と電灯の間は, 17 - 1 = 16 (か所)なので,
この大通りの長さは, 5 × 16 = 80 (m)
池の周りに電灯を 25 本立てた場合,
電灯と電灯の間は 25 か所になるので,
電灯を立てる間隔は, 200 ÷ 25 = 8 (m)
答 (順に) 80, 8

41 池の周りに 5 m 間隔で木を植えるときと 3 m 間隔
で木を植えるときでは, 必要な木の本数の比は,
(1 ÷ 5) : (1 ÷ 3) = 3 : 5 で, その差は 50 本になる。
よって, 5 m 間隔で植えるときに必要な木の本数は,
$50 \times \frac{3}{5 - 3} = 75$ (本)
池のまわりの長さは, 5 × 75 = 375 (m)
答 375

42 開園までの, 9 時 - 8 時 30 分 = 30 分に並んだ人
は, 6 × 30 = 180 (人)
1 つの窓口で販売したとき,
行列は 1 分間に, 180 ÷ 30 = 6 (人)減るので,
1 つの窓口で 1 分間にチケットを売る人数は,
6 + 6 = 12 (人)
3 つの窓口でチケットを販売すると,
1 分間に, 12 × 3 = 36 (人)にチケットを販売する
ことができるので,
行列は 1 分間に, 36 - 6 = 30 (人)減る。
よって, 行列がなくなるまでの時間は,
180 ÷ 30 = 6 (分)
答 6 (分)

43 (1) (初めに生えている草の量)
+ (1 日に生える草の量) × 80
= 1 × 25 × 80 = 2000 で,
(初めに生えている草の量)
+ (1 日に生える草の量) × 20
= 1 × 40 × 20 = 800
したがって, 1 日に生える草の量の,
80 - 20 = 60 倍が, 2000 - 800 = 1200
よって, 求める量は, 1200 ÷ 60 = 20
(2) 初めに生えている草の量は,
2000 - 20 × 80 = 400
30 頭の牛では 1 日あたり,
1 × 30 - 20 = 10 ずつ草の量が少なくなって
いく。
よって, 求める日数は, 400 ÷ 10 = 40 (日)
(3) 小屋に入れられた 10 頭の牛が食べる予定であっ
た草の量は, 1 × 10 × (22 - 7) = 150
したがって, 小屋に入れなければ 22 日間に,
400 + 20 × 22 + 150 = 990 の草を食べたこと
になる。
よって, 求める牛の数は, 990 ÷ 22 = 45 (頭)
答 (1) 20 (2) 40 (日) (3) 45 (頭)

44(2)　この時点で1位のAと2位のBの得票数の差

は，52 － 40 ＝ 12（票）

よって，残りの15票のうち，

Aが単独1位で当選するのに必要な票は，

（15 － 12）÷ 2 ＝ 1 あまり 1 より，

1 ＋ 1 ＝ 2（票）

(3)　この時点で3位のCと4位のDの得票数の差

は，31 － 21 ＝ 10（票）

よって，残りの15票のうち，

Dが確実に当選するのに必要な票は，

（15 － 10）÷ 2 ＝ 2 あまり 1 より，

2 ＋ 1 ＋ 10 ＝ 13（票）

答　(1)（理由）この時点で4位のDが残りの15票

をすべてとった場合の得票数は，21 ＋ 15 ＝

36（票）　AとBの得票数はこれを上回ってい

るので，当選が確実である。

（答え）AとB

(2) 2（票）　(3) 13（票）

45(1)　1000円で買うことができるふくろは，

1000 ÷ 10 ＝ 100（個）で，

100枚のひきかえ券が手に入る。

これが全部使える場合，

もらえるふくろは，100 ÷ 5 ＝ 20（個）で，

20枚のひきかえ券が新たに手に入る。

さらに，これが全部使える場合，

もらえるふくろは，20 ÷ 5 ＝ 4（個）で，

このとき，ひきかえ券は4枚になるので，

これ以上ふくろをもらうことはできない。

よって，

手に入れられるおかしは，もっとも多くて，

100 ＋ 20 ＋ 4 ＝ 124（個）

(2)　1000円でふくろを100個買うと，

100枚のひきかえ券が手に入る。

ここからふくろを1個もらうごとに，ひきかえ券

を5枚使い，新たに1枚手に入れられるので，

ひきかえ券は，5 － 1 ＝ 4（枚）減る。

ひきかえ券が16枚残ったとき，

100枚のひきかえ券から，

100 － 16 ＝ 84（枚）減っているので，

ひきかえ券でもらったふくろは，84 ÷ 4 ＝ 21（個）

よって，このとき，手に入れられたおかしは，

100 ＋ 21 ＝ 121（個）

答　(1) 124（個）　(2) 121（個）

10.　規則性・推理の問題

★問題 P．132〜139 ★

1(1)　並んでいる文字を，（A，B，C，D，C，B，A），

（A，B，C，D，C，B，A），

（A，B，C，D，C，B，A），…のように分け，

順に1グループ，2グループ，3グループ，…と

する。

1つのグループには文字が7個あるから，

はじめから30番目の文字は，

30 ÷ 7 ＝ 4 余り 2 より，

5グループの2番目の文字となる。

よって，B。

(2)　はじめから50番目は，50 ÷ 7 ＝ 7 余り 1 より，

8グループの1番目になる。

7グループまでにAは，2 × 7 ＝ 14（個）あり，

8グループの1番目はAだから，

Aは全部で，14 ＋ 1 ＝ 15（個）

(3)　1つのグループにDは1個あるから，

はじめから数えて10番目のDは10グループに

あるDになる。

9グループまでに文字は，7 × 9 ＝ 63（個）あり，

Dはグループ内の4番目の文字だから，

はじめから数えて10番目のDは，

はじめから，63 ＋ 4 ＝ 67（番目）

答　(1) B　(2) 15（個）　(3) 67（番目）

2(1)　M，U，K，O，J，Y，Oの7つの文字がくり

返される。

よって，223 ÷ 7 ＝ 31 あまり 6 より，

223番目は7つの文字が31回くり返されたあと

の6番目だから，Y。

(2)　7つの文字の中にOは2個ふくまれる。

よって，158 ÷ 7 ＝ 22 あまり 4 より，

求める個数は，2 × 22 ＋ 1 ＝ 45（個）

(3)　41 ÷ 2 ＝ 20 あまり 1 より，

7つの文字が20回くり返されたあと，

M，U，K，O，Jと並べばよい。

つまり，7 × 20 ＋ 5 ＝ 145（個）の文字が並ぶ。

全体のまん中は左端から，

（145 ＋ 1）÷ 2 ＝ 73（番目）

よって，73 ÷ 7 ＝ 10 あまり 3 より，

求める文字は7つのうち3番目のK。

答　(1) Y　(2) 45（個）　(3) K

3 2 cm の辺が重なっている部分は,

全部で, 50 − 1 = 49 (か所)ある。

よって,

(2 + 3) × 2 × 50 − (2 + 2) × 49 = 304 (cm)

答 304

4 (1) 重なっている部分の面積は,

1 × 1 = 1 (cm²) なので, 1 枚増やすごとに,

3 × 3 − 1 = 8 (cm²)ずつ増える。

よって, 3 × 3 + 8 × (7 − 1) = 57 (cm²)

(2) 正方形の周の長さは, 3 × 4 = 12 (cm)で,

1 枚増やすごとに,

12 − 1 × 4 = 8 (cm)ずつ長くなる。

よって, (300 − 12) ÷ 8 = 36 より,

求める枚数は, 1 + 36 = 37 (枚)

答 (1) 57 (cm²) (2) 37 (枚)

5 (1) 7 × 4 − 4 = 24 (個)

(2) (2024 + 4) ÷ 4 = 507 (個)

答 (1) 24 (個) (2) 507 (個)

6 正方形を作るのに必要な石の個数は,

1 個目の正方形だけ 12 個で,

2 個目の正方形からは 8 個ずつになる。

よって, 正方形を 7 個作るのに必要な石の個数は,

12 + 8 × (7 − 1) = 60 (個)

答 60 (個)

7 (1) 1 番目の図形のマッチぼうは 4 本で,

これに 3 本加えるごとに,

2 番目, 3 番目, 4 番目, …の図形になっていく。

よって, 5 番目の図形に必要なマッチぼうは,

4 + 3 × (5 − 1) = 16 (本)

(2) 1 番目の図形にマッチぼうを,

100 − 4 = 96 (本)加えているので,

1 番目の図形の, 96 ÷ 3 = 32 だけ後の図形で,

1 + 32 = 33 (番目)

答 (1) 16 (本) (2) 33 (番目)

8 (1) 3 本のマッチ棒を使う右図の向きの

三角形が, 1 段は 1 個,

2 段は, 1 + 2 = 3 (個),

3 段は, 1 + 2 + 3 = 6 (個)あるので,

5 段は, 1 + 2 + 3 + 4 + 5 = 15 (個)

よって, 求める本数は, 15 × 3 = 45 (本)

(2) 前図の向きの三角形が, 10 段は 9 段より 10 個

多いから, 10 × 3 = 30 (本)

(3) 前図の向きの三角形が,

570 ÷ 3 = 190 (個)あるときなので,

□ 段とすると,

1 + 2 + 3 + … + □ = 190 だから,

(1 + □) × □ ÷ 2 = 190 より,

(1 + □) × □ = 380

よって, 20 × 19 = 380 だから, □ = 19 よ

り, 19 段。

答 (1) 45 (本) (2) 30 (本) (3) 19 (段)

9 (1) 正三角形の個数は, 1 番目が, 1 = 1 × 1 (個),

2 番目が, 1 + 3 = 4 = 2 × 2 (個),

3 番目が, 1 + 3 + 5 = 9 = 3 × 3 (個),

4 番目が, 1 + 3 + 5 + 7 = 16 = 4 × 4, …と

なっているので,

○番目は(○×○)個。

よって, 5 番目の図形に使われている正三角形は

合わせて, 5 × 5 = 25 (個)

(2) ▼の個数は, 1 番目が 0 個,

2 番目が 1 個,

3 番目が, 1 + 2 = 3 (個),

4 番目が, 1 + 2 + 3 = 6 (個), …となっていて,

○番目の図形では,

(○−1)番目の図形より(○−1)個多くなって

いる。

よって, 6 番目の図形と 7 番目の図形に使われて

いる▼の個数の差は 6 個。

(3) △の個数は, 1 番目が 1 個,

2 番目が, 1 + 2 = 3 (個),

3 番目が, 1 + 2 + 3 = 6 (個),

4 番目が, 1 + 2 + 3 + 4 = 10 (個), …となって

いて,

○番目の図形では,

1 から○までの整数の和になっているので,

100 番目の図形に使われている△の個数は,

(1 + 2 + 3 + … + 100)個。

1 から 100 までの整数は, 1 と 100, 2 と 99,

3 と 98, …, 50 と 51 と組にしていくと,

和が, 1 + 100 = 101 になる組が 50 組できる。

よって,

100 番目の図形に使われている△の個数は,

1 + 2 + 3 + … + 100 = 101 × 50 = 5050 (個)

答 (1) 25 (個) (2) 6 (個) (3) 5050 (個)

10 (1)　$1 + 2 + 3 + 4 + 5 + 6 = 21$（個）

(2)　連続した2数の和が19になるのは，

$9 + 10 = 19$ しかない。

一番下の段のボールの個数が何回目を表す数に等

しいので，10回目。

(3)　$1 + 2 + \cdots + 9 + 10 = 55$ より，

一番下の段のボールの個数は，

$10 + 2 = 12$（個）なので，12回目。

(4)　一番下の段のボールの個数が，

$21 + 2 = 23$（個）のときだから，23回目。

(5)　2023回目の上のボールの個数は，

$2023 - 2 = 2021$（回目）の全てのボールの個数に

等しい。

よって，2024回目と2021回目の全てのボールの

個数の差を求めればよいので，

$2022 + 2023 + 2024 = 6069$

答 (1) 21（個）　(2) 10（回目）　(3) 12（回目）

　　　(4) 23（回目）　(5) 6069

11 (1)　2番にあるオセロを裏がえすと次図a，

それから，1番にあるオセロを裏がえすと次図b，

最後に，8番にあるオセロを裏がえすと次図c の

ようになる。

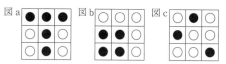

(2)　それぞれ5個のオセロが裏がえるので，

$5 \times 3 = 15$（回）

(3)　$1 \to 3 \to 5 \to 7 \to 9$ と裏がえすと，

順に，次図d～h のようになり，

すべてのオセロが黒色になる。

よって，奇数番号にあるオセロを，

$5 \times 2 = 10$（回）裏がえすと最初の状態になる。

したがって，$48 \div 10 = 4$ あまり8 より，

48回裏がえしたときの最後のオセロの状態は，

図fの白色と黒色が逆になったときで，次図i。

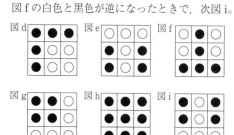

答 (1)（前図c）　(2) 15（回）　(3)（前図i）

12 (1)　右図Iのように3個で

きる。

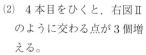
図I

(2)　4本目をひくと，右図II

のように交わる点が3個増

える。

よって，$3 + 3 = 6$（個）

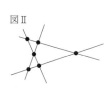
図II

(3)　5本目をひくと，交わる

点が4個増えるので，

$6 + 4 = 10$（個）

(4)　n 本目をひくと交わる点が $(n - 1)$ 個増える。

つまり，2本目のときは，$2 - 1 = 1$（個），

3本目ときは，$3 - 1 = 2$（個），

4本目のときは，$4 - 1 = 3$（個），…，

100本目のときは，$100 - 1 = 99$（個）増える。

よって，求める個数は，

$1 + 2 + 3 + \cdots + 99 = (1 + 99) \times 99 \div 2$

$= 4950$（個）

答 (1) 3（個）　(2) 6（個）　(3) 10（個）

　　　(4) 4950（個）

13 (1)　10円こう貨，50円こう貨，100円こう貨，500

円こう貨がちょうど1枚ずつになるときの貯金額

は，$10 + 50 + 100 + 500 = 660$（円）なので，

貯金を始めてから，$660 \div 10 = 66$（日目）

(2)　貯金を始めてから366日目の貯金額は，

$10 \times 366 = 3660$（円）なので，

500円こう貨は，

$3660 \div 500 = 7$ あまり160 より7枚。

100円こう貨は，

$160 \div 100 = 1$ あまり60 より1枚。

50円こう貨は，$60 \div 50 = 1$ あまり10 より1枚。

10円こう貨は，$10 \div 10 = 1$（枚）

(3)　10円こう貨は4枚まで，

50円こう貨は1枚まで，

100円こう貨は4枚まで貯めることができるので，

$7 - 4 - 1 = 2$ より，

こう貨の合計枚数がはじめて7枚になるのは，

10円こう貨が4枚，50円こう貨が1枚，

100円こう貨が2枚のとき。

このときの貯金額は，

$10 \times 4 + 50 \times 1 + 100 \times 2 = 290$（円）なので，

貯金を始めてから，$290 \div 10 = 29$（日目）

答 (1) 66（日目）

(2) (10円こう貨) 1 (枚)　(50円こう貨) 1 (枚)

　　(100円こう貨) 1 (枚)　(500円こう貨) 7 (枚)

(3) 29 (日目)

14 (1) $a + b = 158$, $b + c = 187$, $c + d = 201$,

　　$d + e = 212$ より,

　　$c - a = 187 - 158 = 29$,

　　$d - b = 201 - 187 = 14$,

　　$e - c = 212 - 201 = 11$

(2) a は 3 で割りきれる数で, a と b の和を 3 で割

　　ると, $158 ÷ 3 = 52$ 余り 2 だから,

　　b を 3 で割ったときの余りは 2。

　　また, b と c の和を 3 で割ると,

　　$187 ÷ 3 = 62$ 余り 1 だから,

　　c を 3 で割ったときの余りは, $1 + 3 - 2 = 2$

　　また, c と d の和を 3 で割ると,

　　$201 ÷ 3 = 67$ となるから,

　　d を 3 で割ったときの余りは, $3 - 2 = 1$

　　また, d と e の和を 3 で割ると,

　　$212 ÷ 3 = 70$ 余り 2 となるから,

　　e を 3 で割ったときの余りは, $2 - 1 = 1$

(3) d は 3 で割ると 1 余る数で,

　　c より大きく e より小さいから,

　　$201 ÷ 2 = 100.5$, $212 ÷ 2 = 106$ より,

　　101 以上 105 以下の整数。

　　これにあてはまる数は 103 しかないから, $d = 103$

　　よって, $e = 212 - 103 = 109$,

　　$c = 201 - 103 = 98$, $b = 187 - 98 = 89$,

　　$a = 158 - 89 = 69$

答 (1) ア. 29　イ. 14　ウ. 11

　　(2) エ. 2　オ. 2　カ. 1　キ. 1

　　(3) ($a =$) 69　($b =$) 89　($c =$) 98

　　　　($d =$) 103　($e =$) 109

15 (1) コインをたてに 10 行, よこに 11 列並べたこと

　　になる。

　　1 行目から 10 行目までそれぞれ 2 枚ずつ裏返す

　　ので, $2 × 10 = 20$ (枚)

(2) コインを 15 行, 16 列並べるので,

　　裏返すコインは, $2 × 15 = 30$ (枚)

　　よって,

　　表向きのコインは, $15 × 16 - 30 = 210$ (枚)

(3) 裏向きのコインをのぞいて表向きのコインだけ

　　を並べると, 列が 2 列減るので,

　　よこの枚数がたての枚数より 1 枚だけ少なくなる。

よって, $462 = 2 × 3 × 7 × 11 = 21 × 22$ より,

たての枚数は 22 枚。

(4) 1 つの行においても, 表向きのコインは裏向き

　　のコインの枚数の 15 倍になるので,

　　よこの枚数は, $2 × 15 + 2 = 32$ (枚)

答 (1) 20 (枚)　(2) 210 (枚)　(3) 22　(4) 32

16 (1) まず, 1 のカードを取り除き, 2 のカードを 1 番

　　下に移動させる。

　　次に, 3 のカードを取り除き, 4 のカードを 1 番

　　下に移動させる。

　　このように, 奇数のカードを取り除くと, 次の偶

　　数のカードが 1 番上にくる。

　　よって, 10 枚目の偶数だから, $2 × 10 = 20$

(2) 39 のカードを取り除き, 40 のカードを 1 番下

　　に移動させると,

　　奇数のカードはなくなり, 偶数のカードだけが小

　　さい順に残る。

　　よって, 2 のカード。

(3) 奇数のカードがなくなった後,

　　2, 6, 10, 14, 18, 22, 26, 30, 34, 38 のカー

　　トを取り除く。

　　次は, 4, 12, 20, 28, 36 のカードを取り除く。

　　さらに, 8, 24, 40 のカードを取り除くと,

　　上から 32, 16 のカードが残る。

　　よって, 次に 32 のカードを取り除くと,

　　最後に 16 のカードが残る。

答 (1) 20　(2) 2　(3) 16

17 (1)① 3 人の予想の差はそれぞれ 20, 12, 17 とな

　　　るので,

　　　B さんが 1 位, C さんが 2 位, A さんが 3 位。

　　② 3 人の予想の差はそれぞれ 4, 4, 33 となるの

　　　で, A さんと B さんが 1 位, C さんが 3 位。

(2) $(35 + 43) ÷ 2 = 39$ より,

　　当たりの数が 38 以下であればよい。

　　よって, 1 から 38 の 38 通り。

(3) $(43 + 72) ÷ 2 = 57.5$ より,

　　当たりの数は 57 以下。

　　また, $(35 + 72) ÷ 2 = 53.5$ より, 54 以上。

　　よって, 54, 55, 56, 57 の 4 通り。

(4) 予想の差は A さんが 7, B さんが 3 なので,

　　B さんが 1 位で, A さんは 2 位か 3 位となる。

　　C さんの予想の差が 4, 5, 6, 7 のいずれかであ

　　ればよいから,

27 − 7 = 20 から,

27 − 4 = 23 の 4 通りが考えられる。

また, 27 + 4 = 31 から,

27 + 7 = 34 の 4 通りも考えられる。

よって, 4 + 4 = 8 (通り)

答 (1) ① A. 3 (位)　B. 1 (位)　C. 2 (位)

　　　② A. 1 (位)　B. 1 (位)　C. 3 (位)

　　(2) 38 (通り)　(3) 4 (通り)　(4) 8 (通り)

18 4 人の順位を (1 位, 2 位, 3 位, 4 位) であらわす。

A が 1 位ではないので, C は 3 位か 4 位の 2 通り。

C が 3 位だと, A は 2 位で, B は 1 位,

D が 4 位となるから, (B, A, C, D) の 1 通り。

C が 4 位だと, A は 2 位と 3 位が考えられる。

C が 4 位で, A が 2 位だと,

1 位と 3 位は, B と D のどちらかとなるから,

(B, A, D, C), (D, A, B, C) の 2 通りあり,

C が 4 位で, A が 3 位だと,

1 位と 2 位は, B と D のどちらかとなるから,

(B, D, A, C), (D, B, A, C) の 2 通り。

よって全部で, 1 + 2 + 2 = 5 (通り)

このうち, B が 1 位になるのは, 3 通り。

答 ア. 5　イ. 3

19 (1) 「は」からゴールまでは, A の方向で 8 マス,

　　「に」の方向で 11 マスあるから,

　　2 回目と 3 回目が, (4, 4), (6, 5) の 2 通り。

　　1 回目は, 「は」に着けばよいので,

　　3 から 6 の 4 通りあるので,

　　求める場合の数は, 2 × 4 = 8 (通り)

(2)　1 回目を振ったあと「は」にいるので,

　　A の方向からゴールするのは,

　　残りの 3 回の目の出方が,

　　(1, 1, 6), (1, 2, 5), (1, 3, 4), (1, 4, 3),

　　(1, 5, 2), (1, 6, 1), (4, 1, 3), (4, 2, 2),

　　(4, 3, 1) の 9 通り。

　　「は」の方向からゴールするのは,

　　残りの 3 回の目の出方が,

　　(3, 2, 6), (3, 3, 5), (3, 4, 4), (3, 5, 3),

　　(3, 6, 2), (6, 1, 4), (6, 2, 3), (6, 3, 2),

　　(6, 4, 1) の 9 通り。

　　また, 2 回目に 2 か 5 が出て, 3 回目と 4 回目で

　　ゴールするときが (1) より 2 通りずつあるから,

　　求める場合の数は, 9 + 9 + 2 × 2 = 22 (通り)

(3)　(2) より, 1 回目が 3 から 6 のとき,

2 回目以降の目の出方は 22 通りなので,

22 × 4 = 88 (通り)

また, 1 回目が 2 のとき,

2 回目は 1 から 6 のどの目でも「は」にとまり,

3 回目と 4 回目でゴールに着く場合は (1) より 2 通

りあるから, 2 × 6 = 12 (通り)

さらに, 1 回目が 1 のとき,

2 回目が 1 だと 3 回目で「は」にとまり,

残り 1 回ではゴールできないので,

2 回目は 2 から 6 で, 3 回目と 4 回目でゴールに

着くから, 2 × 5 = 10 (通り)

したがって, 88 + 12 + 10 = 110 (通り)

答 (1) 8 (通り)　(2) 22 (通り)　(3) 110 (通り)

　　(4) (答え) 3 と 6

　　(理由) 出る目が 3 と 6 のとき, 「は」から「に」

　　の方向に 11 マスでゴールするが, どのような

　　組み合わせでもちょうど 11 にはならず, ゴー

　　ルすることができないから。

11. 場合の数

★問題 P. 140〜144 ★

1 千の位の数の選び方は 4 通り。

そのそれぞれについて，百の位の数の選び方は，

千の位で選んだ数を除いた 3 通り。

そのそれぞれについて，十の位の数の選び方は，

千の位と百の位で選んだ数を除いた 2 通り。

そのそれぞれについて，

一の位の数の選び方は残った 1 通り。

よって，全部で，$4 \times 3 \times 2 \times 1 = 24$（通り）

答 24（通り）

2 一の位が 0 のとき，百の位の数の決め方は 5 通り，

十の位の数の決め方は 4 通りなので，

$5 \times 4 = 20$（個）

また，一の位が 5 のとき，百の位の数の決め方は 4

通り，十の位の数の決め方は 4 通りなので，

$4 \times 4 = 16$（個）

よって，$20 + 16 = 36$（個）

答 36（個）

3 (1) 一万の位の数は 1〜6 のどれかで 6 通り。

千の位の数は 0〜6 のうち一万の位と異なる 6

通り。

百の位の数は 0〜6 のうち一万の位，千の位と異

なる 5 通り。

十の位の数は 0〜6 のうち一万の位，千の位，百

の位と異なる 4 通り。

一の位の数は，0〜6 のうち一万の位，千の位，百

の位，十の位と異なる 3 通り。

よって，できる整数は全部で，

$6 \times 6 \times 5 \times 4 \times 3 = 2160$（通り）

(2) できる奇数が何通りか求める。

一の位の数が 1，3，5 のどれかで 3 通り。

一万の位の数が 1〜6 のうち一の位と異なる 5

通り。

千の位の数は 0〜6 のうち一の位，一万の位と異

なる 5 通り。

以下，同様に百の位の数は 4 通り，

十の位の数は 3 通りあるので，

できる奇数は全部で，

$3 \times 5 \times 5 \times 4 \times 3 = 900$（通り）

よって，できる偶数は全部で，

$2160 - 900 = 1260$（通り）

答 (1) 2160（通り） (2) 1260（通り）

4 (1) 百の位が 1 から 5 までの 5 通り，

十の位が百の位以外の 4 通りあるので，

全部で，$5 \times 4 = 20$（通り）

(2) 一の位が 2 の整数は，

1 を 2 個使うときは 112 の 1 通り。

1 が 1 個以下の場合は，

百の位が 1，3，4，5 の 4 通り，

十の位が百の位以外の 3 通りだから，

$4 \times 3 = 12$（通り）となり，

合わせると，$1 + 12 = 13$（通り）

一の位が 3，4，5 のときも同様に 13 通りずつあ

るので，全部で，$20 + 13 \times 4 = 72$（通り）

(3) 一の位が 2 になる整数は 13 個あるので，

$2 \times 13 = 26$ より，6。

答 (1) 20（通り） (2) 72（通り） (3) 6

5 B が A から受け取ると，

C は D，D は E，E は C から受け取る場合と，

C は E，D は C，E は D から受け取る場合の 2 通り。

B が C から受け取ると，

C は A，D は E，E は D から受け取る場合と，

C は D，D は E，E は A から受け取る場合と，

C は E，D は A，E は D から受け取る場合の 3 通り。

B が D から受け取るときも，

B が E から受け取るときもそれぞれ 3 通りずつある。

よって，$2 + 3 \times 3 = 11$（通り）

答 11

6 A さんの数の千の位が 5 のとき，

A さんの数は 5331，5313，5133 の 3 通り。

B さんの数は大きい順に 4322，4232，4223，3422，

3242，3224，2432，2423，2342，2324，2243，2234

の 12 通りで，すべて A さんの数よりも小さい。

よって，A さんの数の千の位が 5 のとき，

A さんの数の方が大きくなるような 2 つの数の組は，

$3 \times 12 = 36$（通り）

また，A さんの数の千の位が 3 のとき，

A さんの数は 3531，3513，3351，3315，3153，3135

の 6 通り。

A さんの数の方が大きくなるのは，

A さんの数が 3531，3513 のとき，

B さんの数が 4322，4232，4223 以外の 9 通りずつ。

A さんの数が 3351，3315 のとき，

B さんの数が 4322，4232，4223，3422 以外の 8 通

りずつ。

Aさんの数が 3153, 3135 のとき,

Bさんの数が 2432, 2423, 2342, 2324, 2243, 2234

の6通りずつ。

Aさんの数の千の位が1のとき,

Aさんの数は最大でも 1533 なので,

Aさんの数の方が大きくなることはない。

よって,

Aさんの数の方が大きくなる2つの数の組は,

$36 + 2 \times 9 + 2 \times 8 + 2 \times 6 = 82$（通り）

答（順に）36, 82

7　3人の手がグー, チョキ, パーで分かれる場合は,

(A, B, C)=（グー, チョキ, パー），

（グー, パー, チョキ），（チョキ, グー, パー），

（チョキ, パー, グー），（パー, グー, チョキ），

（パー, チョキ, グー）の6通り。

3人の手が同じ場合は, グー, チョキ, パーの3通り。

よって, 全部で, $6 + 3 = 9$（通り）

答 9

8 (1) 縦線3本で分けられた左, または右の区画に横
線4本すべてを入れる場合はそれぞれ1通り。

左の区画に横線3本を入れる場合,

右の区画の横線1本を上から 1 cm, 2 cm, 3 cm,
4 cm のどの位置に入れるかを決めると, 自動的に
左の区画の3本の位置が決まる。

したがって, 左, または右の区画に横線3本を入
れる方法はそれぞれ4通り。

左の区画に横線2本を入れる位置は上から

(1 cm, 2 cm), (1 cm, 3 cm), (1 cm, 4 cm),

(2 cm, 3 cm), (2 cm, 4 cm), (3 cm, 4 cm) の

いずれか。

左の区画の横線2本の位置が決まると自動的に右
の区画の2本の横線の位置が決まるので6通り。

よって, $1 \times 2 + 4 \times 2 + 6 = 16$（通り）

(2) ①から④のボールそれぞれについて, A, Bの
2通りの選び方がある。

よって, $2 \times 2 \times 2 \times 2 = 16$（通り）

(3) 区画は3つできるから, 横線5本それぞれにつ
いて, 3通りの選び方がある。

よって, $3 \times 3 \times 3 \times 3 \times 3 = 243$（通り）

答 (1) 16（通り）　(2) 16（通り）　(3) 243（通り）

9 (1) (ア)から順に塗る色を決めていくと,

塗る色の選び方は, (ア)が4通り, (イ)が3通り,

(ウ)が2通り, (エ)が1通りなので,

塗り分ける方法は全部で,

$4 \times 3 \times 2 \times 1 = 24$（通り）

(2) 同じ色を塗ることができるのは,

(ア)と(ウ)か, (ア)と(エ)のみなので,

3色以上は使うことになる。

5色から4色を選んで塗り分ける方法は,

(1)と同様に考えると, $5 \times 4 \times 3 \times 2 = 120$（通り）

(ア)と(ウ)に同じ色を塗るとき,

5色から3色を選んで塗り分けるので,

$5 \times 4 \times 3 = 60$（通り）

(ア)と(エ)に同じ色を塗るときも同様に60通り。

よって, 全部で, $120 + 60 + 60 = 240$（通り）

答 (1) 24（通り）　(2) 240（通り）

10　(3 g, 2 g, 1 g) の順に個数を表すと,

(2, 1, 0), (2, 0, 2), (1, 2, 1), (1, 1, 3),

(1, 0, 5), (0, 4, 0), (0, 3, 2), (0, 2, 4),

(0, 1, 6), (0, 0, 8) の10通り。

答 10（通り）

11 (1) 100円玉を1枚使うとき,

(50円玉, 10円玉)=(3枚, 2枚), (2枚, 7枚),

(1枚, 12枚), (0枚, 17枚) の4通り。

また, 100円玉を2枚使うとき,

(50円玉, 10円玉)=(1枚, 2枚), (0枚, 7枚)

の2通り。

よって, 全部で, $4 + 2 = 6$（通り）

(2) (50円玉, 10円玉)=(5枚, 2枚), (4枚, 7枚),

(3枚, 12枚), (2枚, 17枚), (1枚, 22枚) の

5通り。

(3) 10円玉だけで支払うこともできるので,

全部で, $6 + 5 + 1 = 12$（通り）

答 (1) 6（通り）　(2) 5（通り）　(3) 12（通り）

12　それぞれ6通りの目の出方があるので,

目の出方は全部で, $6 \times 6 = 36$（通り）

このうち出た目をかけて奇数になるのは,

(大のサイコロ, 小のサイコロ)=(1, 1), (1, 3),

(1, 5), (3, 1), (3, 3), (3, 5), (5, 1), (5, 3),

(5, 5) の9通り。

よって, $36 - 9 = 27$（通り）

答 27

13 出た目の数を，（赤，青，黄）とするとき，

求める目の出方は，

(1, 4, 6)，(1, 5, 5)，(1, 6, 4)，(2, 3, 6)，

(2, 4, 5)，(2, 5, 4)，(2, 6, 3)，(3, 2, 6)，

(3, 3, 5)，(3, 4, 4)，(3, 5, 3)，(3, 6, 2)，

(4, 1, 6)，(4, 2, 5)，(4, 3, 4)，(4, 4, 3)，

(4, 5, 2)，(4, 6, 1)，(5, 1, 5)，(5, 2, 4)，

(5, 3, 3)，(5, 4, 2)，(5, 5, 1)，(6, 1, 4)，

(6, 2, 3)，(6, 3, 2)，(6, 4, 1)の 27 通り。

答 27（通り）

14 (1) 2 人のさいころの目の和が 3 か 9 になればよい。

よって，

（太郎さん，花子さん）= (1, 2)，(2, 1)，

(3, 6)，(4, 5)，(5, 4)，(6, 3)の 6 通り。

(2) 太郎さんが 2，4，6 のいずれか目を出し，

花子さんが 1，3，5 のいずれかの目を出したとき

に太郎さんが勝つ。

よって，$3 \times 3 = 9$（通り）

答 (1) 6（通り） (2) 9（通り）

15 (1) A～F の 6 つの点の 1 つにご石を置くので，

6 通り。

(2) 1 個目のご石を置くことができる点は 6 通りで，

2 個目のご石を置くことができる点は，

1 個目のご石を置いた点を除いた 5 通りなので，

$6 \times 5 = 30$（通り）

これは同じ 2 点の選び方をどちらが 1 個目になる

かで 2 回ずつ数えているので，

2 個のご石の置き方は全部で，$30 \div 2 = 15$（通り）

(3)① 正方形イの 3 個の頂点にご石を置くためには，

少なくとも 1 個は C か D に置かなくてはいけ

ない。

また，正方形アの頂点に置かれているご石は 1

個なので，C と D の一方にしかご石は置けない。

よって，このようなご石の置き方は，

C と E と F，D と E と F の 2 通り。

② C にも D にも置かない場合は，

A と B と E と F に置く 1 通り。

C に置いて D に置かない場合，

正方形アは A，B のどちらかにもう 1 個置き，

正方形イは E，F のどちらかにもう 1 個置くの

で，$2 \times 2 = 4$（通り）

C に置かないで D に置く場合も同様なので 4

通り。

C と D に置く場合，

A，B，E，F には置かないので 1 通り。

よって，このようなご石の置き方は，

$1 + 4 + 4 + 1 = 10$（通り）

(4) 正方形ア，イのどちらの頂点にもご石は 0～4

個置くことができるので，

$5 \times 5 = 25$（組）考えられる。

この中で，ご石は少なくとも 1 個置くので，

(0, 0)は考えられない。

また，一方の正方形の頂点に 3 個のご石を置く場

合，C か D には置かれているので，

(3, 0)，(0, 3)は考えられない。

同様に，一方の正方形の頂点に 4 個のご石を置く

場合，C と D の両方に置かれているので，

(4, 0)，(4, 1)，(0, 4)，(1, 4)は考えられない。

よって，考えられない組は，

$1 + 2 + 4 = 7$（組）あるので，

2 つの数の組は全部で，$25 - 7 = 18$（組）

答 (1) 6（通り） (2) 15（通り）

(3)① 2（通り） ② 10（通り） (4) 18（組）

16 6 個の点から 3 個の点を選ぶとき，

1 個目の点の選び方は 6 通り。

2 個目の点の選び方は，

1 個目で選んだ点を除いた 5 通り。

3 個目の点の選び方は，

1 個目と 2 個目で選んだ点を除いた 4 通り。

このとき，選んだ 3 個の点を A，B，C とすると，

（1 個目，2 個目，3 個目）= (A, B, C)，

(A, C, B)，(B, A, C)，(B, C, A)，

(C, A, B)，(C, B, A)と同じ三角形で 6 通りの

選ぶ順番がある。

どの順番で選んでもできる三角形は 1 種類だから，

できる三角形の個数は，$6 \times 5 \times 4 \div 6 = 20$（個）

答 20（個）

17 (1)(ア)　次図Ⅰのように点Aの1つ左の点をC，

1つ下の点をDとする。

点Cを通る経路は1通り，点Dをとおる経路

は2通りなので，1 ＋ 2 ＝ 3（通り）

(イ)　(ア)と同様に考えて3通り。

(ウ)　3 ＋ 3 ＝ 6（通り）

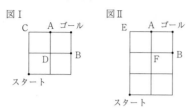

(2)(エ)　前図Ⅱのように点Aの1つ左の点をE，

1つ下の点をFとする。

点Eを通る経路は1通り，点Fをとおる経路

は3通りなので，1 ＋ 3 ＝ 4（通り）

(オ)　【2の図】の最短経路と同じだから，6通り。

(カ)　4 ＋ 6 ＝ 10（通り）

(3)　点Aを通る経路は，1 ＋ 4 ＝ 5（通り）

また，点Bを通る経路は10通り。

よって，5 ＋ 10 ＝ 15（通り）

(4)　ゴールする最短経路は，【1の図】は3通り，

【2の図】は，3 ＋ 3 ＝ 6（通り），

【3の図】は，6 ＋ 4 ＝ 10（通り），

【4の図】10 ＋ 5 ＝ 15（通り），…のように，

前の図の最短経路に番目を表す数より1大きい数

を加えている。

したがって，【5の図】は，15 ＋ 6 ＝ 21（通り），

【6の図】は，21 ＋ 7 ＝ 28（通り），

【7の図】は，28 ＋ 8 ＝ 36（通り），

【8の図】は，36 ＋ 9 ＝ 45（通り）

よって，【9の図】は，45 ＋ 10 ＝ 55（通り）

答 (1)(ア)3　(イ)3　(ウ)6

(2)(エ)4　(オ)6　(カ)10

(3)15（通り）　(4)55（通り）

18 (1)　最初にAに進む場合，

そこから時計回りにA → C → B → Pと進む場

合と，

反時計回りにA → B → C → Pと進む場合の2通

りある。

最初にBに進む場合と最初にCに進む場合も同

様に2通りずつあるので，

まわり方は全部で，2 × 3 ＝ 6（通り）

(2)　通らない道の長さの和が最も長くなれば，

道のりが最も短くなる。

AB間の道を通らない場合，

P → A → C → B → P（あるいはこの逆）と進む

ので，

CP間の道も通らなくなり，

その長さの和は，50 ＋ 25 ＝ 75（m）

同様に考えると，通らない道の組み合わせは，

BC間の道とAP間の道，AC間の道とBP間の

道で，

その道のりの和はそれぞれ，

60 ＋ 30 ＝ 90（m）と，45 ＋ 40 ＝ 85（m）

よって，道のりが最も短くなるのは，BC間の道

とAP間の道を通らないときで，その道のりは，

40 ＋ 50 ＋ 45 ＋ 25 ＝ 160（m）

答 (1)6（通り）　(2)160（m）